机械行业职业技能鉴定培训教材

工业机器人装调维修工

（中级、高级）

机械工业职业技能鉴定指导中心　组织编写
主　编　杨　威　孙海亮
副主编　石义淮　周　彬　周　理
参　编　刘　丰　张博艺　余　尧　周　铭
　　　　黄　潇　丁　正

机械工业出版社

本书依据《职业技能标准　工业机器人装调维修工》编写。全书按职业功能分为五个单元，主要内容包括工业机器人机械装配、工业机器人电气装配、工业机器人整机调试、工业机器人校准与标定、工业机器人的维修与保养。每个单元的内容在涵盖职业技能鉴定考核基本要求的基础上，详细介绍了本职业岗位工作中要求掌握的最新实用知识和技术。为便于读者迅速抓住重点、提高学习效率，书中设置了“培训目标”栏目，高级别培训目标涵盖低级别的培训目标。每个单元后附有单元测试题及答案，供读者巩固、检验学习效果时参考使用。

本书可作为中级、高级工业机器人装调维修工职业技能培训与鉴定考核教材，也可供中、高等职业院校相关专业师生参考，还可供相关从业人员参加在职培训、就业培训、岗位培训时使用。

图书在版编目（CIP）数据

工业机器人装调维修工：中级、高级/杨威，孙海亮主编；机械工业职业技能鉴定指导中心组织编写. —北京：机械工业出版社，2020.4（2024.7 重印）

机械行业职业技能鉴定培训教材

ISBN 978-7-111-65307-3

Ⅰ.①工…　Ⅱ.①杨…②孙…③机…　Ⅲ.①工业机器人-安装-职业技能-鉴定-教材②工业机器人-调试方法-职业技能-鉴定-教材③工业机器人-维修-职业技能-鉴定-教材　Ⅳ.①TP242.2

中国版本图书馆 CIP 数据核字（2020）第 059536 号

机械工业出版社（北京市百万庄大街 22 号　邮政编码 100037）

策划编辑：陈玉芝　责任编辑：陈玉芝　章承林

责任校对：刘雅娜　封面设计：马精明

责任印制：李　昂

北京捷迅佳彩印刷有限公司印刷

2024 年 7 月第 1 版第 4 次印刷

184mm×260mm · 10.5 印张 · 256 千字

标准书号：ISBN 978-7-111-65307-3

定价：39.80 元

电话服务	网络服务
客服电话：010-88361066	机　工　官　网：www.cmpbook.com
010-88379833	机　工　官　博：weibo.com/cmp1952
010-68326294	金　　书　　网：www.golden-book.com
封底无防伪标均为盗版	机工教育服务网：www.cmpedu.com

机械行业职业技能鉴定培训教材
编 审 委 员 会

（按姓氏笔画排序）

序

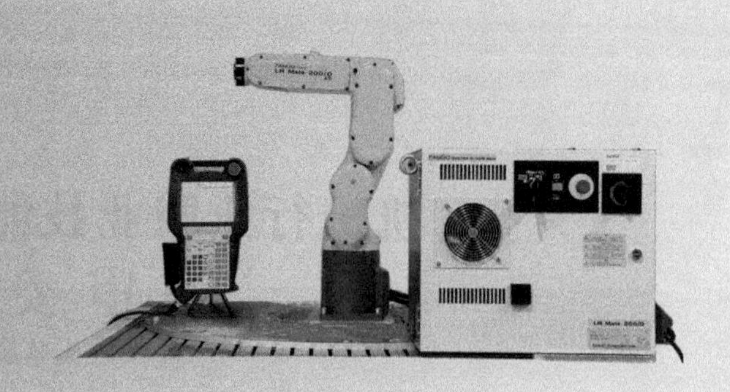

工业机器人被誉为“制造业皇冠顶端的明珠”，是衡量一个国家创新能力和产业竞争力的重要标志，已成为全球新一轮科技和产业革命的重要切入点。机器人作为技术集成度高、应用环境复杂、操作维护专业的高端装备，有着多层次的人才需求。近年来，国内企业和科研机构加大机器人技术研究与本体研制方向的人才引进与培养力度，在硬件基础与技术水平上取得了显著提升，但装配调试、操作维护等应用型人才的培养力度依然有所欠缺。

机械工业职业技能鉴定指导中心经前期广泛调研，于2015年组织国内龙头企业率先启动工业机器人新职业技能标准编制工作，并于2017年全面完成《工业机器人装调维修工》《工业机器人操作调整工》两项职业技能标准的编制工作。2019年T/CMIF 41—2019《工业机器人装调维修工职业评价规范》、T/CMIF 42—2019《工业机器人操作调整工职业评价规范》正式发布。职业技能标准是根据职业活动内容，对从业人员的理论知识和技能要求提出的综合性水平规定，是开展职业教育培训和员工能力水平评价的基本依据。

机械工业职业技能鉴定指导中心组织标准编审专家以职业技能标准为依据编写了这套教材，包括《工业机器人基础知识》《工业机器人装调维修工（中级、高级）》《工业机器人装调维修工（技师、高级技师）》《工业机器人操作调整工（中级、高级）》《工业机器人操作调整工（技师、高级技师）》5本教材。内容上涵盖了工业机器人装调维修工和工业机器人操作调整工需要掌握的基础理论知识和技能要求；结构上按照中级、高级、技师、高级技师纵向划分，满足不同能力水平培训的需要。这套教材相比其他培训类教材还有以下几个特点。

以职业能力为核心，以职业活动为导向。我们将标准编制的指导思想延续到教材编写过程中，坚持以客观反映工作现场对从业人员的理论和操作技能要求为前提对知识点进行详细介绍。工业机器人装调维修工系列教材对从事工业机器人系统及工业机器人生产线装配、调试、维修、标定和校准等工作的人员应知应会部分进行了阐释，工业机器人操作调整工系列教材对从事工业机器人系统及工业机器人生产线现场安装、编程、操作与控制、调试与维护的人员应知应会部分进行了阐释，内容贴合企业生产实际。

“整体性、规范性、实用性、可操作性、等级性原则”贯穿始终。这五项原则是标准编制的核心原则，在编写教材时也得到了充分运用。在整体性方面，这套教材以我国工业机器人领域从业人员的整体状况和水平为基准，兼顾不同领域或行业间可能存在的差异，突出主流技术；在规范性方面，技术术语和文字符号符合国家最新技术标准；在实用性和可操作性方面，内容深入浅出、循序渐进、重点突出、易于理解；在等级性方面，按照从业人员职业活动范围的宽窄、工作责任的大小、工作难度的高低或技术复杂程度来划分等级，便于读者准确定位。

编排合理、内容丰富、可读性强。教材内容编排与职业技能标准内容对应：每一章对应每一等级的职业功能；每一节对应每项工作内容。每章设计有“培训目标”，罗列重点技能要求，便于培训教师设计培训大纲、命制试题，也便于学员确定学习目标、对照自查。但教材内容不拘泥于操作指导，每项技能要求对应的相关知识也都有详细介绍，理实一体，可读性强，既适合企业开展晋级培训使用，也适合职业院校教学使用，同样适合工业机器人领域从业人员或工业机器人爱好者浏览阅读。

本套教材若有不足之处，欢迎广大读者提出宝贵意见。

机械行业职业技能鉴定培训教材编审委员会

前 言

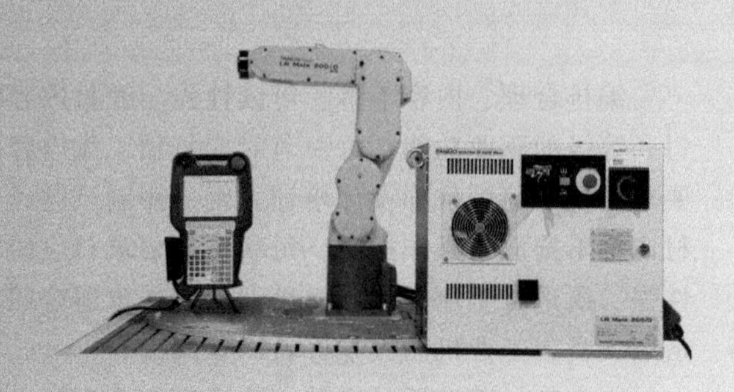

为了深入实施《中国制造2025》《机器人产业发展规划（2016—2020年）》《智能制造发展规划（2016—2020年）》等强国战略规划，根据《制造业人才发展规划指南》，为实现制造强国的战略目标提供人才保证，机械工业职业技能鉴定指导中心组织国内工业机器人制造企业、应用企业和职业院校历时两年编制了《职业技能标准 工业机器人装调维修工》和《职业技能标准 工业机器人操作调整工》，并进行了职业技能标准发布，同时启动了相关职业技能培训教材编写工作。

《职业技能标准 工业机器人装调维修工》和《职业技能标准 工业机器人操作调整工》将各从业人员分为中级、高级、技师、高级技师四个等级，内容涵盖了工业机器人生产与服务中所涉及的工作内容和工作要求，适用于工业机器人系统及工业机器人生产线的装配、调试、维修、标定、操作及应用等技术岗位从业人员的职业技能水平考核与认定。

工业机器人职业技能标准的发布，填补了目前我国该产业技能人才培养评价标准的空白，具有重大意义和应用前景。相关标准正在迅速应用到工业机器人行业技能人才培养和职业能力等级评定工作中，对宣传贯彻工业机器人职业技能标准、弘扬工匠精神、助力中国智能制造发挥了重要作用。

为了使工业机器人职业技能标准符合现实的行业发展情况并得到推广应用，使职业技能标准符合企业岗位要求和从业人员技能水平考核要求，机械工业职业技能鉴定指导中心召集了以工业机器人制造企业和集成应用企业为主，由来自企业、高等院校和科研院所的行业专家参与配套培训教材的编写工作。

本书以《职业技能标准 工业机器人装调维修工》为依据，介绍中级、高级工所需掌握的知识和技能。作为与工业机器人职业技能鉴定配套的培训教材，本书编选的内容注重理论联系实际，对于相关知识的学习者和相关岗位的从业者具有指导意义。

本书的编写得到了多所职业院校、企业及职业技能鉴定单位的支持。本书由杨威、孙海亮任主编，石义淮、周彬、周理任副主编，参加编写的有刘丰、张博艺、余尧、周铭、黄潇、丁正。

由于编者水平有限，书中难免有错漏之处，恳请读者批评指正。

编 者

目录

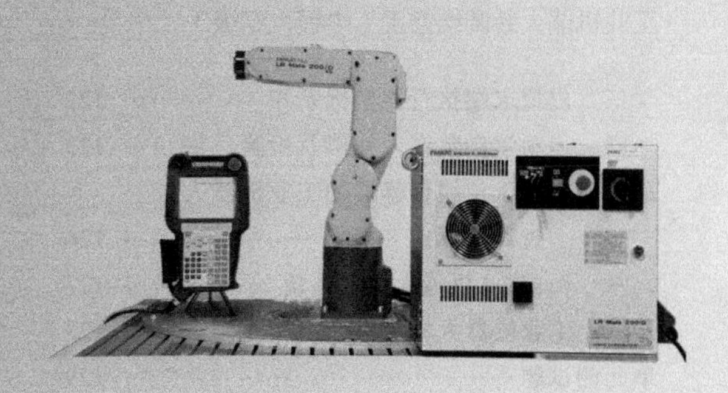

第一单元

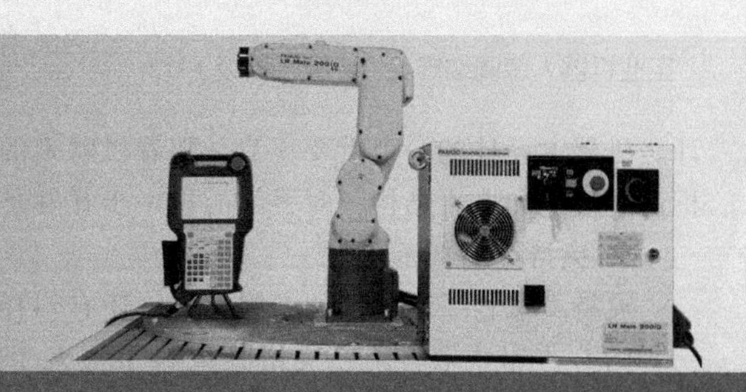

工业机器人机械装配

第一节　工业机器人机械本体

培训目标

中级：

➔ 能够掌握典型工业机器人末端执行器的种类和分类方法。

➔ 能够理解关节型机器人手腕的概念，并掌握其种类。

➔ 能够了解机器人手臂的机构形式及运动机构。

➔ 能够了解工业机器人机身和臂部的配置形式。

高级：

➔ 能够分析工业机器人末端执行器的设计原理。

➔ 能够分析工业机器人典型手腕的设计原理。

➔ 能够了解机器人远距离传动手腕的驱动及传动形式。

➔ 能够掌握典型工业机器人手臂的设计方法和原理。

工业机器人机械部分的设计是工业机器人设计的重要部分，其他系统的设计应有各自的独立要求，但必须与机械系统相匹配，相辅相成，才能组成一个完整的机器人系统。虽然工业机器人不同于专用设备，具有较强的灵活性，但是要设计和制造万能机器人是不现实的。不同领域的工业机器人在机械系统设计上比工业机器人其他系统设计上的差异大得多。因此，使用要求是工业机器人机械系统设计的出发点。

工业机器人的机械部分主要包括末端执行器（手部）、手腕、手臂和机座，如图 1-1 所示。

一、机器人末端执行器

工业机器人的手一般称为末端执行器或者手部，它是安装于机器人手臂末端直接作用于工作对象的装置。工业机器人所完成的各种操作，最终都必须通过手部得以实现。同时手部的结构、重量和尺寸对机器人整体的运动学和动力学性能又有着直接、显著的影响。手部设计是机器人设计的一个重要环节，随着机器人的发展，出现了个各种各样的手部，了解和分析这些形式和典型结构，对手部的进一步开发是非常必要的。

1. 夹持类取料手

夹持类取料手除常用的夹钳式外，还有勾托式和弹簧式。

（1）夹钳式取料手　夹钳式取料手与人手相似，是工业机器人广为应用的一种形式。它一般由手指、驱动机构、传动机构及连接与支承元件组成，如图 1-2 所示。

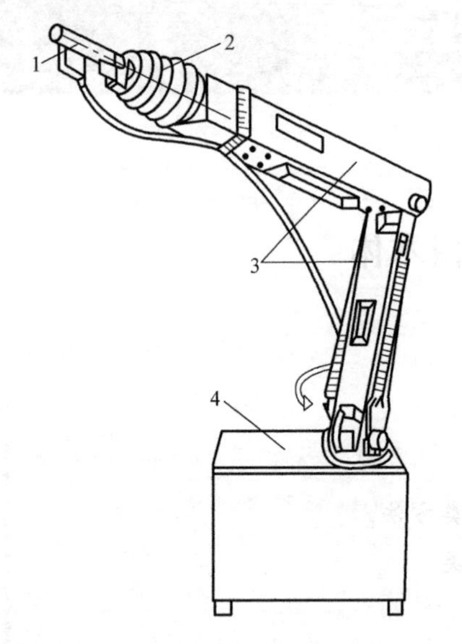

图 1-1　工业机器人的机械部分组成

1—末端执行器　2—手腕　3—手臂　4—机座

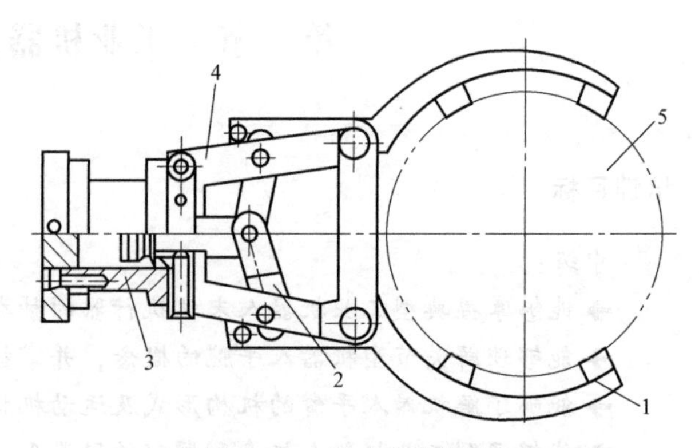

图 1-2　夹钳式手部的组成

1—手指　2—传动机构　3—驱动机构　4—支架　5—工件

1）手指。手指是直接与工件接触的构件。手部松开和夹紧工件，就是通过手指的张开和闭合来实现的。一般情况下，机器人的手部只有两个手指，少数有三个或多个手指。它们的结构形式常取决于被夹持工件的形状和特性。

① 指端的形状。指端的形状通常有两类：V 形指和平面指。图 1-3 所示的 V 形指用于夹持圆柱形工件。图 1-4 所示的平面指为夹钳式手部的指端，一般用于夹持方形工件（具有两个平行平面）、板形工件或细小棒料。另外，尖指和薄、长指一般用于夹持小型或柔性工件。其中，薄指一般用于夹持位于狭窄工作场地的细小工件，以避免和周围障碍物相碰；长指一般用于夹持炽热的工件，以避免热辐射对手部传动机构的影响。

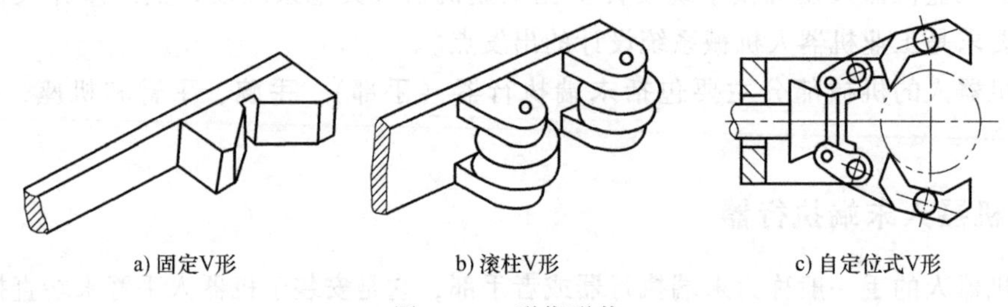

a) 固定V形　b) 滚柱V形　c) 自定位式V形

图 1-3　V 形指形状

② 指面的形式。指面的形状常有光滑指面、齿形指面和柔性指面等。

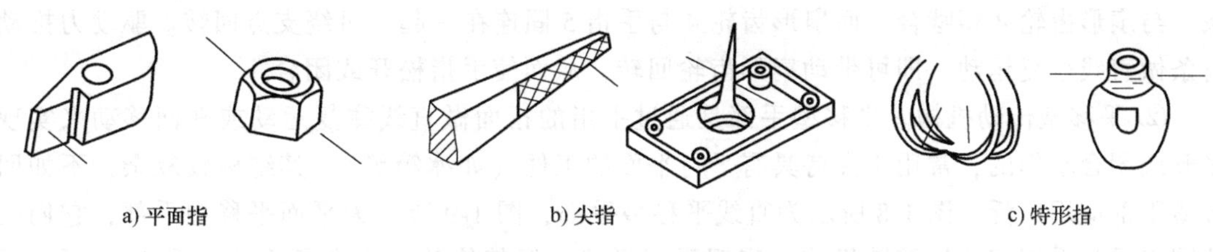

a) 平面指　　b) 尖指　　c) 特形指

图 1-4　夹钳式手部的指端

a. 光滑指面平整光滑，用来夹持已加工表面，避免已加工表面受损。

b. 齿形指面的指面刻有齿纹，可增加夹持工件的摩擦力，以确保夹紧牢靠，多用来夹持表面粗糙的毛坯或半成品。

c. 柔性指面内镶橡胶、泡沫塑料、石棉等物，有增加摩擦力、保护工件表面、隔热等作用，一般用于夹持已加工表面、炽热件，也适于夹持薄壁件和脆性工件。

2）传动机构。传动机构是向手指传递运动和动力，以实现夹紧和松开动作的机构。该机构根据手指开合的动作特点分为回转型和平移型。回转型又分为单支点回转和多支点回转。根据手爪夹紧是摆动还是平动，又可分为摆动回转型和平动回转型。

① 回转型传动机构。夹钳式手部中较多的是回转型手部，其手指就是一对（或几对）杠杆，再同斜楔、滑槽、连杆、齿轮、蜗轮蜗杆或螺杆等机构组成复合式杠杆传动机构，用来改变传力比、传动比及运动方向等。

图 1-5 所示为斜楔杠杆式手部，斜楔向下移动，克服弹簧拉力，使手指装着滚子的一端向外撑开，其中铰销 6 作为支点夹紧工件；斜楔向上移动，则在弹簧力的作用下使手指松开。

图 1-6 所示为滑槽式杠杆回转型手部简图，手指 4 一端装有 V 形指 5，另一端有长滑槽。当驱动杆 1 向上移动时使手指带动 V 形指绕支点（铰销 3）转动夹紧工件；驱动杆向下移动时松开工件。

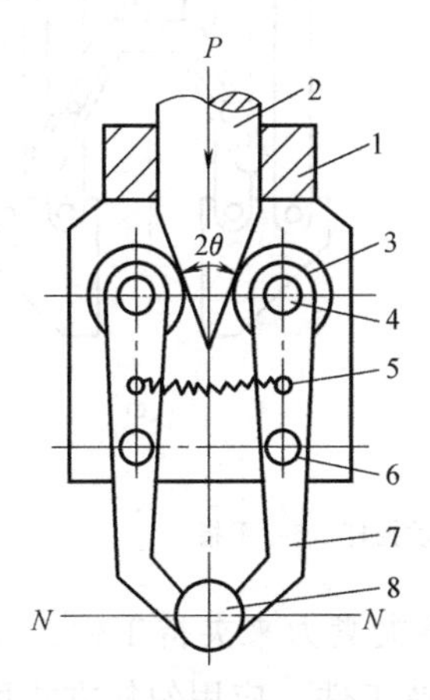

图 1-5　斜楔杠杆式手部

1—壳体　2—斜楔驱动杆　3—滚子　4—圆柱销　5—拉簧　6—铰销　7—手指　8—工件

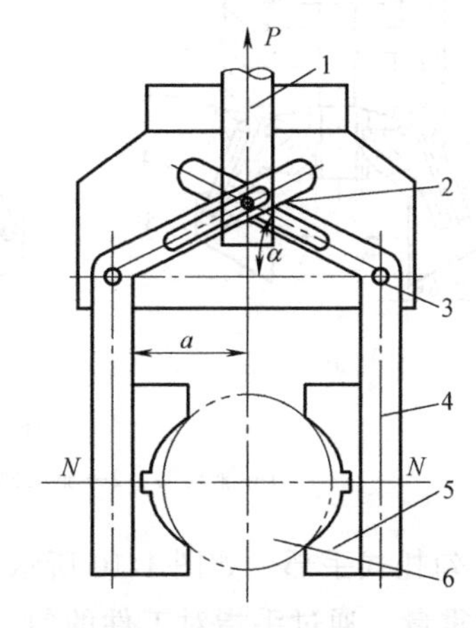

图 1-6　滑槽式杠杆回转型手部简图

1—驱动杆　2—圆柱销　3—铰销　4—手指　5—V 形指　6—工件

图 1-7 所示为齿轮齿条直接传动的齿轮杠杆式手部的结构。驱动杆 2 末端制成双面齿

条，与扇形齿轮4相啮合，而扇形齿轮4与手指5固连在一起，可绕支点回转。驱动力推动齿条做直线往复运动，即可带动扇形齿轮回转，从而使手指松开或闭合。

② 平移型传动机构。平移型手部是通过手指的指面做直线往复运动或平面移动来实现张开或闭合动作的，常用于夹持具有平行平面的工件（如冰箱等）。其结构较复杂，不如回转型手部应用广泛。图1-8所示为直线平移型手部，图1-9所示为平面平移型手部，它们的共同点是都采用双曲柄铰链机构，实现手指平移；但其传动方法有所不同，图1-9a所示手部采用了齿轮齿条传动，图1-9b所示手部采用了蜗轮蜗杆传动，图1-9c所示手部采用了连杆斜滑槽的传动。

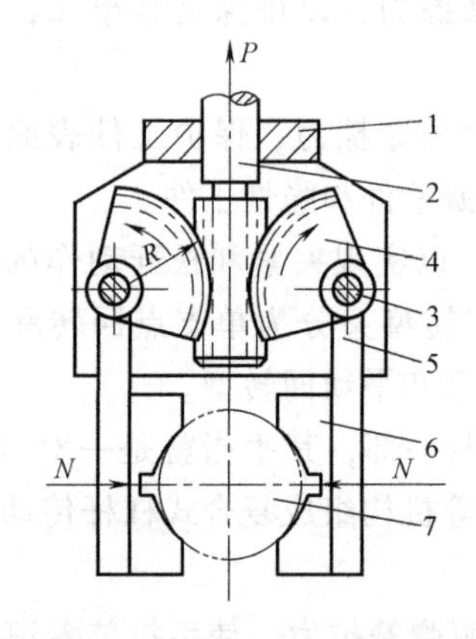

图1-7 齿轮杠杆式手部的结构

1—壳体 2—驱动杆 3—圆柱销

4—扇形齿轮 5—手指 6—V形指 7—工件

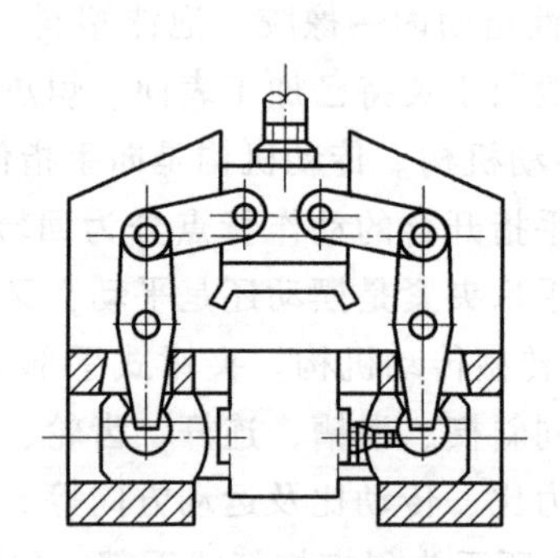

图1-8 直线平移型手部

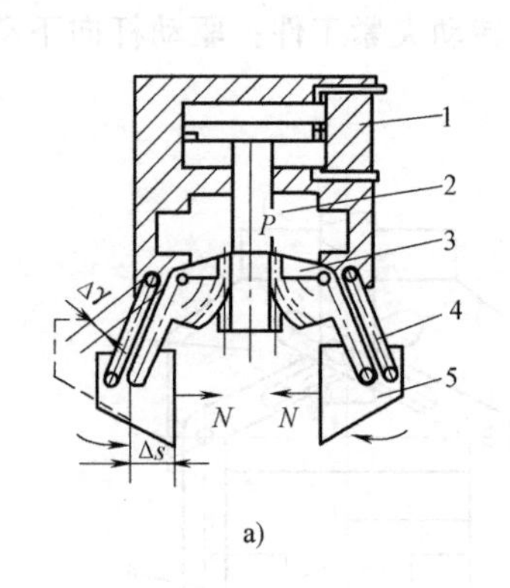

a)

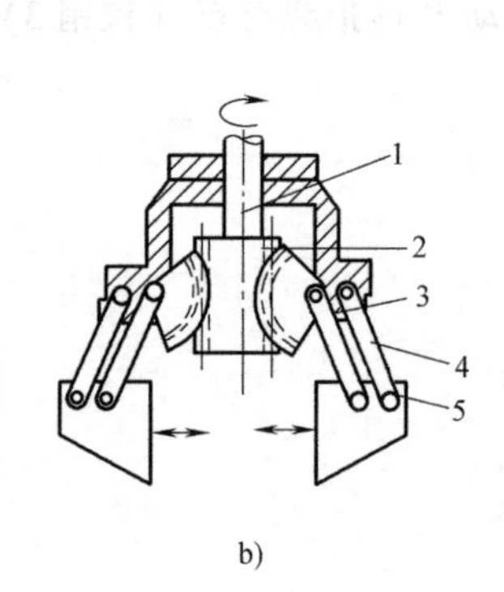

b)

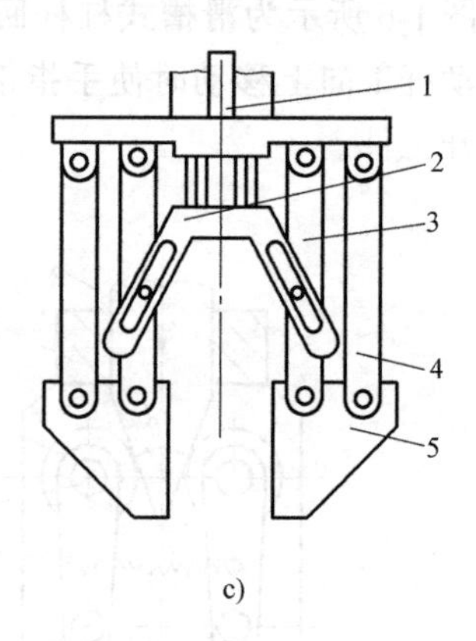

c)

图1-9 平面平移型手部

1—驱动器 2—驱动元件 3—驱动摇杆 4—从动摇杆 5—手指

（2）勾托式手部　如图1-10所示，勾托式手部并不靠夹紧力来夹持工件，而是利用工件本身的重量，通过手指对工件的勾、托、捧等动作来夹持工件。应用勾托方式可降低对驱动力的要求，简化手部结构，甚至可以省略手部驱动装置。该手部适用于在水平面内和垂直面内搬运大型笨重的工件或结构粗大而重量较轻且易变形的物体。

勾托式手部又有手部无驱动装置和有驱动装置两种类型。图1-10a所示为无驱动装置，其原理是手部在臂的带动下向下移动，当手部下降到一定位置时齿条1下端碰到撞块，臂部继续下移，齿条便带动齿轮 2 旋转，手指 3 即进入工件勾托部位。手指夹持工件时，销子 4 在弹簧力作用下插入齿条缺口，保持手指的勾托状态并可使手臂携带工件离开原始位置。在完成勾托任务后，由电磁铁将销子向外拔出，手指又呈自由状态，可继续下个工作循环程序。图 1-10b 所示为有驱动装置，其原理是依靠机构内力来平衡工件重力而保持夹持状态。液压缸 5 以较小的力驱动杠杆手指 6 和 7 回转，使手指闭合至夹持工件的位置。手指与工件的接触点均在其回转支点 O_1、O_2 的外侧，因此在手指夹持工件后，工件本身的重量不会使手指自行松脱。

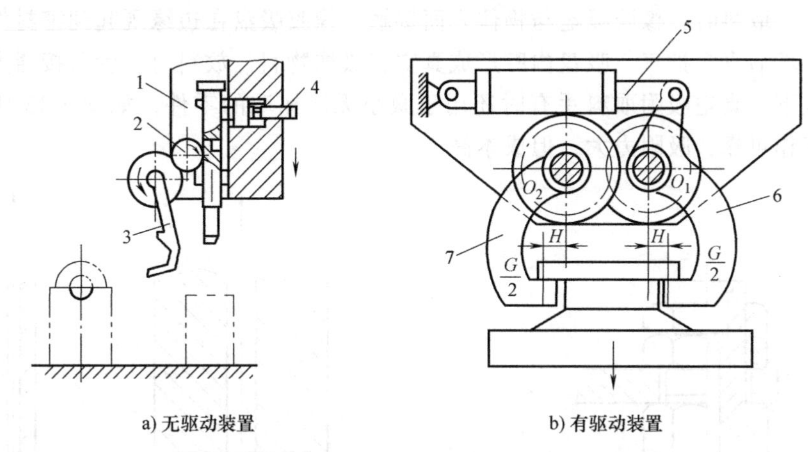

a) 无驱动装置　　b) 有驱动装置

图 1-10　勾托式手部

1—齿条　2—齿轮　3—手指　4—销子　5—液压缸　6、7—杠杆手指

（3）弹簧式手部　图 1-11 所示为弹簧外卡式手部。手指 1 的夹放动作是依靠手臂的水平移动而实现的。当顶杆 2 与工件端面相接触时，压缩弹簧 3 并推动拉杆 4 向右移动，使手指 1 绕支承轴回转而夹紧工件。卸料时手指 1 与卸料槽口相接触，使手指张开，顶杆 2 在弹簧 3 的作用下将工件推入卸料槽内。这种手部适用于抓取轻小环形工件，如轴承内座圈等。

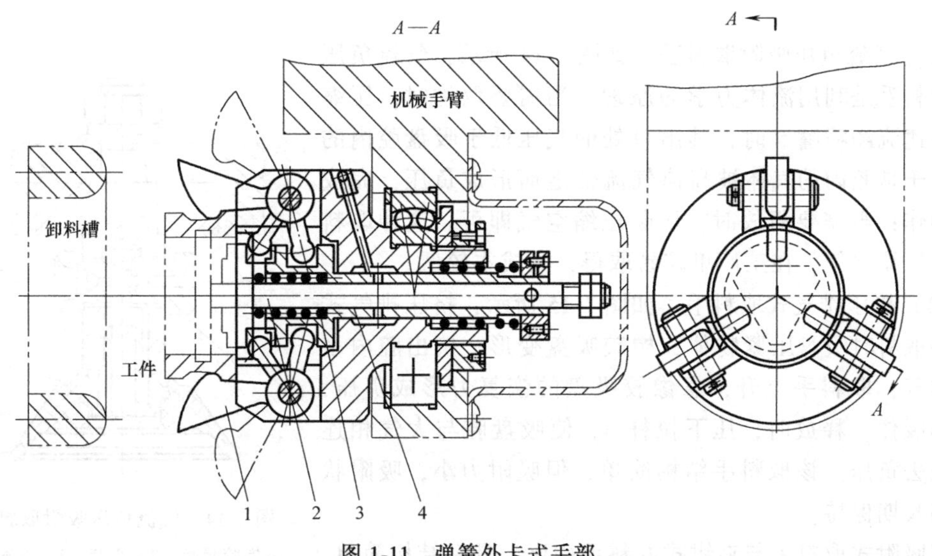

图 1-11　弹簧外卡式手部

1—手指　2—顶杆　3—弹簧　4—拉杆

2. 吸附式取料手

吸附式取料手靠吸附力取料，分为气吸附和磁吸附两种。

气吸附式取料手是利用吸盘内的压力和大气压之间的压力差而工作的。按形成压力差的方法，气吸附式取料手可分为真空吸附取料手、气流负压气吸附取料手、挤压排气式取料手等几种。

（1）真空吸附取料手　图 1-12 所示为真空吸附取料手，利用真空泵产生真空，真空度较高。其主要零件为碟形橡胶吸盘 1，通过固定环 2 安装在支承杆 4 上，支承杆由螺母 5 固定在基板 6 上。取料时，橡胶吸盘与物体表面接触，橡胶吸盘在边缘既起到密封作用，又起到缓冲作用，然后真空抽气，吸盘内腔形成真空，吸取物料。放料时，管路接通大气，失去真空，物体放下。真空吸附取料手有时还用于微小无法抓取的零件，如图 1-13 所示。真空吸附取料手工作可靠，吸附力大，但成本高。

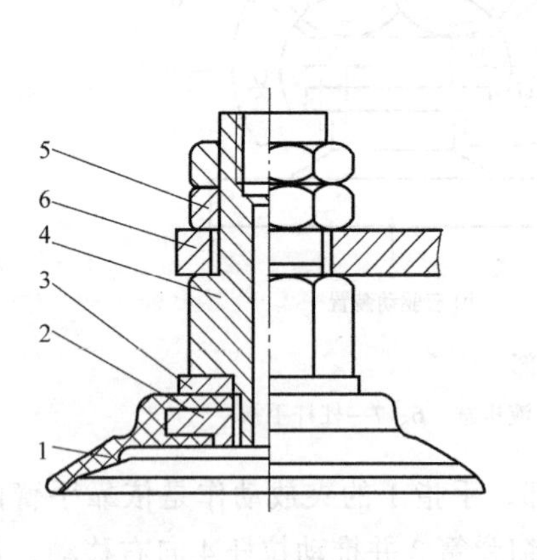

图 1-12　真空吸附取料手
1—橡胶吸盘　2—固定环　3—垫片
4—支承杆　5—螺母　6—基板

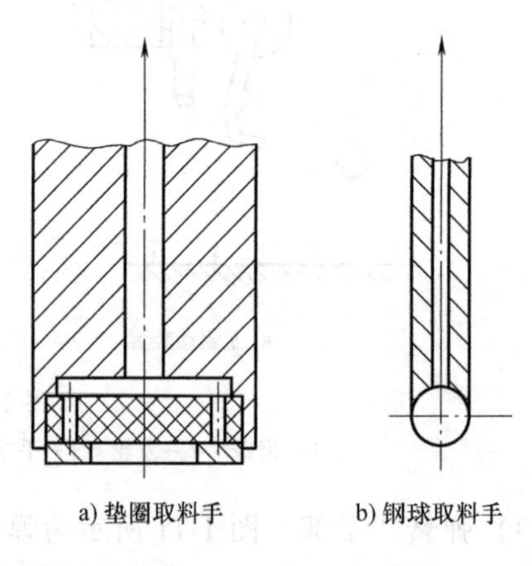

图 1-13　微小零件取料手

（2）气流负压吸附取料手　如图 1-14 所示，气流负压吸附取料手是利用流体力学的原理，当需要取物时，压缩空气高速流经喷嘴 5 时，其出口处的气压低于吸盘腔内的气压，于是腔内的气体被高速气流带走而形成负压，完成取物动作；当需要释放时，切断压缩空气即可。这种取料手需要压缩空气，在工厂里较易取得，故成本较低。

（3）挤压排气式取料手　如图 1-15 所示，挤压排气式取料手取料时吸盘压紧物体，橡胶吸盘变形，挤出腔内多余的空气，取料手上升，靠橡胶吸盘的恢复力形成负压，将物体吸住；释放时，压下拉杆 3，使吸盘腔与大气相连通而失去负压。该取料手结构简单，但吸附力小，吸附状态不易长期保持。

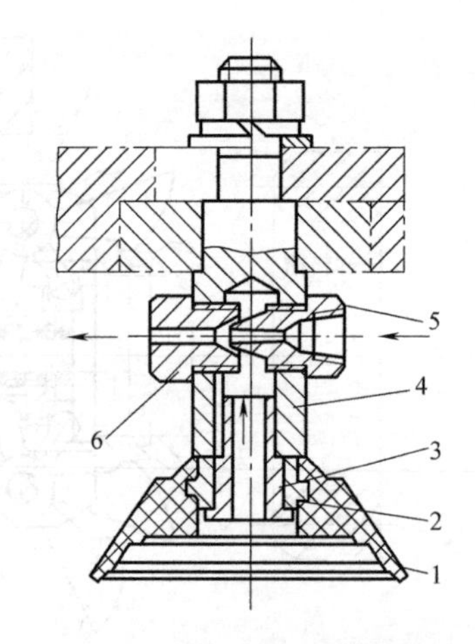

图 1-14　气流负压吸附取料手
1—橡胶吸盘　2—心套　3—透气螺栓
4—支承杆　5—喷嘴　6—喷嘴套

气吸附式取料手与夹钳式取料手相比，具有结构简单，重量轻，吸附力分布均匀等优点，对于薄片状物体（如板材、纸张、玻璃等物体）的搬运更有其优越性，广泛应用于非金属材料或不可有剩磁的材料的吸附；但要求物体表面较平整光滑，无孔且无凹槽。

（4）磁吸附式取料手　磁吸附式取料手利用电磁铁通电后产生的电磁吸力取料，因此只能对铁磁物体起作用。另外，对某些不允许有剩磁的零件要禁止使用。因此，磁吸附式取料手的使用有一定的局限性。

电磁铁工作原理如图 1-16 所示，当线圈 1 通电后，在铁心 2 内外产生磁场，磁力线穿过铁心，空气隙和衔铁 3 被磁化并形成回路，衔铁受到电磁吸力 F 的作用被牢牢吸住。

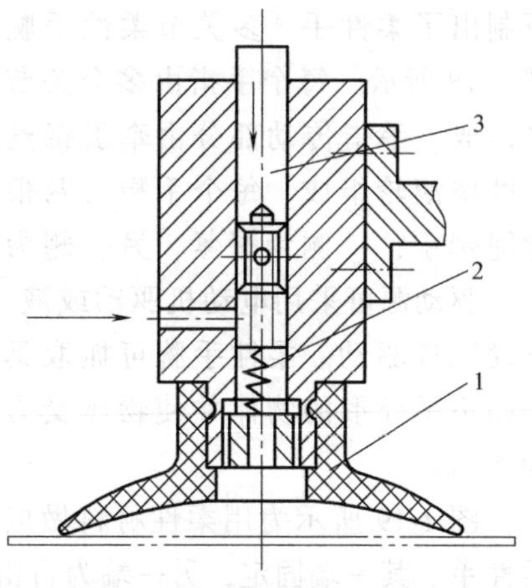

图 1-15　挤压排气式取料手

1—橡胶吸盘　2—弹簧　3—拉杆

图 1-17 所示为几种电磁式吸盘吸料示意图。图 1-17a 所示为吸附滚动轴承底座的电磁式吸盘；图 1-17b 所示为吸取钢板的电磁式吸盘；图 1-17c 所示为吸取齿轮用的电磁式吸盘；图 1-17d 所示为吸附多孔钢板用的电磁式吸盘。

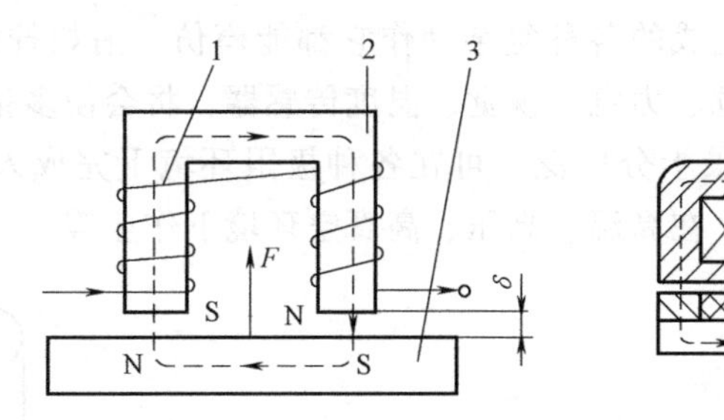

图 1-16　电磁铁工作原理

1—线圈　2—铁心　3—衔铁

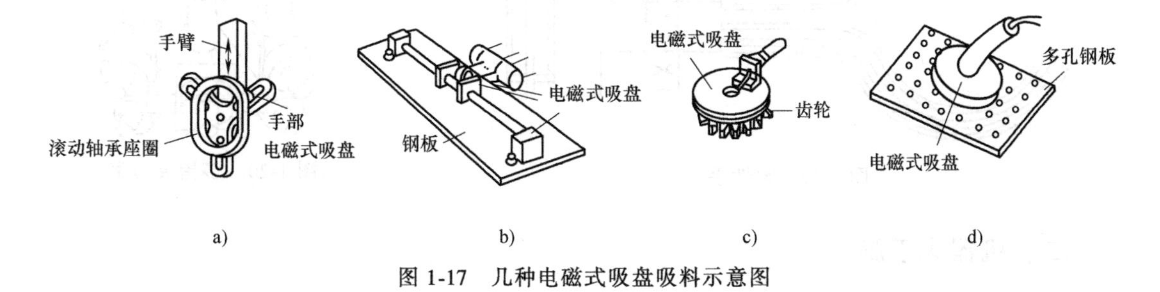

图 1-17　几种电磁式吸盘吸料示意图

3. 仿生多指灵巧手

简单的夹钳式取料手不能完全适应外体形状变化，不能使物体表面承受比较均匀的夹持力，因此无法满足对复杂形状、不同材质的物体实施夹持和操作。为了提高机器人手爪和手腕的操作能力、灵活性和快速反应能力，使机器人像人手一样进行各种复杂的作业，如装配作业、维修作业、设备操作以及机器人模特的礼仪手势等，就必须有一个运动灵活、动作多样的灵巧手。

（1）柔性指　为了能对不同外形的物体实施抓取，并使物体表面受力比较均匀，因此研制出了柔性手。多关节柔性手腕如图 1-18 所示。每个手指由多个关节串联而成。手指传动部分由牵引钢丝绳及摩擦滚轮组成，每个手指由两根钢丝绳牵引，一侧为握紧，另一侧为放松。驱动源可采用电动机驱动或液压、气动元件驱动。柔性手腕可抓取具有凹凸不平外形的物体并使物体受力较为均匀。

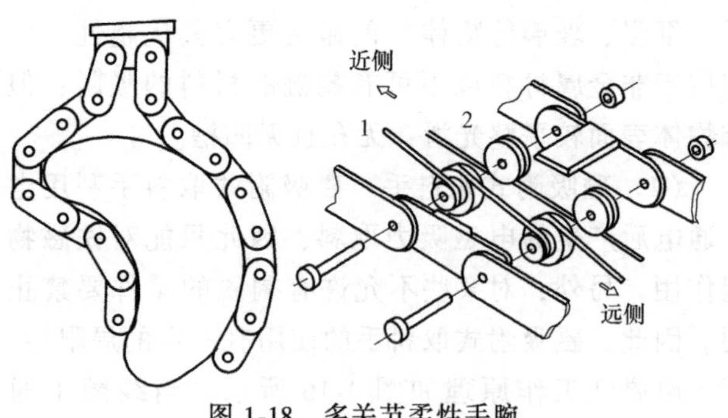

图 1-18　多关节柔性手腕

1—同步带　2—带轮

图 1-19 所示为用柔性材料做成的柔性手。其一端固定，另一端为自由端的双管合一的柔性管状手爪，当一侧管内充气体或液体，另一侧管内抽气或抽液时形成压力差，柔性手爪就向抽空侧弯曲。此种柔性手适用于抓取轻型、圆形物体，如玻璃器皿等。

(2) 多指灵巧手　机器人手爪和手腕最完美的形式是模仿人手的多指灵巧手。如图 1-20 所示，多指灵巧手有多个手指，每个手指有三个回转关节，每个关节的自由度都是独立控制的。因此，几乎人手指能完成的各种复杂动作它都能模仿，诸如拧螺钉、弹钢琴、做礼仪手势等动作。在手部配置触觉、力觉、视觉、温度传感器，将会使多指灵巧手达到更完美的程度。多指灵巧手的应用前景十分广泛，可在各种极限环境下完成人无法实现的操作，如核工业领域、宇宙空间作业，在高温、高压、高真空环境下作业等。

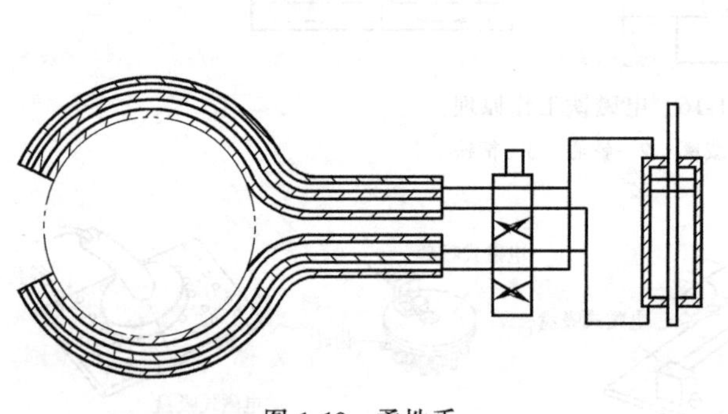
图 1-19　柔性手

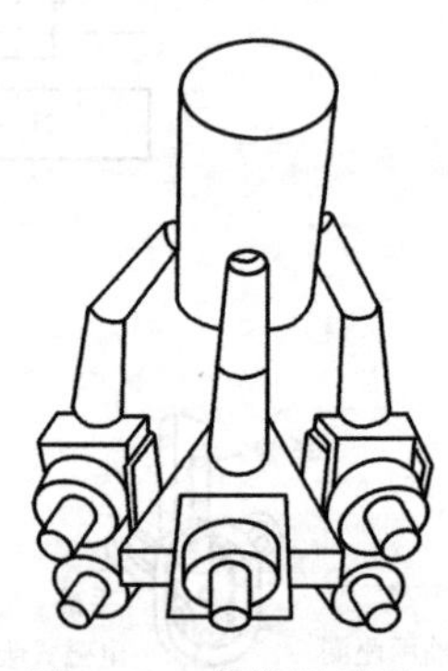
图 1-20　多指灵巧手

二、机器人手腕

手腕是操作机的小臂（上臂）和末端执行器（手爪）之间的连接部件。其功用是利用自身的活动度确定被末端执行器夹持物体的空间姿态，也可以说是确定末端执行器的姿态。故手腕也称作机器人的姿态机构。

手腕一般需要三个自由度才能使手部达到目标位置并处于期望的姿态。为了使手部能处于空间任意方向，要求腕部能实现对空间三个坐标轴 X、Y、Z 的转动，即具有翻转、俯仰和偏转三个自由度，如图 1-21 所示。通常也把手腕的翻转叫作 Roll，用 R 表示；把手腕的俯仰叫作 Pitch，用 P 表示；把手腕的偏转叫作 Yaw，用 Y 表示。机器人手腕仿真了人类手腕的结构，人类手腕由两个旋转关节所组成，可实现一定角度范围内的摆动，如图 1-22 所示。

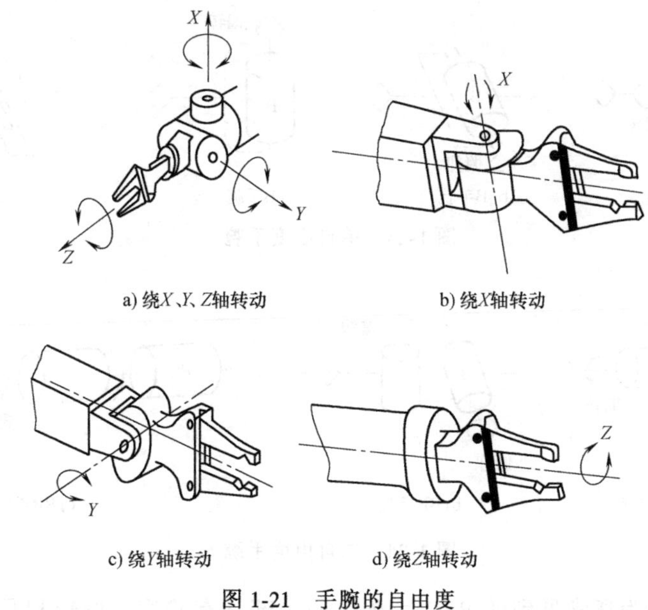

a) 绕X、Y、Z轴转动　　b) 绕X轴转动

c) 绕Y轴转动　　d) 绕Z轴转动

图 1-21　手腕的自由度

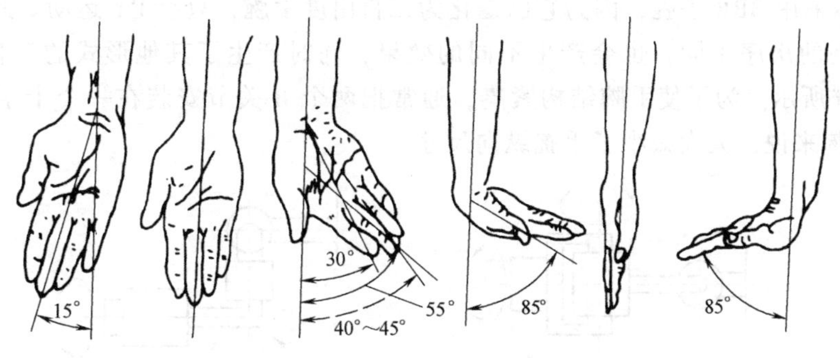

图 1-22　人类手腕的两个旋转关节

1. 手腕的分类

(1) 按自由度数目分　手腕按自由度数目可分为单自由度手腕、二自由度手腕和三自由度手腕。

1) 单自由度手腕。单自由度手腕如图 1-23 所示。R 手腕是一种翻转（R）关节，它把手臂纵轴线和手腕关节轴线构成共轴形式。这种 R 关节旋转角度大，可达到 360°以上，如图 1-23a 所示。

图 1-23b、c 所示为折曲（Bend）关节（简称 B 关节），关节轴线与前后两个连接件的轴线相垂直。这种 B 关节因为受到结构上的干涉，旋转角度小，大大限制了方向角。图 1-23d 所示为移动关节（简称 T 关节）。

2) 二自由度手腕。二自由度手腕如图 1-24 所示。二自由度手腕可以由一个 R 关节和一个 B 关节组成 BR 手腕，如图 1-24a 所示；也可以由两个 B 关节组成 BB 手腕，如图 1-24b 所示。但是，二自由度手腕不能由两个 R 关节组成 RR 手腕，因为两个 R 关节共轴线，所以退化了一个自由度，实际只构成了单自由度手腕，如图 1-24c 所示。

三自由度手腕如图 1-25 所示。三自由度手腕可以由 B 关节和 R 关节组成许多种形式。

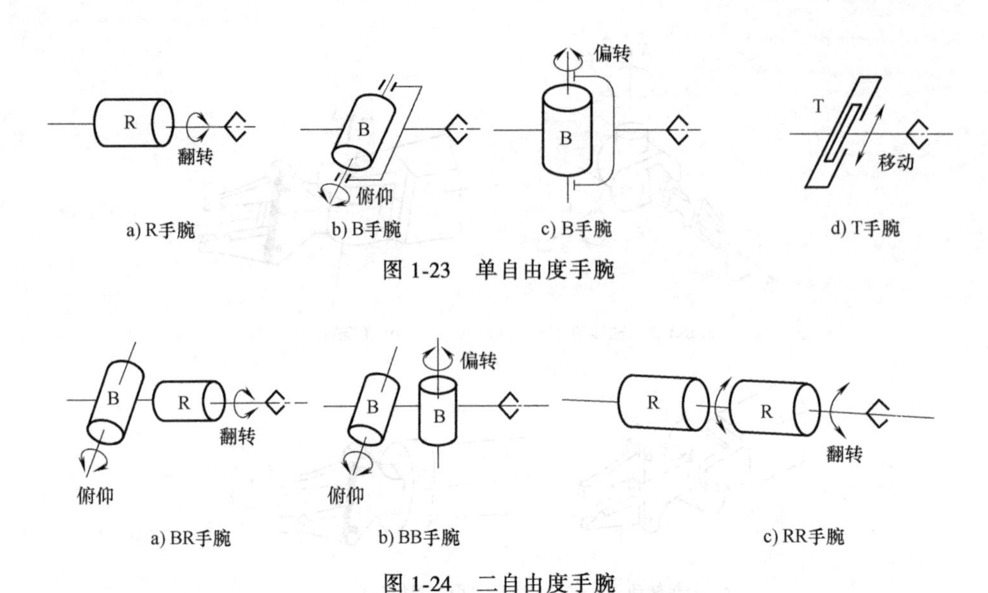

a) R手腕　b) B手腕　c) B手腕　d) T手腕

图 1-23　单自由度手腕

a) BR手腕　b) BB手腕　c) RR手腕

图 1-24　二自由度手腕

例如，图 1-25a 所示为通常见到的 BBR 手腕，使手部具有俯仰、偏转和翻转运动，即 RPY 运动。通常不采用 BBB 手腕，因为它已退化为二自由度手腕，只有 PY 运动。此外，B 关节和 R 关节排列的次序不同，也会产生不同的效果，同时产生了其他形式的三自由度手腕，如图 1-25b、f 所示。为了使手腕结构紧凑，通常把两个 B 关节安装在一个十字接头上，这对于 BBR 手腕来说，大大减小了手腕纵向尺寸。

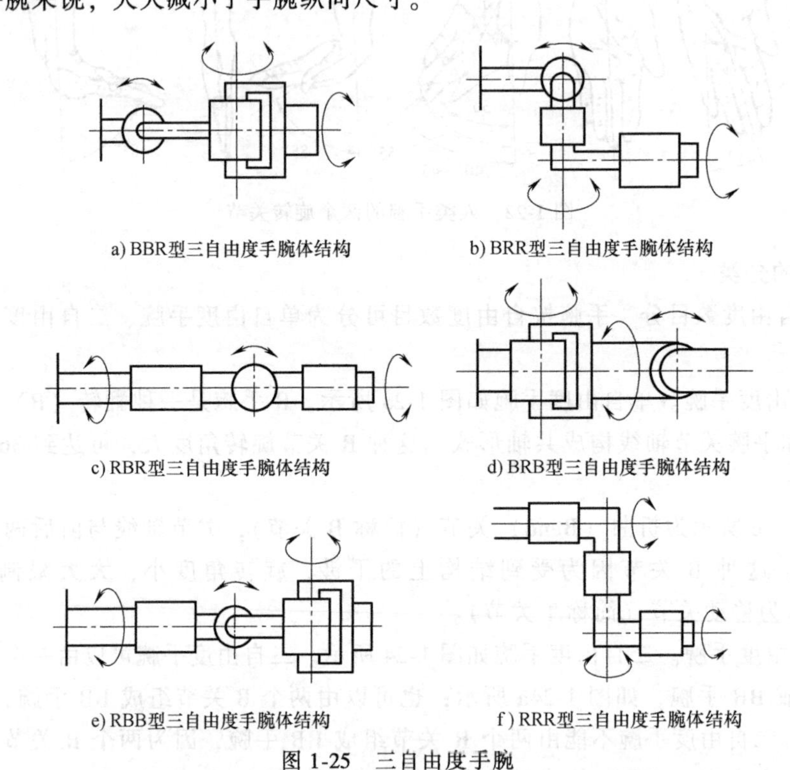

a) BBR型三自由度手腕体结构　b) BRR型三自由度手腕体结构

c) RBR型三自由度手腕体结构　d) BRB型三自由度手腕体结构

e) RBB型三自由度手腕体结构　f) RRR型三自由度手腕体结构

图 1-25　三自由度手腕

（2）安驱动方式分　手腕按驱动方式可分为直接驱动手腕和远距离传动手腕。

1）直接驱动手腕。图 1-26 所示为 Moog 公司的一种液压直接驱动 BBR 手腕，M_1、M_2、M_3 是液压马达，直接驱动手腕的偏转、俯仰和翻转三个自由度轴。该手腕驱动源被装在手腕上，因此设计必须非常紧凑巧妙，难点是能否选到尺寸小、重量轻而驱动力矩大、驱动特性好的驱动电动机或液压驱动马达。

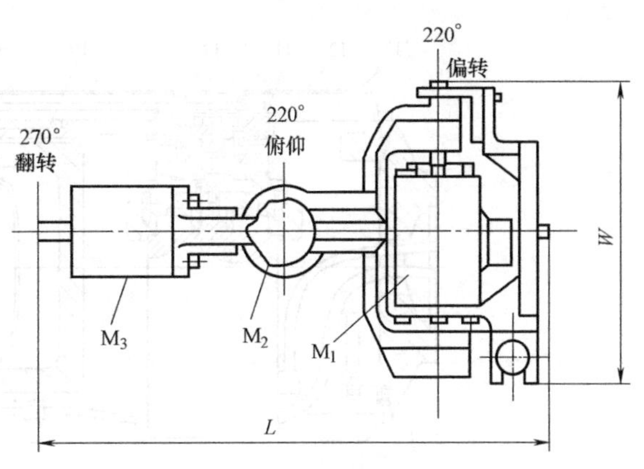

图 1-26　液压直接驱动 BBR 手腕

2）远距离传动手腕。图 1-27 所示为远距离传动 RBR 手腕。Ⅲ轴的运动使整个手腕翻转，即第一个 R 关节运动。Ⅱ轴的转动使手腕获得俯仰运动，即第二个 B 关节运动。Ⅰ轴的转动即第三个 R 关节运动。当 c 轴一离开纸平面后，RBR 手腕便在三个自由度轴上输出 RPY 运动。有时为了保证具有足够大的驱动力，驱动装置不能做得足够小，常常就采用这种远距离驱动机构。它可以有效地减轻腕部的重量，减轻机器人手臂的承载力。另外，电动机离末端较远，当机器人焊接或切割时，可以有效降低对电动机的干扰。把驱动装置放在手臂的后端作为平衡重量用，不仅减轻了手腕的整体重量，而且改善了机器人整体结构的平衡性。

2. 手腕的典型结构

设计手腕时除应满足起动和传送过程中所需的输出力矩外，还要求手腕结构简单、紧凑轻巧、避免干涉、传动灵活；多数情况下，要求将腕部结构的驱动部分安排在小臂上，使外形整齐；设法使几个电动机的运动传递到同轴旋转的心轴和多层套筒上去，运动传入腕部后再分别实现各个动作。下面介绍几种常见的机器人手腕结构。

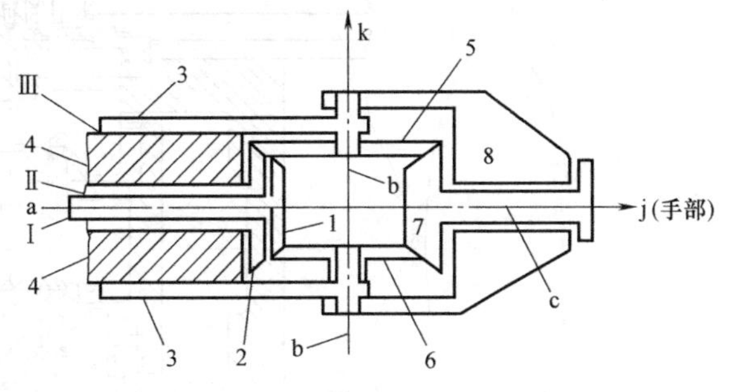

图 1-27　远距离传动 RBR 手腕

1、2、5、6、7—锥齿轮　3—夹紧液压缸　4—回转液压缸
8—轴套　a、b、c、j、k、Ⅰ、Ⅱ、Ⅲ—轴

图 1-28 所示为二自由度手腕典型结构。该手腕有两个旋转运动，箭头 1 为腕壳的正反转，箭头 2 为法兰盘的正反转。其中电动机的转速通过减速器减速，再经过连杆和同步带传动来实现腕壳的正反转，连杆可以增加刚性。

法兰盘的正反转运动是由安装在壳体内的电动机直接带动减速器来完成的。通过直接带动减速器，节约了设计空间，不需要锥齿轮传动，减少噪声，旋转 1 和旋转 2 不再存在耦合关系，提高了传动精度。

图 1-29 所示的手腕有三个旋转运动：手腕的正反转、腕壳的正反转、末端法兰盘的正反转。其中手腕的旋转不做介绍。腕壳正反转是由电动机旋转带动同步带，同步带通过带轮连接到减速器的输入端，减速器的输入端和腕壳固定。法兰盘的正反转是由电动机转速通过同步带、锥齿轮后到达减速器，再经减速器减速后到达末端法兰盘的。上面介绍的二自由度手腕靠电动机和减速器直接连接实现法兰盘的旋转，而该手腕靠中间锥齿轮的精确耦合实现

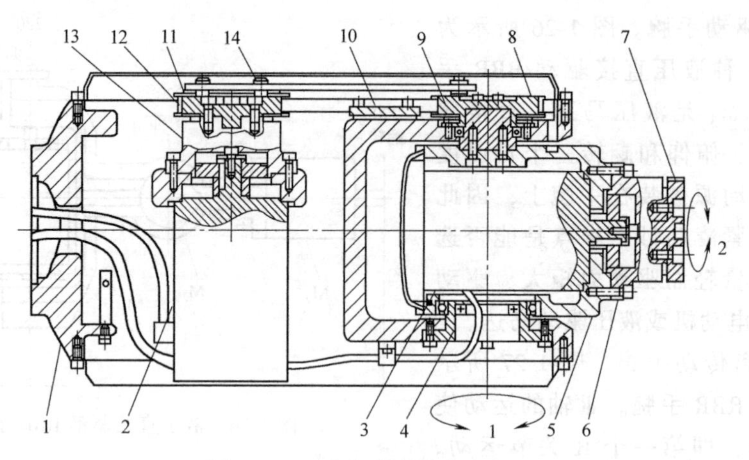

图 1-28　二自由度手腕典型结构

1—小臂　2、3—电动机　4—轴承座　5—腕壳　6、13—减速器　7—末端法兰
8、11—带轮　9—传动轴　10—张紧机构　12—同步带　14—连杆

法兰盘的旋转。该手腕需要增加一定的设计空间，有噪声。

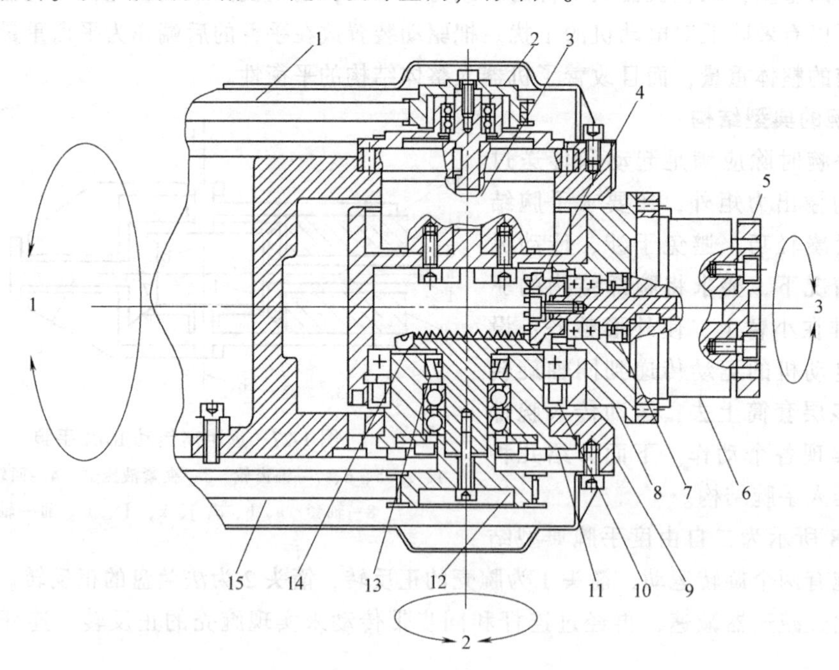

图 1-29　三自由度手腕典型结构

1、15—同步带　2、12—带轮　3、6—减速器　4—小锥齿轮　5—末端法兰盘　7、10、13—油封
8—腕壳　9—支承臂　11—轴承座　14—大锥齿轮

图 1-30 所示为 PT-600 型弧焊机器人手腕部结构。由图可以看出，这是一个具有腕摆与手转两个自由度的手腕结构，其传动路线为：腕摆电动机通过同步带传动带动腕摆谐波减速器 7，减速器的输出轴带动腕摆框 1 实现腕摆运动；手转电动机通过同步带传动带动手转谐波减速器 10，减速器的输出通过一对锥齿轮 9 实现手转运动。需要注意的是，当腕摆框摆动而手转电动机不转时，连接末端执行器的锥齿轮在另一锥齿轮上滚动，将产生附加的手转

运动，在控制上要进行修正。

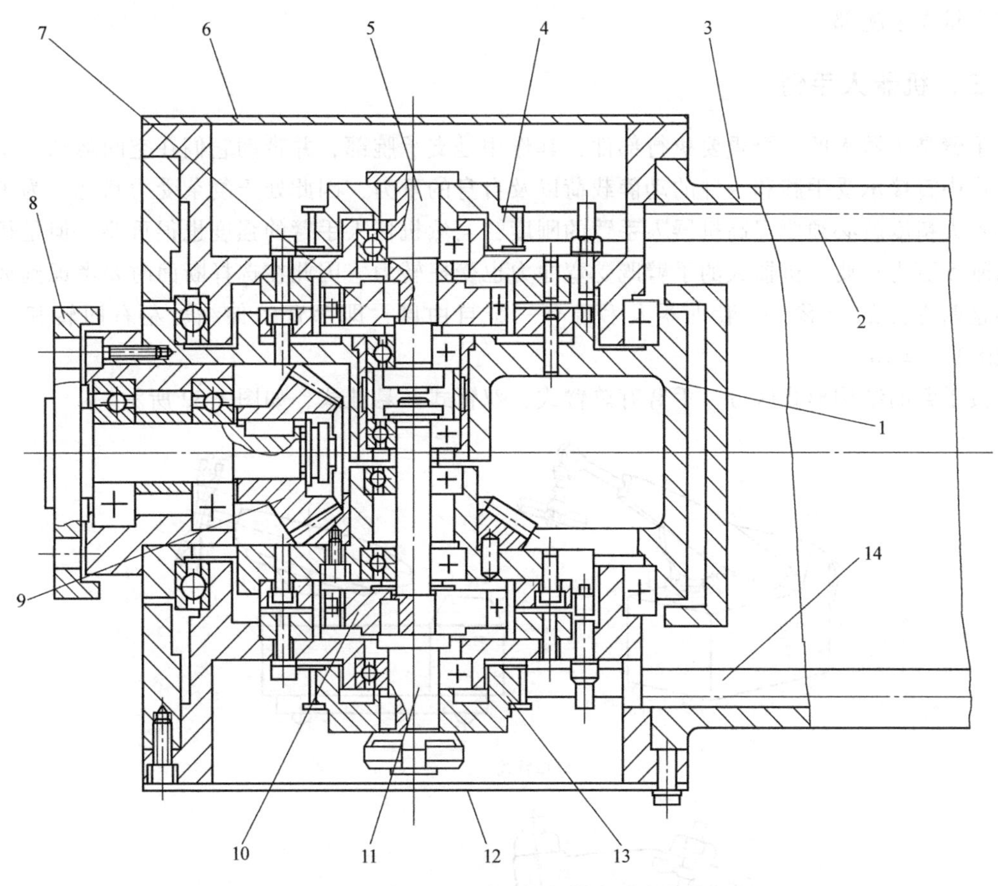

图 1-30　PT-600 型弧焊机器人手腕结构

1—腕摆框　2—腕摆同步带　3—小臂　4—腕摆带轮　5—腕摆轴　6、12—端盖　7—腕摆谐波减速器
8—连接法兰　9—锥齿轮　10—手转谐波减速器　11—手转轮　13—手转带轮　14—手转同步带

图 1-31 所示为机器人远距离传动手腕传动原理。这是一个具有三个自由度的手腕结构，关节配置形式为臂转、腕摆、手转结构。其传动链分成两部分：一部分在机器人小臂壳内，

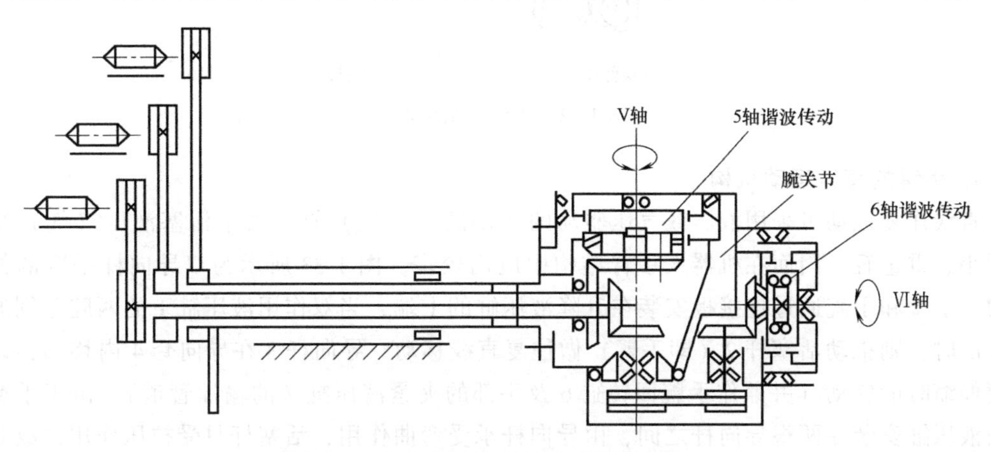

图 1-31　机器人远距离传动手腕传动原理

三个电动机的输出通过带传动分别传递到同轴传动的心轴、中间套、外套筒上；另一部分传动链安排在手腕部。

三、机器人手臂

手臂是机器人的一个重要执行部件，其作用是支承腕部，并带动它们在空间运动。手臂在工作中直接承受手腕和工件的动静载荷以及自身的重力，因此处于复杂受力状态。为了提高机器人精度就必须要提高机器人手臂的刚度，当然机器人手臂的强度也很重要，但是机器人的刚度更为重要。机器人的手臂既受弯曲力也受扭转力，因此在选择断面时要考虑到如何减小这两方面的变形。一般机器人手臂有三个自由度，即手臂的伸缩、左右回转和升降（或俯仰）运动。

按手臂的结构形式区分，手臂有单臂式、双臂式及悬挂式，如图 1-32 所示。

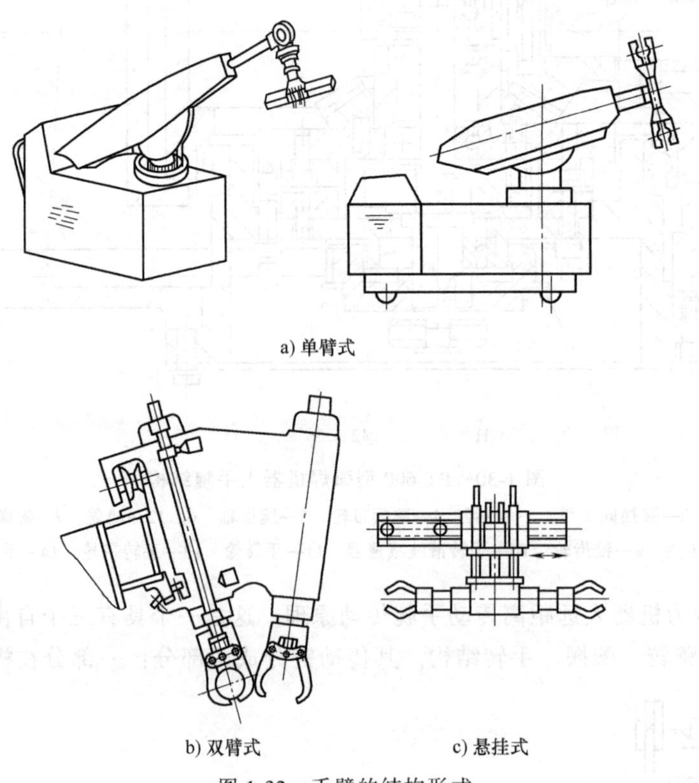

a) 单臂式

b) 双臂式　　c) 悬挂式

图 1-32　手臂的结构形式

1. 手臂的直线运动机构

直线往复运动可采用液压或气压驱动的活塞液压（气）缸。由于活塞液压（气）缸的体积小、重量轻，因而在机器人手臂结构中应用较多。图 1-33 所示为双导向杆手臂的伸缩结构。手臂和手腕通过连接板安装在升降液压缸的上端，当双作用液压缸 1 的两腔分别通入压力油时，则推动活塞杆 2（即手臂）做往复直线移动。导向杆 3 在导向套 4 内移动，以防手臂伸缩时的转动（并兼作手腕回转缸 6 及手部的夹紧液压缸 7 的输油管道）。由于手臂的伸缩液压缸安装在两根导向杆之间，由导向杆承受弯曲作用，活塞杆只受拉压作用，故受力简单，传动平稳，外形整齐美观，结构紧凑。

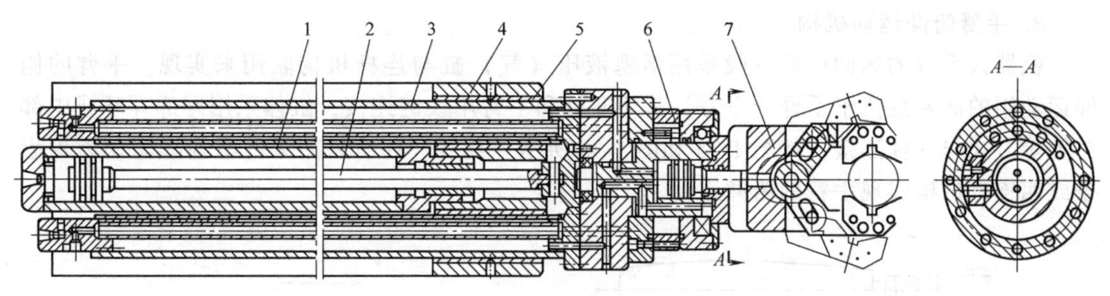

图 1-33　双导向杆手臂的伸缩结构

1—双作用液压缸　2—活塞杆　3—导向杆　4—导向套　5—支承座　6—手腕回转缸　7—手部的夹紧液压缸

2. 手臂回转运动机构

实现机器人手臂回转运动的机构形式是多种多样的，常用的有叶片式回转缸、齿轮传动机构、链轮传动机构和连杆机构。下面以齿轮传动机构中活塞缸和齿轮齿条机构为例说明手臂的回转。

齿轮齿条机构是通过齿条的往复移动，带动与手臂连接的齿轮做往复回转，即可实现手臂的回转运动。带动齿条往复移动的活塞缸可以由压力油或压缩气体驱动。图 1-34 所示为手臂做升降和回转运动的结构。

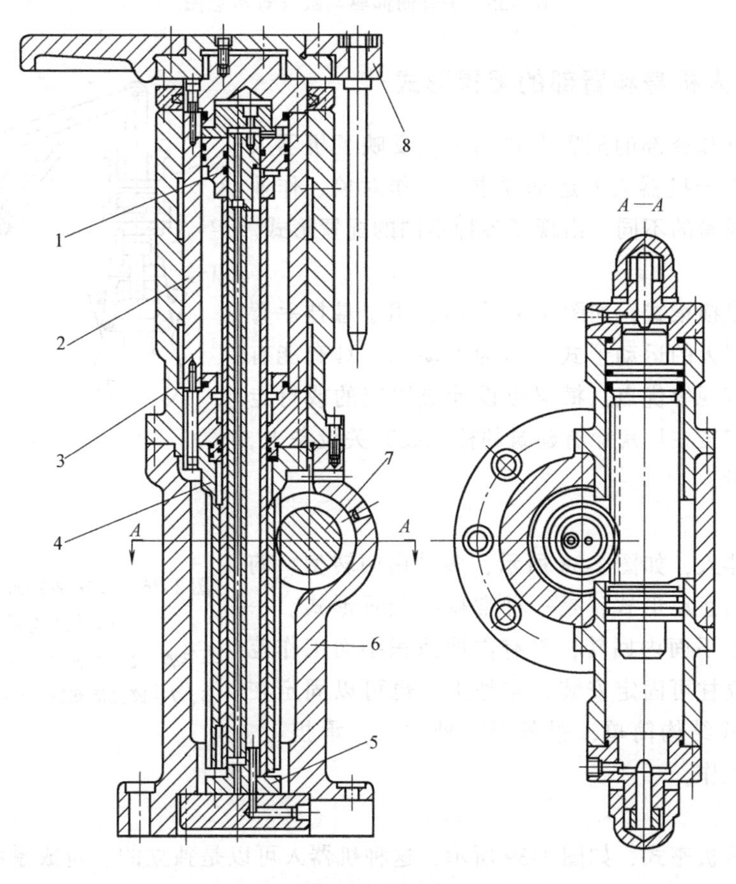

图 1-34　手臂做升降和回转运动的结构

1—活塞杆　2—升降缸体　3—导向套　4—齿轮　5—连接盖　6—机座　7—齿条活塞　8—连接板

3. 手臂俯仰运动机构

机器人手臂的俯仰运动一般采用活塞液压（气）缸与连杆机构联用来实现。手臂的俯仰运动用的活塞缸位于手臂的下方，其活塞杆和手臂用铰链连接，缸体采用尾部耳环或中部销轴等方式与立柱连接，如图 1-35 和图 1-36 所示。此外，还有采用无杆活塞缸驱动齿轮齿条或四连杆机构实现手臂的俯仰运动。

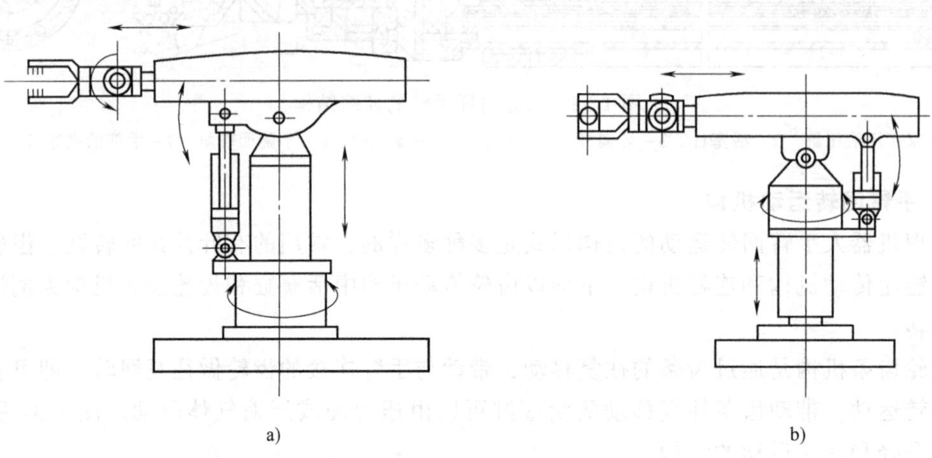

图 1-35　手臂俯仰驱动缸安置示意图

四、机器人机身和臂部的配置形式

机器人机身和臂部的配置形式基本上反映了机器人的总体布局。由于机器人的运动要求、工作对象、作业环境和场地等因素的不同，出现了各种不同的配置形式。

1. 横梁式

机身设计成横梁式，如图 1-37 所示，用于悬挂手臂部件，这类机器人的运动形式大多为移动式，具有能有效利用空间、直观等优点。横梁可设计成固定的或行走的，横梁一般安装在厂房原有建筑的柱梁或有关设备上，也可从地面架设。

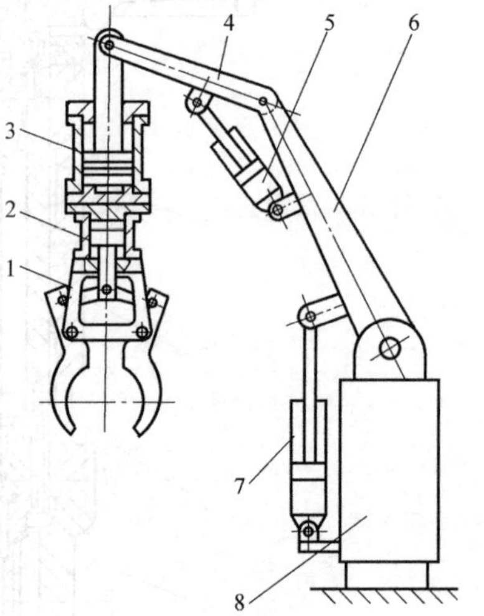

图 1-36　铰接活塞缸实现手臂俯仰运动结构示意图

1—手臂　2—夹置缸　3—升降缸　4—小臂　5、7—铰接活塞缸　6—大臂　8—立柱

2. 立柱式

立柱式机器人，如图 1-38 所示，多采用回转型、俯仰型或屈伸型的运动形式，是一种常见的配置形式。一般臂部都可在水平面内回转，具有占地面积小而工作范围大的特点。立柱可固定安装在空地上，也可以固定在床身上。立柱式结构简单，服务于某种主机，承担上、下料或转运等工作。

3. 机座式

机身设计成机座式，如图 1-39 所示，这种机器人可以是独立的、自成系统的完整装置，可以随意安放和搬动；也可以具有行走机构，如沿地面上的专用轨道移动，以扩大其活动范围。各种运动形式均可设计成机座式。

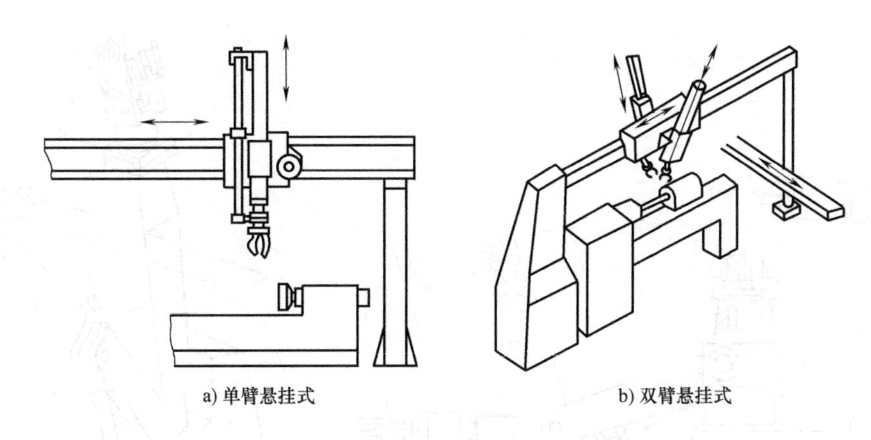
a) 单臂悬挂式　　b) 双臂悬挂式

图 1-37　横梁式

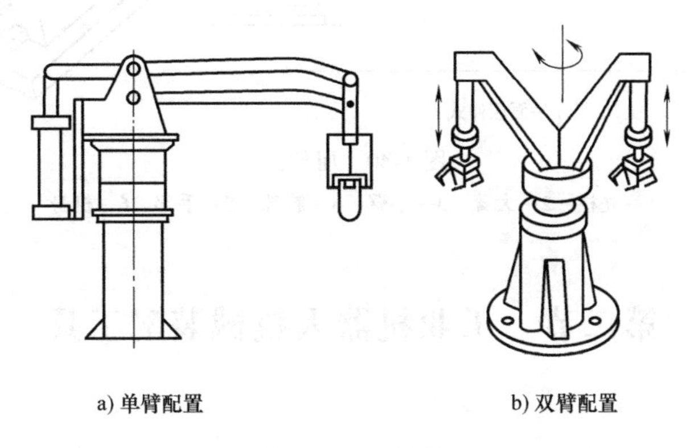
a) 单臂配置　　b) 双臂配置

图 1-38　立柱式

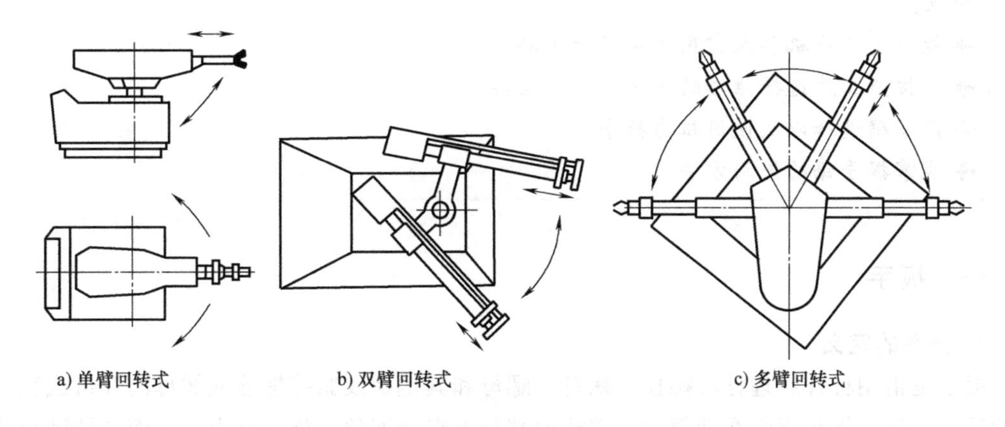
a) 单臂回转式　　b) 双臂回转式　　c) 多臂回转式

图 1-39　机座式

4. 屈伸式

屈伸式机器人臂部，如图 1-40 所示，由大小臂组成，大小臂间有相对运动，称为屈伸臂。屈伸臂与机身间的配置形式关系到机器人的运动轨迹，可以实现平面运动，也可以做空间运动。

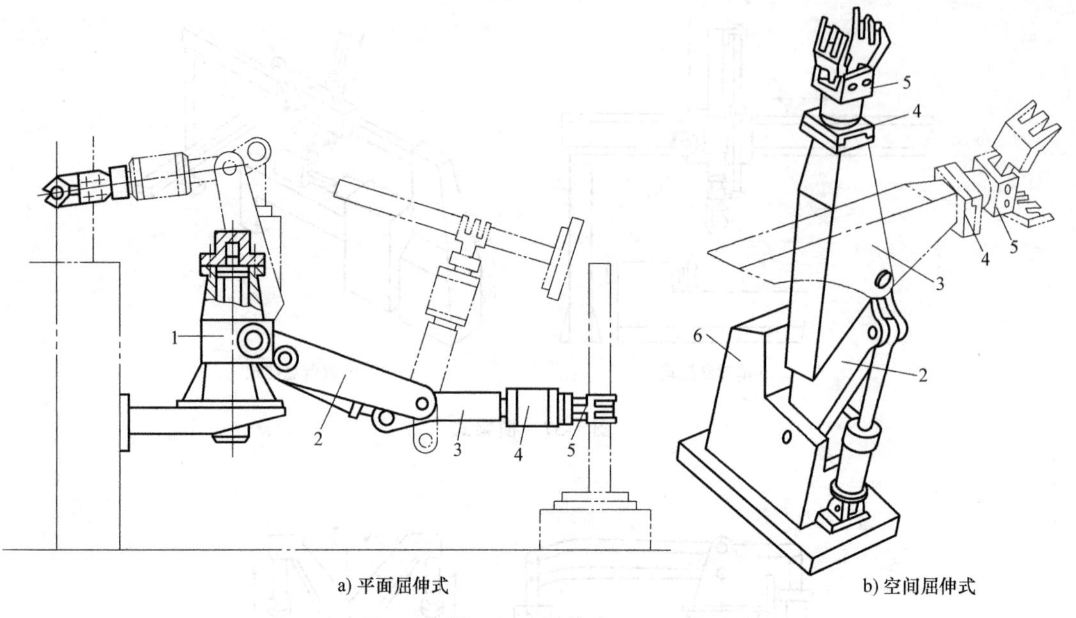

图 1-40　屈伸式

1—立柱　2—大臂　3—小臂　4—腕部　5—手部　6—机身

第二节　工业机器人机械装配工具

培训目标

中级：

➔ 能熟悉工业机器人常用机械装配工具。

➔ 能按照工序选择维修的工具、工装设备。

➔ 能正确选择以及使用扭力扳手。

➔ 能掌握手锯的使用方法。

一、扳手

1. 扳手的定义

扳手是指用杠杆原理拧转螺栓、螺钉、螺母和其他螺纹紧持螺栓或螺母的开口或套孔固件的手工工具。扳手通常在柄部的一端或两端制有夹柄部便于施加外力，从而拧转螺栓或螺母，或紧持螺栓或螺母的开口或套孔。使用时沿螺纹旋转方向在柄部施加外力，就能拧转螺栓或螺母。

2. 活扳手

活扳手的开口部可以大小变化，是用于松开分解、紧锁固定不同规格的外六角螺钉和螺母的工具，如图 1-41 所示。

使用说明：

1）使用时，右手握手柄。手越靠后，扳动越省力。扳动小螺母时，因为需要不断地转动蜗轮，调节扳口的大小，所以手应握在靠近呆扳唇，并用大拇指调制蜗轮，以适应螺母的大小。

2）活扳手的扳口夹持螺母时，呆扳唇在上，活扳唇在下。活扳手切不可反过来使用。在扳动生锈的螺母时，可在螺母上滴松动液（WD40）或几滴煤油或机油，这样就好拧动了。在拧不动时，切不可采用钢管套在活扳手的手柄上来增加扭力，因为这样极易损伤活扳唇。

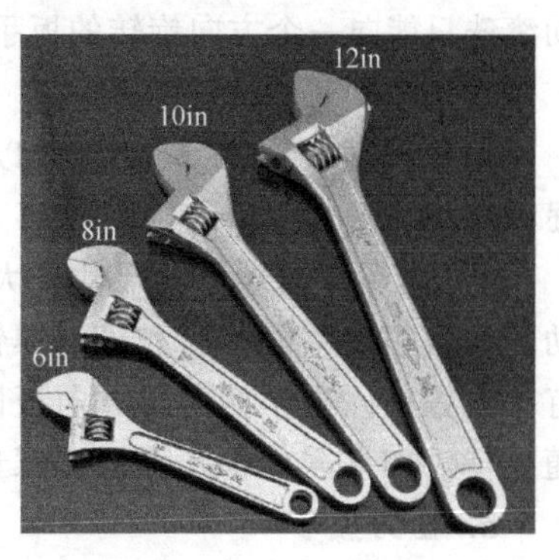

图 1-41　活扳手（1in=25.4mm）

3）扳手扳转时应该使用拉力方向，应使拉力作用在开口较厚的一边。这一点对受力较大的活扳手尤其应该注意，以防开口出现“八”字形，损坏螺母和扳手。

3. 呆扳手

呆扳手按照用途和款式分为开口扳手、梅开扳手和梅花扳手。其中，开口扳手，如图 1-42 所示，手腕一端或两端制有固定尺寸的开口，用以拧转一定尺寸的螺母或螺栓。梅开扳手，如图 1-43 所示，一端制有固定尺寸的开口，另一端制有十二角孔工作端，用以拧转一定尺寸的螺母或螺栓。梅花扳手，如图 1-44 所示，两端具有带六角孔或十二角孔的工作端，适用于工作空间狭小不能使用普通扳手的场合。

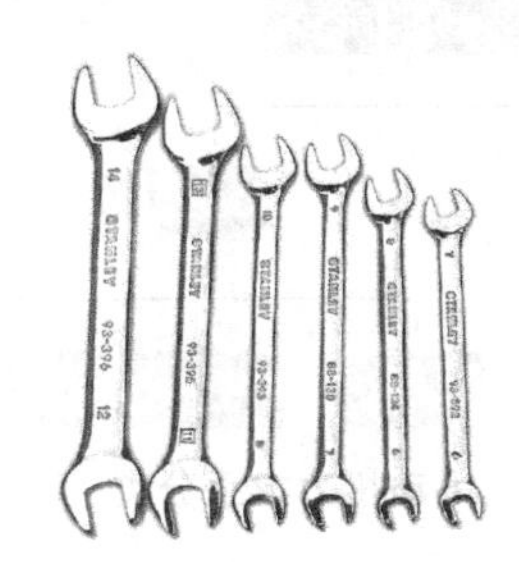

图 1-42　开口扳手

图 1-43　梅开扳手

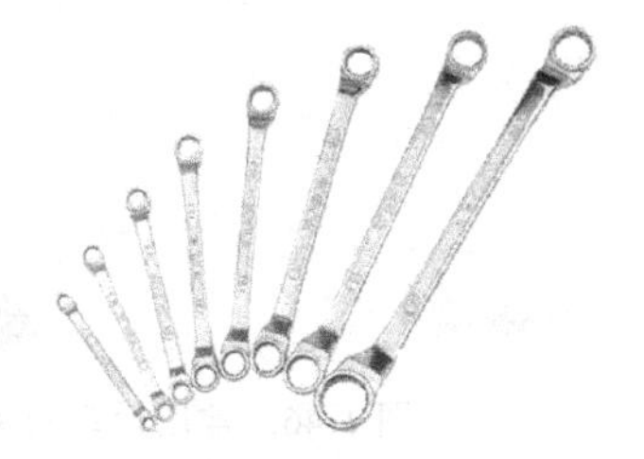

图 1-44　梅花扳手

使用说明：

1）扳手扳转时应该使用拉力，推转扳手极易发生危险。

2）开口扳手可用于松紧螺栓，螺栓旋紧前应先将螺栓清洁；使用开口扳手旋紧螺栓时应均匀使力，不得利用冲击力。

3）所选用的扳手的开口尺寸必须与螺栓或螺母的尺寸相符合，扳手开口过大易滑脱并损伤螺件的六角，在进口工业机器人机械装配或维修中，应注意扳手米制寸制尺寸的选择。

4）各类扳手的选用原则：一般优先选用套筒扳手，其次为梅花扳手，再次为开口扳手，最后选活扳手。

4. 棘轮扳手

如图 1-45 所示，棘轮扳手是一种手动螺钉松紧工具，经组装加工后，前端为四方孔，内嵌活

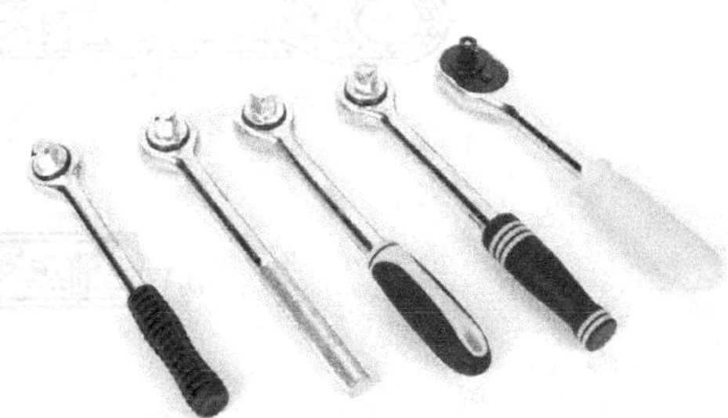

图 1-45　棘轮扳手

动滚珠只能向一个方向旋转的扳手，一般配合套管使用，非常方便，但它的棘轮有最大力矩。

使用说明：

1）棘轮扳手的活动扳柄可以方便地调整扳手使用角度，用于螺钉的松紧操作，适用性强，使用方便。

2）当螺钉或螺母的尺寸较大或扳手的工作位置很狭窄，就可用棘轮扳手。这种扳手摆动的角度很小，能拧紧和松开螺钉或螺母。拧紧时按顺时针方向转动手柄。方形的套筒上装有一只撑杆。当手柄向反方向扳回时，撑杆在棘轮齿的斜面中滑出，因而螺钉或螺母不会跟随反转。如果需要松开螺钉或螺母，只需翻转棘轮扳手朝逆时针方向转动即可。

5. 扭力扳手

紧固件就是将两个或两个以上的零部件用机械的方式连接成一个整体的机械总成过程中使用的机械零件。在机械装配过程中，紧固件的扭矩大小是装配工作的关键，如果扭矩过大，严重超过材料的屈服强度，会使紧固件的螺纹断裂、失效，紧固失败。如果扭矩过小，则达不到紧固夹紧效果，会造成紧固失败。扭力扳手是一种带有扭矩测量机构的拧紧计量器具，它用于紧固螺栓和螺母，并能测出拧紧时的扭矩值。

扭力扳手的种类繁多，按结构和应用分为机械式、电子式、电动式、气动式等，如图 1-46 所示。按使用场合分为定值式、可调式、表盘式、数显式等不同形式。常用手动扭力扳手分类如图 1-47 所示。

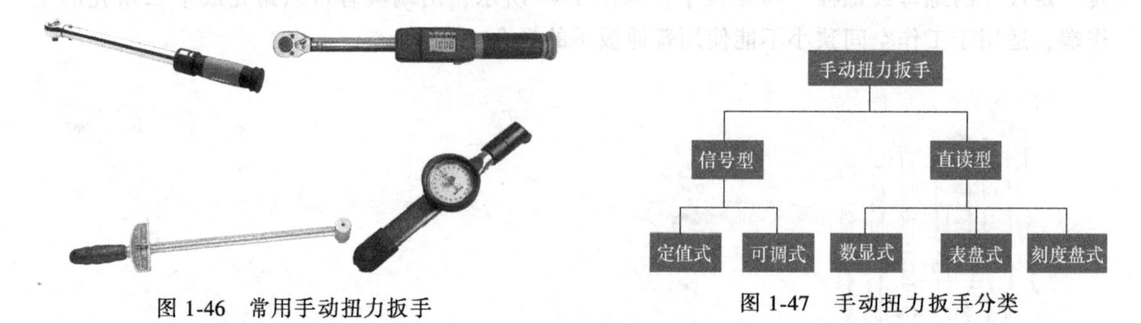

图 1-46　常用手动扭力扳手

图 1-47　手动扭力扳手分类

（1）信号型扭力扳手　可调式扭力扳手与预设式扭力扳手的结构除定值部分有差异外，其余均是相同的。根据使用的工况不同，该类扭力扳手头部除了棘轮式外还设计有各种尺寸的开口头、可更换开口头、梅花头、可更换梅花头等结构，如图 1-48 所示。

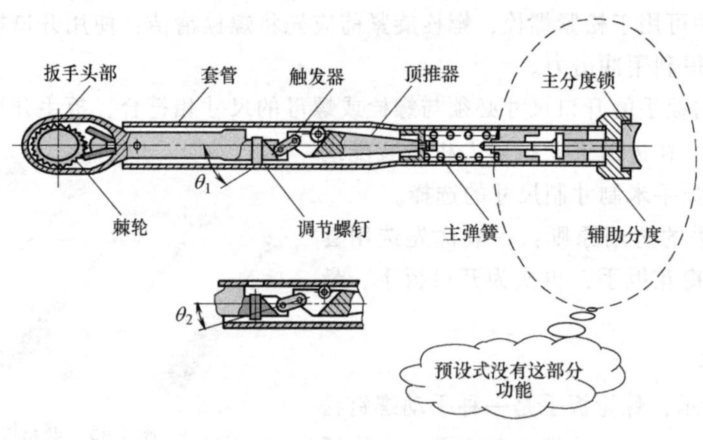

图 1-48　可调式扭力扳手结构

工作原理：套筒连接在棘轮（开口）上，当套筒（开口）连接螺栓或螺母，用手扳动扭力扳手时，扭力扳手连杆产生相反的扭矩；而当这个扭矩等于或大于由主弹簧预设的扭矩时，触发器会产生滑动，顶推器撞击套管壁，发出“咔嗒”的信号。松开手，扭矩小于由主弹簧预设的扭矩时，触发器向原始方向滑动，回复到原始状态。周而复始，施加扭矩。

（2）定值型扭力扳手　定值型扭力扳手有可调式和预设式，其特点见表1-1。

表1-1　定值型可调式和预设式扭力扳手的特点

种类	优点	缺点	共同点	建议
可调式	不用预设扭矩值，在量程范围内任意选值选用	精度保证能力差，容易超差，对操作者要求比较高	优点：体积小，有报警作用，使用方便 缺点：对操作人员要求高，当达到扭矩时，必须平稳施加旋转扭矩，不能用力太猛，以免造成极大的误差	主要用于维修，以及使用频率较低、控制点较多的场合
预设式	精度保证能力强，经久耐用	需要专业人员利用设备预设置扭矩值，每次只能预设一个值		适用于大批量生产的生产流水线

（3）直读型扭力扳手　直读型扭力扳手（以常用的指针式扭力扳手为例）的结构如图1-49所示。

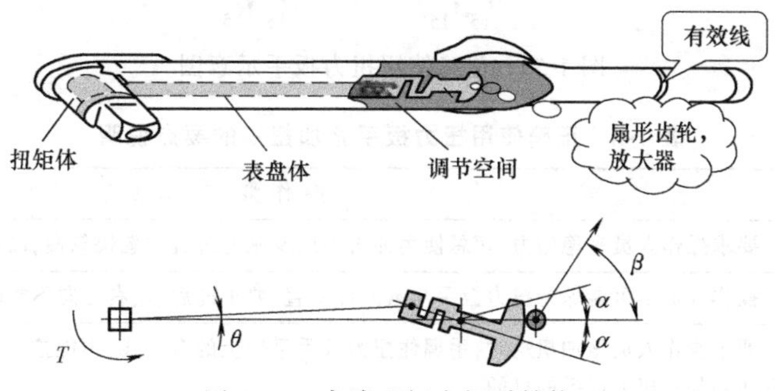

图1-49　直读型扭力扳手结构

直读型扭力扳手（以常用的指针式扭力扳手为例）的工作原理如下：

套筒连接在扭矩体上，当套筒连接螺栓或螺母，用手扳动扭力扳手时，扭矩体连杆产生相反的旋转扭矩，同时带动扇形齿轮转动，扇形齿轮带动小齿轮转动，小齿轮带动轴端上的指针，指针带动从动指针，当停止施加转动扭矩时，从动指针在字盘上指示对应的扭矩值。

直读型扭力扳手有刻度盘式、表盘式、数显式。其中，扭矩质量检测较常用的是指针式扭力扳手和数显式扭力扳手，它们的特点见表1-2。

表1-2　直读型指针式和数显式扭力扳手的特点

种类	优点	缺点	共同点	建议
指针式	轻巧，价格低	读数不直观，容易读错数，精度低，不可检测储存数据	对操作人员要求高，当达到扭矩时必须平稳施加旋转扭矩，不能用力太猛，以免造成极大的误差	用于生产线扭矩质量监控
数显式	读数直观，减少视觉误差，精度稍高，可储存检测数据	笨重，价格高		用于生产线扭矩质量监控和新产品开发扭矩验证

（4）正确使用扭力扳手的要点　由于手动式扭力扳手体积小，使用方便，能报警，因此在机械装配的生产流水线得到了广泛使用。但是，使用手动式扭力扳手对操作人员的操作水平有一定的要求，以下主要论述正确使用手动式扭力扳手施加扭矩时的要点。力的作用有三要素：力的大小、力的方向和力的作用点。从力的三要素进行说明，如图 1-50 所示及见表 1-3。

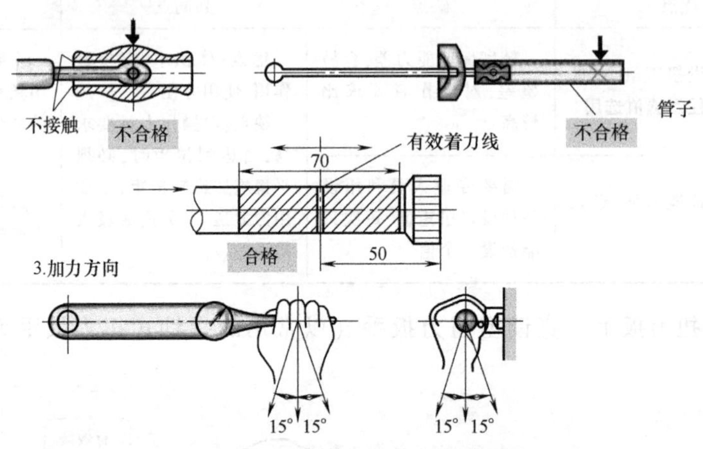

图 1-50　正确使用扭力扳手示意图

表 1-3　正确使用扭力扳手施加扭矩的要点说明

三要素	操作要点
力的大小	要求操作人员平稳施力，切忌使用冲击力以及施力过程中忽快忽慢，以免造成扭矩误差
力的方向	操作人员尽可能保持扭力扳手与紧固件垂直，要求前后、左右方向不能超过 15°
力的作用点	要求操作人员施加扭矩时，手握住扭力扳手手柄上的有效线；不能擅自在扭力扳手手柄上加套管达到加长扭力扳手的目的

（5）扭力扳手的选用以及准确性的保证

扭力扳手的选用说明如下：

1）扳手头部选择。扳手头部主要有棘轮、开口头、梅花头、可换头等，要根据使用控制点的工况、安全因素等来决定选用何种头部的扭力扳手。优先选用棘轮式，因为其既安全，又方便，同时是标准件，成本较低。

2）扭力扳手的量程。按照计量器具选用原则，优先选用设定值（检测值）在扭力扳手量程 1/2~2/3 的扭力扳手。

3）扭力扳手的长度和重量。在量程接近的扭力扳手中，优先选用有效长度长、重量相对轻的扭力扳手，因为其省力，可降低操作人员的劳动强度。

扭力扳手既是用于紧固件紧固的工具，又是保证紧固件扭矩质量的计量器具，其准确性直接影响紧固件的扭矩质量。在实践中按照 JJG 707—2014《扭矩扳子检定规程》进行检定，操作人员必须使用具有合格标识的扭力扳手施加扭矩。同时，根据使用频次以及周检合格率情况，开展扭力扳手的自校检查工作，保证扭力扳手的准确性，从而确保紧固件扭矩质量。

6. 内六角扳手

内六角扳手如图 1-51 所示。它是一种成 L 形用于一个六角插口头螺钉的特种工具，为六角棒状，简单轻巧，专用于拧转内六角螺钉，体现了和其他常见工具（如一字槽螺钉旋具和十字槽螺钉旋具）之间最重要的差别，它通过扭矩施加对螺钉的作用力，大大降低了使用者的用力强度。寸制内六角扳手配套使用的螺钉尺寸对照见表 1-4。

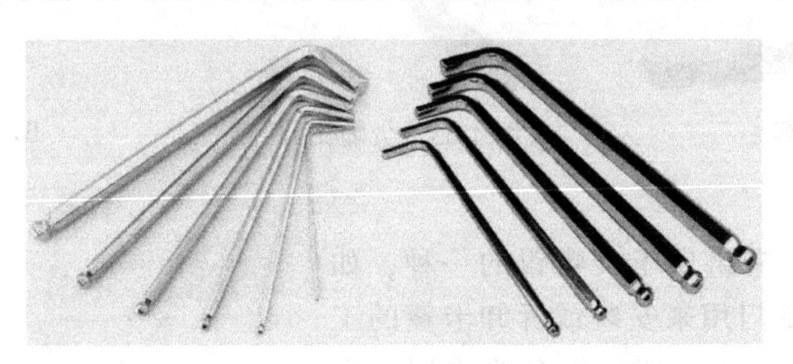

图 1-51　内六角扳手

表 1-4　寸制内六角扳手配套使用的螺钉尺寸对照

寸制扳手规格 /in	内六角圆柱头螺钉	内六角沉头螺钉	内六角半圆柱头螺钉	内六角紧定螺钉	内六角圆柱头轴肩螺钉
0.7				M1.6	
0.9				M2	
1.3	M4			M2.5	
1.5	M1.6,M2			M2.5,M2.6	
2	M2.5	M3	M3	M3	
2.5	M3	M4	M4	M4	
3	M4	M5	M5	M5	M5
4	M5	M6	M6	M6	M6
5	M6	M8	M8	M8	M8
6	M8	M10	M10	M10	M10
8	M10	M12	M14	M14	M12
10	M12	M14,M16	M12,M14	M12,M14	M16
12	M14	M18,M20	M22,M24	M22,M24	M20
14	M16,M18	M22,M24			
17	M20				

二、钳口工具

1. 钢丝钳

钢丝钳如图 1-52 所示，用于夹持或弯折薄片形、圆柱形金属零件及切断金属丝，其旁刃口也可用于切断细金属丝。

2. 尖嘴钳

尖嘴钳如图 1-53 所示，常用来夹小部件或剪切线径较细的单股与多股线，以及给单股导线接头弯。

3. 扁嘴钳

如图 1-54 所示，扁嘴钳是一种具有较长钳嘴，并且钳嘴内带有棱形齿纹的钳子。扁嘴钳主要用来弯曲薄型或线状的金属件，插拔销子或弹簧，是电信工程和机械装配常用工具之一。

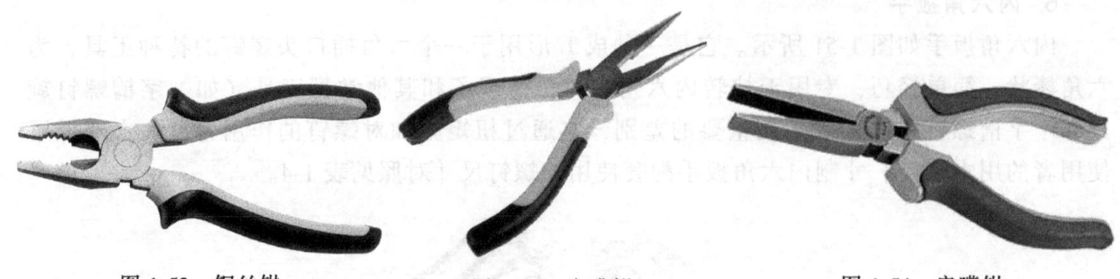

图 1-52　钢丝钳　　图 1-53　尖嘴钳　　图 1-54　扁嘴钳

4. 卡簧钳

卡簧钳从外形上来讲属于尖嘴钳的一种，如图 1-55 所示。它是专门用来安装或拆卸卡簧的工具。从作用类型来分，卡簧钳可以分为内用卡簧钳和外用卡簧钳两种，分别用来安装内用卡簧和外用卡簧。卡簧钳的出现方便了工人对于机械轴轮等中间卡簧的操作。

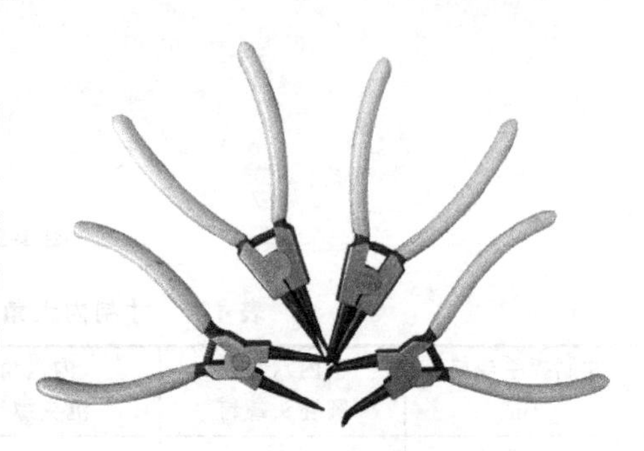

图 1-55　卡簧钳

三、锯削工具（手锯）

手锯是手工锯割的主要工具，可用于锯割零件的多余部分，锯断机械强度较大的金属板、金属棍或塑料板等。手锯由锯条和锯弓组成。锯弓用以安装并张紧锯条，由钢质材料制成，有固定式和可调节式两种，如图 1-56 所示。锯条也用钢质材料制成，并经过热处理变硬。锯条的长度以两端安装孔中心距来表示，常用的为 300mm。

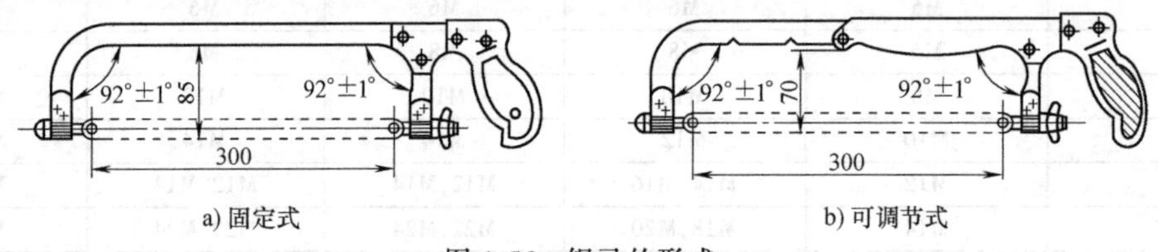

图 1-56　锯弓的形式

1. 锯条安装

因为手锯是在向前推进时进行切削的，而向后返回时不起切削作用，所以在锯弓中安装锯条时具有方向性。如图 1-57a 所示，安装时要使齿尖的方向朝前，此时前角为零。如图 1-57b 所示，如果装反了，则前角为负值，不能正常锯削。

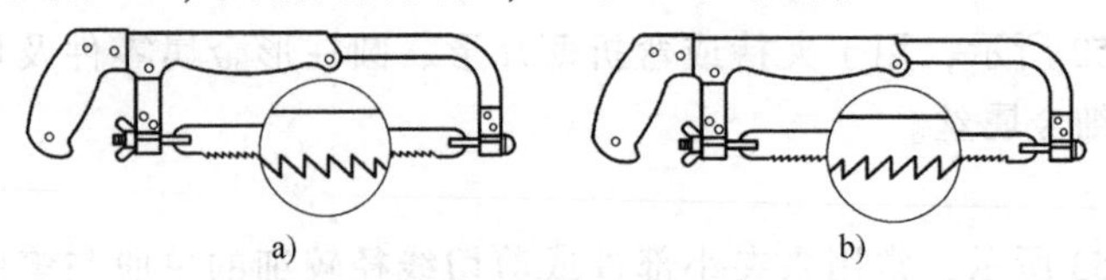

图 1-57　锯条的安装

2. 起锯

起锯是锯削工作的开始。起锯质量的好坏直接影响锯削质量。起锯分远起锯和近起锯两种，如图 1-58 所示。

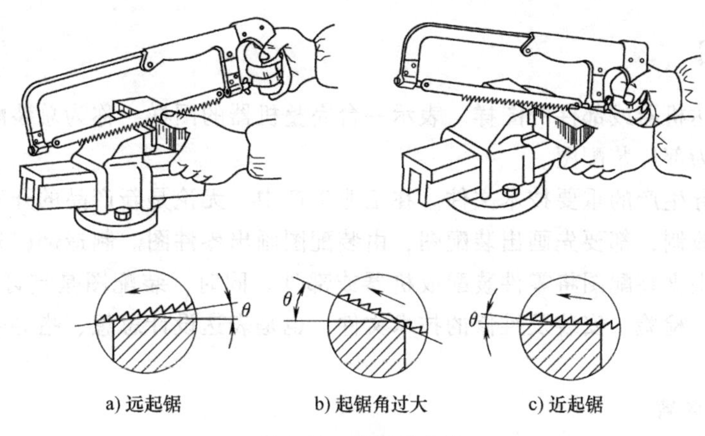

a) 远起锯　　b) 起锯角过大　　c) 近起锯

图 1-58　起锯的方法

3. 锯削姿势

手握手锯时右手满握锯柄，左手轻扶在锯弓前端，锯削时的站立位置和身体摆动姿势与锉削基本相似，注意摆动要自然，如图 1-59 所示。

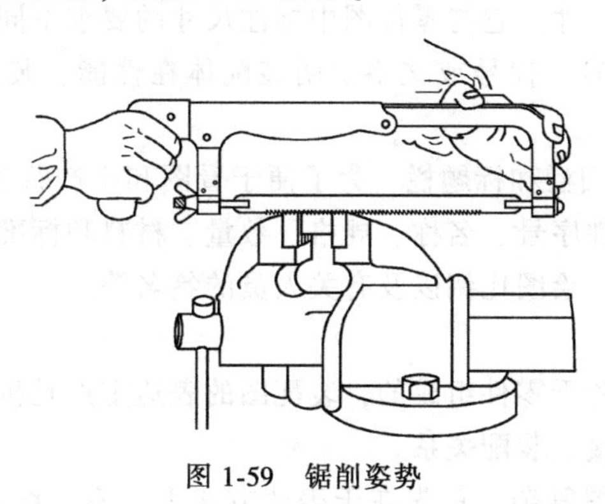

图 1-59　锯削姿势

第三节　工业机器人机械装配基础

培训目标

中级：

➔ 能够识读机械零部件装配图及装配工艺文件。

➔ 能按照工序选择工具、工装。

➔ 能根据装配图样及工艺指导文件，准备待装零部件。

➔ 能识别机加工零件的缺陷。

高级：

➔ 能制订部件装配工艺文件。

➔ 能识别铸造零件的外部缺陷。

➔ 能识别部件的装配缺陷并进行修复。

一、装配图

装配图是表达机器或部件的图样。表示一台完整机器的图样，称为总装配图；表示一个部件的图样，称为部件装配图。

装配图是指导生产的重要技术文件。在工业生产中，无论是新产品的开发，还是对其他产品进行仿造、改制，都要先画出装配图，由装配图画出零件图。制造部门先根据零件图制造零件，然后再根据装配图将零件装配成机器或部件。同时，装配图是制订装配工艺规程，进行装配、调试、检验、安装及维修的技术文件，也是表达设计思想、指导生产和交流技术的重要技术文件。

1. 装配图的内容

一张完整的装配图应包括如下内容：

（1）一组视图　综合应用各种表达方法，选用一组视图来表达机器或部件的基本原理、零件间的装配关系、连接方式及主要零件的结构形状等。图 1-60 所示为滚动轴承装配图。

（2）必要的尺寸　装配图应具有表明机器或部件的规格、性能，以及安装、检查、检验、运输等方面所需要的尺寸。它与零件图中标注尺寸的要求不同。

（3）技术要求　用符号、代号或文字说明装配体在性能、装配、安装、调试及使用等方面应达到的技术指标。

（4）零件的序号、明细栏和标题栏　为了便于看图和生产管理，必须对每个零件编号，并在明细栏中依次列出零件序号、名称、规格、数量、材料和标准编号等内容。标题栏中应写明装配体的名称、图号、绘图比例以及有关人员的签名等。

2. 装配图的表达方法

由于机器或部件是由若干零件组成的，装配图的表达重点是机械或部件的结构特点、工作原理及组成零件间的连接、装配关系。

装配图的内容比零件图复杂，首先在于表达方法上，零件图的表达方法装配体全部适用，另外装配图还有自己特殊的表达方法。

选取装配体视图投射方向时，一般选取装配体的工作位置，或以最能反映装配体关系、工作原理和主要零件结构形状的方向为主视图方向，通常采用剖视的表达方法。

（1）装配图的规定画法

1）相邻两零件接触表面和配合面规定只画一条线，不接触表面画两条线。如图 1-61 所示。

2）两零件邻接时，不同零件的剖面线方向应相反。当有多个零件相邻剖面线的方向相同时，应间距不同或错开位置以示区别，如图 1-62 所示。应注意同一零件在各视图中的剖面线方向和间距应保持一致。

3）对于紧固件和实心零件（如螺钉、螺栓、螺母、垫圈、键、销、球及轴等），若剖切平面通过它们的轴线或对称平面时，则这些零件均按不剖绘制。需要时，可采用局部剖视。

（2）装配图的特殊画法

1）拆卸画法。为了表达被遮挡的装配关系或其他零件，可以假想拆去一个或几个在其他视图中已经表达清楚的零件，只画出所要表达的部分，并在视图上方标注“拆去××”的

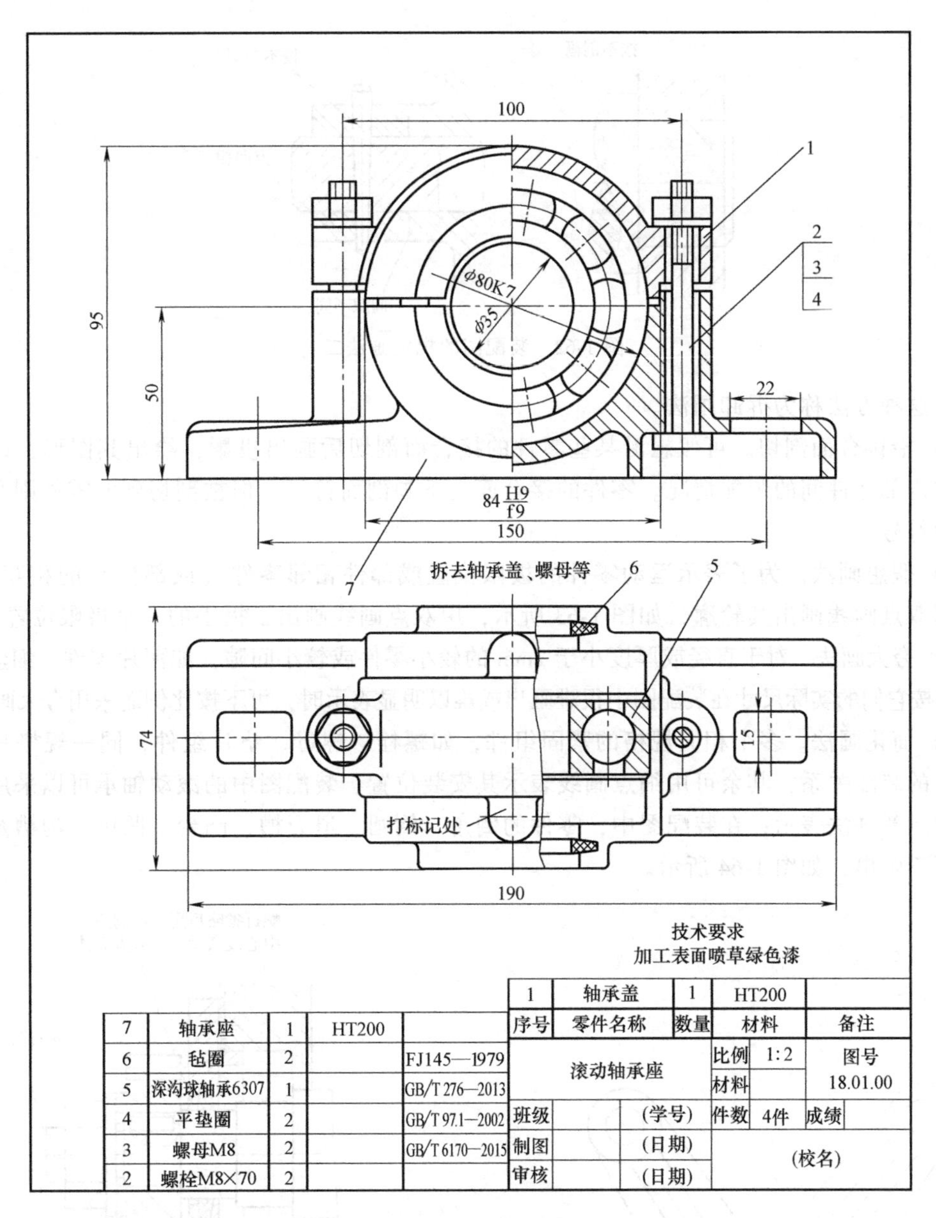

1	轴承盖	1	HT200	
序号	零件名称	数量	材料	备注

7	轴承座	1	HT200	
6	毡圈	2		FJ145—1979
5	深沟球轴承6307	1		GB/T 276—2013
4	平垫圈	2		GB/T 97.1—2002
3	螺母M8	2		GB/T 6170—2015
2	螺栓M8×70	2		

滚动轴承座		比例	1:2	图号 18.01.00
		材料		
班级	(学号)	件数	4件	成绩
制图	(日期)	(校名)		
审核	(日期)			

图 1-60　滚动轴承座装配图

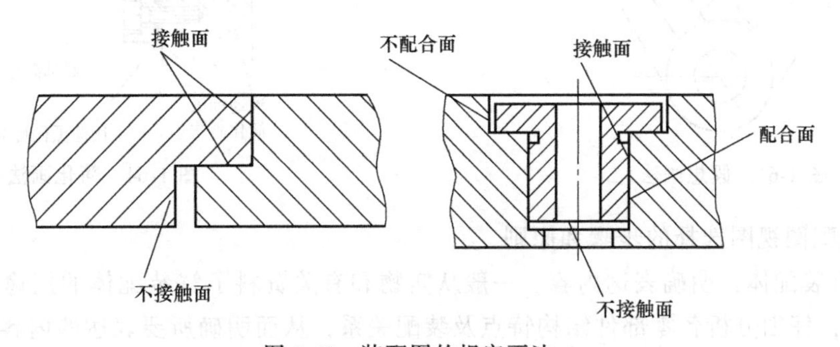

图 1-61　装配图的规定画法一

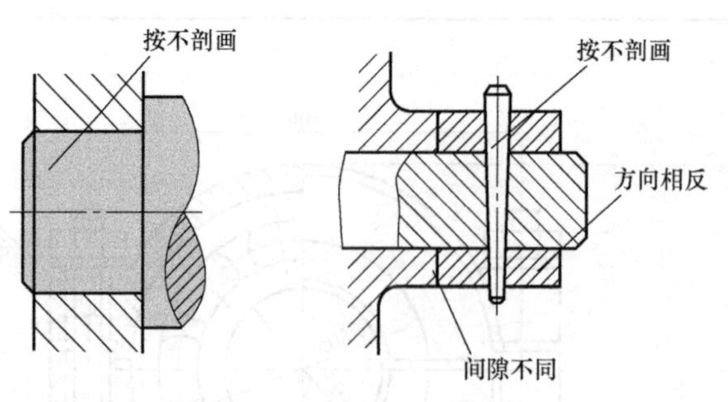

图 1-62　装配图的规定画法二

说明，这种方法称为拆卸画法。

2）沿接合面剖切。可假想沿某些零件的接合面剖切后画出投影，绘出其图形，以表达装配体内部零件间的装配情况。零件的接合面上不画剖面符号，但被剖切到的零件则必须画出剖面符号。

3）假想画法。为了表示运动零件的极限位置或部件相邻零件（或部件）的相互关系，可以用双点画线画出其轮廓，如图 1-63 所示，用双点画线画出了扳手的一个极限位置。

4）夸大画法。对于直径或厚度小于 2mm 的较小零件或较小间隙，如薄片零件、细丝弹簧等，若按它们的实际尺寸在装配图中很难画出或难以明显表示时，可不按比例而采用夸大画法。

5）简化画法。多个相同规格的紧固组件，如螺栓、螺母、垫片组件，同一规格只需画出一组的装配关系，其余可用细点画线表示其安装位置；装配图中的滚动轴承可以采用简化画法或示意画法表示；在装配图中，零件的倒角、倒圆、退刀槽、凸台、凹坑、沟槽及其他细节可不画出，如图 1-64 所示。

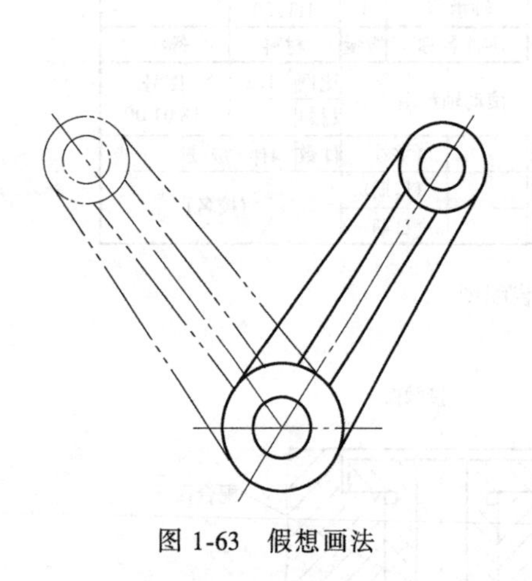

图 1-63　假想画法

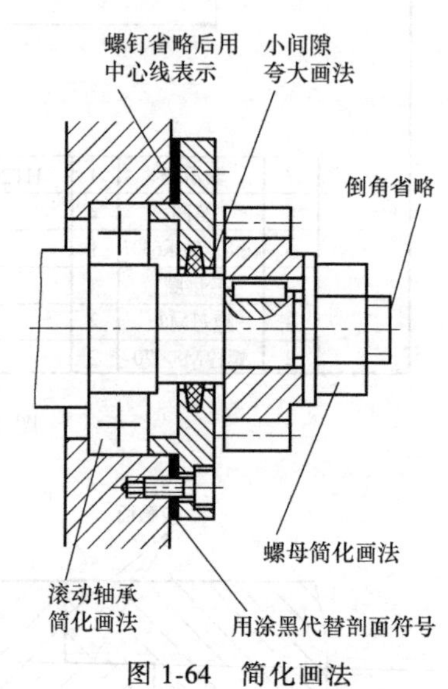

图 1-64　简化画法

（3）装配图视图选择的步骤和原则

1）分析装配体，明确表达内容。一般从实物和有关资料了解装配体的用途、性能和工作原理入手，仔细分析各零部件结构特点及装配关系，从而明确所要表达的内容。

2）选择主视图。画主视图时，一般将装配体按工作位置放置；投射方向一般选择最能反映该装配体的工作原理、传动系统、零件间主要的装配关系和主要结构特征的方向作为主视图的投射方向。

3）选择其他视图。选定主视图之后，对于那些装配关系、工作原理及主要零件的主要结构还没有表达清楚的部分，应选择适当的其他视图来补充表达。一般情况下，机器或部件中的每一种零件至少应在视图中出现一次。如果部件比较复杂，可以同时考虑几种表达方案进行比较，最后选定一个较好的表达方案。

3. 装配图的尺寸标注、技术要求

（1）装配图的尺寸标注　装配图的主要功能是表达产品装配关系，而不是制造零件的依据，因此不必标出装配图上零件的所有尺寸，只要求注出以下五类尺寸：

1）规格尺寸：表示机器或部件性能（规格）的尺寸，在设计时已经确定，也是设计、了解和选用该机器或部件的依据。

2）装配尺寸：包括保证有关零件间配合公差要求的尺寸、保证零件间相对位置的尺寸和装配时进行加工的尺寸。

3）安装尺寸：将机器或部件安装在其他设备上或地基上所需的尺寸。

4）外形尺寸：表示机器或部件外形轮廓的大小，即总长、总宽和总高。这类尺寸表明了机器或部件所占空间大小，可作为包装、安装和平面布置的依据。

5）其他重要尺寸：在设计中，经过计算或根据需要由设计者给定的必须保证的尺寸，也是应标注的重要尺寸。这类尺寸可作为拆画零件图及装配、调试、检验、使用机器的参考，例如齿轮的厚度。

在实际应用中，并不是所有的装配体都同时具备以上五类尺寸，有时同一尺寸还具有不同的意义，需要标注哪些尺寸，应视装配体的构造情况而定。

（2）装配图的技术要求　在装配图中可用简明文字逐条说明在装配过程中应达到的技术要求，应予保证调整间隙的方法或要求，产品执行的技术标准和试验、验收时的技术规范，以及产品外观（如油漆、包装）等要求。

不同性能的机械或部件，其技术要求不同，一般包括性能、装配、检验、使用等方面的要求和条件。

性能要求指机器或部件的规格、参数、性能指标等；装配要求一般指装配方法和顺序，装配时的有关说明，装配时应保证的精确度、密封等要求；检验要求指基本性能的检验方法和要求，如对泵、阀等进行油压试验的要求以及装配后必须保证达到的精确度和关于其检验方法的说明等；使用要求指对产品的基本性能、维护的要求以及使用操作时的注意事项。此外，有些机器或部件可能还包括对其涂饰、包装、运输、通用性和互换性的要求等。

编制技术要求时，可参阅同类产品的图样，根据具体情况确定，如已在零件图上提出的技术要求，在装配图上一般可以不必写。当装配图中需要文字说明的技术要求，可写在标题栏的上方或左边，也可以另写成技术要求文件，作为图样的附件。

4. 装配图中零、部件序号和明细栏

为了便于读图、图样管理和生产准备工作，装配图中的零件或部件应进行编号，这种编号称为零件的序号。装配图中零件或部件序号及编排方法应遵循 GB/T 4458.2—2003 的规定，零件的序号、名称、数量、材料等自下而上填写在标题栏上方的明细栏中，表达由较多零件和部件组装成一台机器的装配图时，可为装配图另附按 A4 幅面专门绘制的明细栏。

（1）零、部件序号的一般规定　装配图中所有的零、部件均应编号；同一装配图中规格相同的零、部件用一个序号，一般只标注一次，在明细栏中需填写相同零件的数量；多处出现的相同零、部件，必要时也可重复标注；装配图中零、部件序号应与明细栏中一致；装配图中所有的指引线和基准线应按 GB/T 4457. 2—2003 的规定绘制；装配图中字体的写法应符合 GB/T 14691—1993 的规定。

（2）序号的编排方法

1）序号由点、指引线、横线（或圆圈）和序号数字组成。指引线、横线用细实线画出。指引线相互不交错，当指引线通过剖面线区域时应与剖面线斜交，避免与剖面线平行。序号数字比装配图的尺寸数字大一号或两号。

2）零、部件序号应沿水平或垂直方向按顺时针（或逆时针）方向顺次排列整齐，并尽可能均匀分布。

3）同一组紧固件可采用公共指引线，如图 1-65 所示；标准部件（如油杯、滚动轴承等）可看成一个部件，只编写一个序号。

4）装配图上凡相同零件只用一个序号且一般只注写一次。

5）由于薄零件或涂黑的剖面内不便画圆点，可在指引线的末端画出箭头。

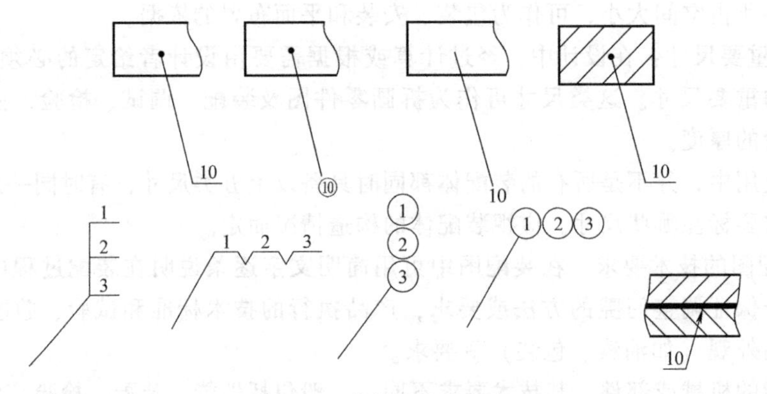

图 1-65　序号的编排方法

（3）标题栏与明细栏　GB/T 10609. 1—2008 与 GB/T 10609. 2—2009 对标题栏和装配图中的明细栏格式做出了明确规定，但企业有时也有自己的标题栏、明细栏格式。供学习使用的标题栏与明细栏如图 1-66 所示。

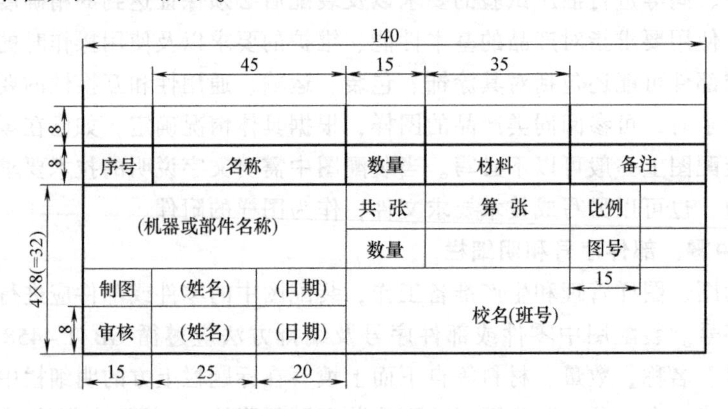

序号	名称		数量	材料	备注
(机器或部件名称)			共 张	第 张	比例
			数量		图号
制图	(姓名)	(日期)	校名(班号)		
审核	(姓名)	(日期)			

图 1-66　标题栏与明细栏

5. 读装配图

在设计、装配、安装、调试以及进行技术交流时，都要读装配图，因此，读装配图是工程技术人员必备的一种能力。

（1）读装配图的要求

1）了解部件的功用、使用性能和工作原理。

2）明确机械或零部件的结构，有哪些零件组成，各零件如何定位、固定，零件间的配合关系。

3）明确各零件的作用，部件的功能、性能和工作原理。

4）弄清各零件的结构形状、功能及拆、装顺序和方法。

（2）读装配图的方法和步骤

1）概括了解并分析视图。首先根据标题栏、明细栏和查阅有关资料了解装配体的名称、用途、零件数量及大致组成情况（如减速器、轴承、千斤顶、阀、泵……）；然后再进行视图分析，分析全图采用了哪些表达方法，并找出各视图间的投影关系，进而明确各视图所表达的内容。

2）深入了解工作原理和装配关系。经过上面的分析，需进一步了解部件的运动、支承、润滑、密封等结构，弄清零件间的配合性质、连接方式等；从主视图入手，根据各装配干线，对照零件在各视图中的投影关系；根据零件序号对照明细栏，确定零件名称、数量及位置；由各剖面线的不同方向和间隔，分清各零件轮廓范围和大致形状（注意未画剖面线处，可能是实心杆件、肋板、孔洞和空腔）；由装配图上所标注的配合代号，了解零件间的配合关系，可根据图中配合尺寸的配合代号，判别零件配合的基准制、配合种类及轴、孔的公差等级等；利用零件结构的对称性、两零件接触面大致相同的特点，帮助想象零件的结构形状；弄清零件之间用什么方式连接，零件是如何固定、定位的；分析运动、动力怎样传入，又是怎样传递的，弄清运动情况和工作原理。

3）了解零件的结构形状和作用。分析零件的结构形状是看装配图的难点。看图时一般先从主要零件入手，按照与其邻接及装配关系依次逐步扩大到其他零件。

分析零件必须要先分离出零件，其方法：根据零件的编号和各视图的对应关系，找出该零件的各有关部分，同时，根据同一零件在各个剖视图上剖面线方向、间隔都相同的特点，找出零件的对应投影关系，并想象出零件的形状。对在装配图中未表达清楚的部分，则可通过其相邻关系再结合零件的功能，判断该零件的结构形状。

4）归纳总结。综合上述读图内容，把它们有机地联系起来，系统地理解工作原理和结构特点；了解各零件的功能形状和装配关系；分析出装配干线的拆装顺序等。

二、机器装配工艺

1. 机器装配工艺概述

任何机械设备或产品都是由若干零件和部件组成的。装配是机器制造中的最后阶段，机器的质量最终是通过装配保证的，装配质量在很大程度上决定了机器的最终质量。另外，通过机器的装配过程，可以发现机器设计和零件加工质量等所存在的问题，并加以改进，以保证机器质量。

零件是组成机器的最小制造单元，它是由整块金属或其他材料制成的。零件一般都预先装成套件、组件、部件后才安装到机器上，直接装入机器的零件并不太多。

套件是在一个基准零件上，装上一个或若干个零件构成的，它是最小的装配单元。如装配式齿轮，如图 1-67 所示，由于制造工艺的原因，分成两个零件，在基准零件上套装齿轮并用铆钉固定。为此进行的装配工作称为套装。

组件是在一个基准零件上，装上若干套件及零件而构成的。如机床主轴箱中的主轴，在基准轴件上装上齿轮、套、垫片、键及轴承的组合件称为组件。为此而进行的装配工作称为组装。

部件是在一个基准零件上，装上若干组件、套件和零件构成的。部件在机器中能完成一定的、完整的功用。把零件装配为部件的过程，称之为部装。例如车床的主轴箱装配就是部装。主轴箱箱体为部装的基准零件。

在一个基准零件上，装上若干部件、组件、套件和零件就成为整个机器，把零件和部件装配成最终产品的过程，称之为总装。例如，卧式车床就是以床身为基准零件，装上主轴箱、进给箱、溜板箱等部件及其他组件、套件、零件所组成的。

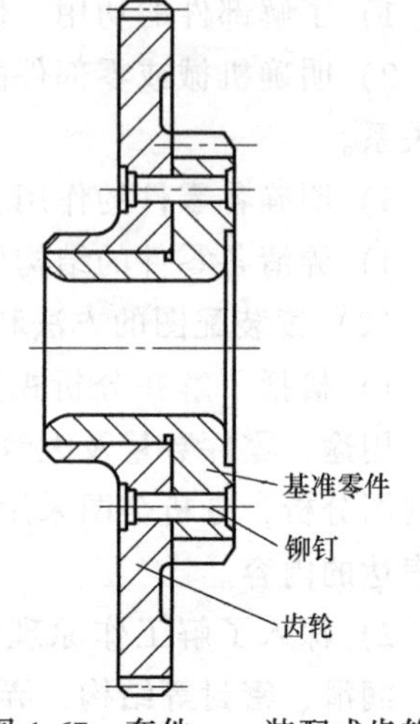

图 1-67 套件——装配式齿轮

2. 装配工艺系统图

为保证有效地进行装配工作，通常将机器划分为若干能进行独立装配的部分，称为装配单元。装配单元划分后可确定产品和各级装配单元的装配顺序，构成装配工艺系统图。

画装配工艺系统图时，首先选择装配的基准件。基准件可选一个零件，也可选低一级的装配单元。基准件先进入装配，然后根据装配结构的具体情况，按先下后上、先内后外、先难后易、先重大后轻小、先精密后一般的规律，确定其他零件或装配单元的装配顺序。

产品装配单元的划分及其装配顺序，可通过装配单元系统图直观地表现出来。图中每一零件、合件或组件都用长方格表示。长方格的上方注明装配单元的名称，左下方填写装配单元的编号，右下方填写装配单元的数量。装配单元的编号必须和装配图及零件明细栏中的编号一致。图 1-68～图 1-71 所示分别表示了合件、组件、部件及机器的装配系统图。

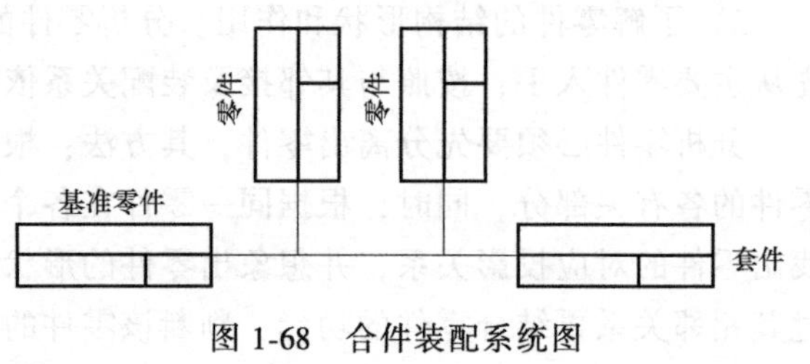

图 1-68 合件装配系统图

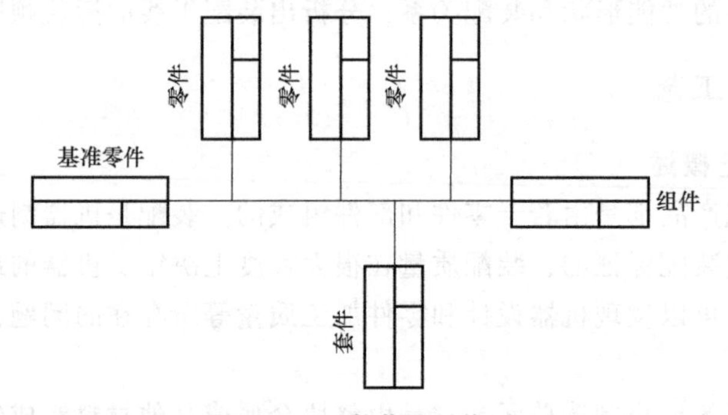

图 1-69 组件装配系统图

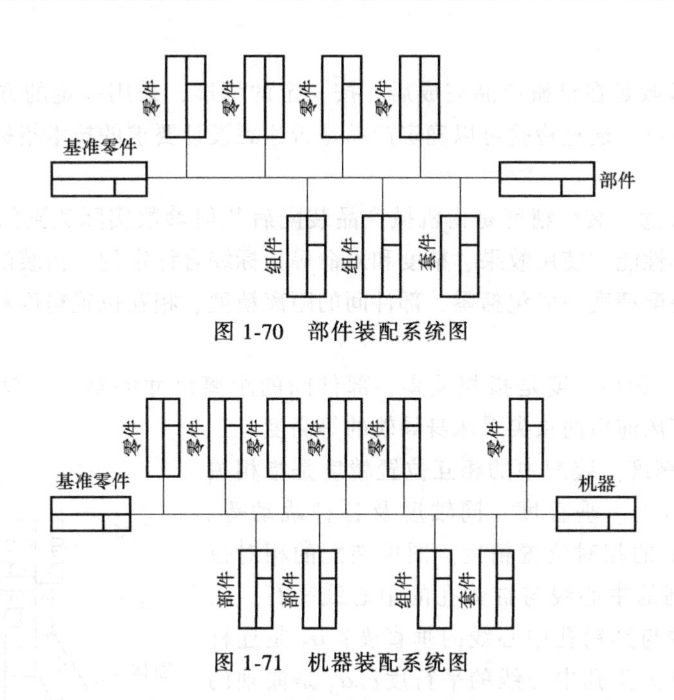

图 1-70　部件装配系统图

图 1-71　机器装配系统图

当产品结构复杂时，常绘制出产品总装及部装的装配单元系统图。在装配单元系统图上，加注必要的工艺说明（如焊接、配钻、攻螺纹、铰孔及检验等），则成为装配工艺系统图。此图较全面地反映了装配单元的划分、装配的顺序及方法，是装配工艺中的主要文件之一。

3. 装配工作的基本内容

（1）清洗　进入装配的零、部件，装配前要经过认真的清洗。对机器的关键部件，如轴承、密封、精密偶件等，清洗尤为重要。其目的是去除黏附在零件上的灰尘、切屑和油污。根据不同的情况，可以采用擦洗、浸洗、喷洗、超声清洗等不同的方法。

（2）连接　装配过程中要进行大量的连接，连接包括可拆卸连接和不可拆卸连接两种。可拆卸连接常用的有螺纹连接、键连接和销连接。不可拆卸连接常用的有焊接、铆接和过盈连接等。

（3）校正、调整与配作

1）校正是指产品中相关零、部件相互位置的找正、找平及相应的调整工作，在产品总装和大型机械的基本件装配中应用较多。例如，车床总装中主轴箱主轴中心与尾座套筒中心的等高校正等。

2）调整是机械装配过程中对相关零、部件相互位置所进行的具体调节工作以及为保证运动部件的运动精度而对运动副间隙进行的调整工作。例如，轴承间隙、导轨副间隙及齿轮与齿条的啮合间隙的调整等。

3）配作是指配钻、配铰、配刮、配磨等，这是装配中附加的一些钳工和机械加工工作。配钻用于螺纹连接；配铰多用于定位销孔加工；而配刮、配磨则多用于运动副的接合表面。配作通常与校正和调整结合进行。

（4）平衡　对高速回转的机械，为防止振动，需对回转部件进行平衡。平衡方法有静平衡和动平衡两种。对大直径、小长度零件可采用静平衡，对长度较大的零件则要采用动平衡。

（5）验收　验收是在机械产品完成后，按一定的标准，采用一定的方法，对机械产品进行规定内容的验收。通过检验可以确定产品是否达到设计要求的技术指标。

4. 装配精度

（1）装配的概念　装配精度是指机械产品装配后几何参数实际达到的精度。机械产品的质量是以其工作性能、使用效果、精度和寿命等指标综合评定的，而装配精度则起着重要的决定性作用。装配精度一般包括零、部件间的距离精度、相互位置精度和相对运动精度以及接触精度。

1）距离精度。距离精度是指相关零、部件间的距离尺寸的精度，包括间隙、配合要求。例如，卧式车床前后两顶尖对床身导轨的等高度。

2）相互位置精度。装配中的相互位置精度是指相关零、部件间的平行度、垂直度、同轴度及各种跳动等。图 1-72 所示为装配的相对位置精度。图中装配的相对位置精度是活塞外圆的中心线与缸体孔的中心线平行。α_1 是活塞外圆中心线与其销孔中心线的垂直度；α_2 是连杆小头孔中心线与其大头孔中心线的平行度；α_3 是曲轴的连杆轴颈中心线与其主轴轴颈中心线的平行度；α_0 是缸体孔中心线与其曲轴孔中心线的垂直度。

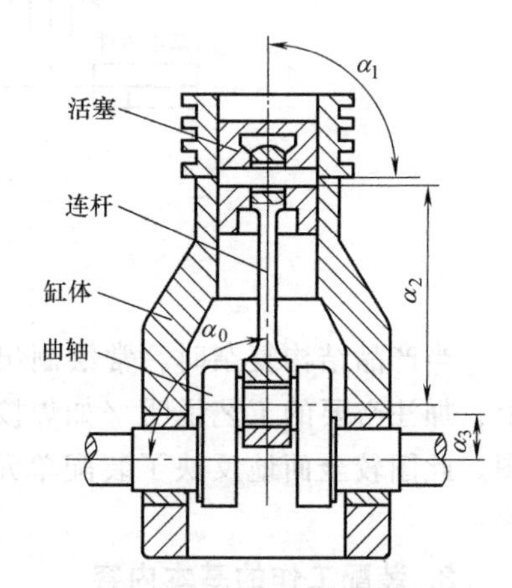

图 1-72　单缸发动机装配的相对位置精度

由图中可以看出，影响装配相对位置精度的是 α_1、α_2、α_3、α_0，也即装配相对位置精度反映各有关相对位置精度与装配相对位置精度的关系。

3）相对运动精度。相对运动精度是指产品中有相对运动的零、部件在运动方向和相对速度上的精度，包括回转运动精度、直线运动精度和传动链精度等。例如，滚齿机滚刀与工作台的传动精度。

4）接触精度。接触精度是指两配合表面、接触表面和连接表面间达到规定接触面积大小和接触点分布情况的要求，它主要影响接触变形。例如，齿轮啮合、锥体配合以及导轨之间均有接触精度要求。

（2）装配精度与零件精度间的关系　机械及其部件都是由零件组成的，装配精度与相关零、部件制造误差的累积有关。显然，装配精度取决于零件，特别是关键零件的加工精度。

另外，装配精度又取决于装配方法，在单件小批量生产及装配精度要求较高时装配方法尤为重要。

因此，机械的装配精度不但取决于零件的精度，而且取决于装配方法。零件精度是保证装配精度的基础，但有了精度合格的零件，若装配方法不当也可能装配不出合格的产品；反之，当零件制造精度不高时，若采用恰当的装配方法（如选配、修配、调整等），也可装配出装配精度要求较高的产品。因此，为保证机械的装配精度，应从产品结构、机械加工以及装配等方面进行综合考虑，选择适当的装配方法并合理地确定零件的加工精度。

5. 装配方法

在机械装配过程中大部分工作是保证零、部件之间的正常配合。目前常采用的保证配合精度的装配方法有互换装配法、分组装配法、修配装配法、调整装配法等。

（1）互换装配法　在装配时各配合零件不经修理、选择或调整即可达到装配精度的方法称为互换装配法。互换装配法的特点是装配质量稳定可靠，装配工作简单、经济、生产率高，零、部件有互换性，便于组织流水装配和自动化装配，是一种比较理想和先进的装配方法。因此，只要各零件的加工在技术上经济合理，就应该优先采用。尤其是在大批大量生产中广泛采用互换装配法。

互换装配法又分为完全互换法和部分互换法（又称大数互换法）两种形式。完全互换法必须严格限制各装配相关零件相关尺寸的制造公差，装配时绝对不需任何修配、选择或调整即能完全保证装配精度；在装配精度要求较高时，采用完全互换法会使零件制造比较困难，为了降低制造成本，在相关零件较多、各零件生产批量又较大时，根据概率论的原理可将各相关尺寸的公差适当放大，装配时在出现少量返修调整的情况下仍能保证装配精度，这种方法称为部分互换法。

（2）分组装配法　在成批或大量生产中，将产品各配合副的零件按实测尺寸大小分组，装配时按组进行互换装配以达到装配精度的方法，称为分组装配法。如某一轴孔配合时，若配合间隙公差要求非常小，则轴和孔分别要以极严格的公差制造才能保证装配间隙要求。这时可以将轴和孔的公差放大，装配前实测轴和孔的实际尺寸并分成若干组，然后按组进行装配，即大尺寸的轴与大尺寸的孔配合，小尺寸的轴与小尺寸的孔配合，这样对于每一组的轴孔来说装配后都能达到规定的装配精度要求。由此可见，分组装配法既可降低对零件加工精度的要求，又能保证装配精度，在相关零件较少时是很方便的。

但是由于增加了测量、分组等工作，当相关零件较多时就显得非常麻烦。另外在单件小批生产中可以直接进行选配或修配而没有必要再来分组。因此，分组装配法仅适用于大批大量生产中装配精度要求很严，而影响装配精度的相关零件很少的情况下。例如，工业机器人中谐波减速器波发生器与柔轮的装配等。

（3）修配装配法　在装配副中某零件预留修配量，装配时通过手工锉、刮、磨修配，以达到要求的配合精度。这种方法，零件按经济加工精度加工而能获得较高的装配精度。但修配劳动量较大，且装配质量很大程度上依赖工人的技术水平，适用于单件小批量生产的场合。

（4）调整装配法　此方法是选定配合副中的一个零件制造成多种尺寸作为调整件，装配时通过更换不同尺寸的调整件或改变调整件的位置来保证装配精度。零件按经济加工精度制造而能获得较高的装配精度，但装配质量在一定程度上依赖操作者的技术水平。

6. 装配程序

由一个工人或一组工人在不更换设备或地点的情况下完成的装配工作，叫作装配工序。用同一工具，不改变工作方法，并在固定的位置上连续完成的装配工作，叫作装配工步。在一个装配工序中可包括一个或几个装配工步。部件装配和总装配都是由若干个装配工序组成的。装配产品的结构，零件在整个产品中所起的作用和零件间的相互关系，零件的数量等因素都会影响零、部件合理装配顺序。在确定装配顺序时首先选择装配基准件，并从保证所选定的原始基面的直线度、平行度和垂直度的调整开始。然后根据装配结构的具体情况和零件之间的连接关系，按先下后上、先内后外、先难后易、先精密后一般的原则去确定其他零件或组件的装配顺序。一般装配顺序的安排如下：

1）工件要预先处理，如工件的倒角，去毛刺与飞边、清洗、防锈和防腐处理、油漆和干燥等。

2）先基准件、重大件的装配，以便保证装配过程的稳定性。

3）先复杂件、精密件和难装配件的装配，以保证装配顺利进行。

4）先进行易破坏后续装配质量的工作，如冲击性质的装配、压力装配和加热装配。

5）集中安排使用相同设备及工艺装备的装配和有共同特殊装配环境的装配。

6）处于基准件同一方位的装配应尽可能集中进行。

7）电路、油气管路的安装应与相应工序同时进行。

8）易燃、易爆、易碎、有毒物质或零、部件的安装，尽可能放在最后，以减少安全防护工作量，保证装配工作顺利完成。

7. 装配尺寸链

机械设备或部件在装配过程中，零件或部件间有关尺寸构成了互相有联系的封闭尺寸组合称为装配尺寸链。这些尺寸关联在一起，就会相互影响并产生累积误差。机械装配过程中，有时虽然各配合件的配合精度满足了要求，但是累积误差所造成的尺寸链误差可能超出设计范围，影响机器的使用性能，因此，装配后必须对尺寸链中的重要尺寸进行检验。

装配尺寸链同工艺尺寸链一样，也是由封闭环和组成环组成的。如图 1-73 所示，齿轮轴的轴肩与右滑动轴承的端面之间的尺寸 A_0 是在装配中最后间接获得的，为封闭环，其他尺寸为组成环。组成环中增、减环的定义与工艺尺寸链相同。

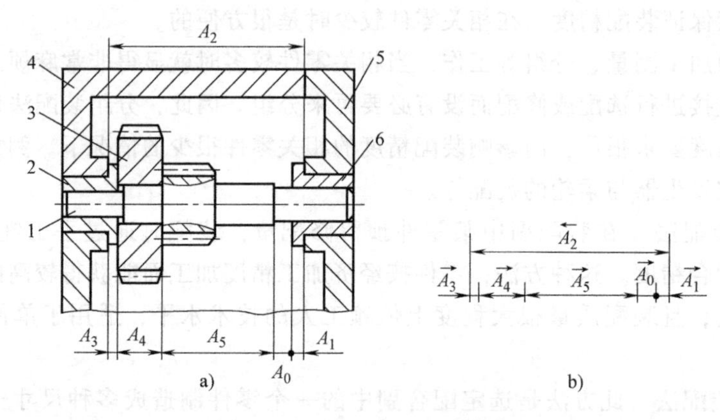

图 1-73　齿轮箱装配示意图

1—齿轮箱　2—滑动轴承　3—齿轮　4—传动箱体　5—箱盖　6—滑动轴承

8. 装配工艺规程的制订

装配工艺规程是指导装配生产的主要技术文件，制订装配工艺规程是生产技术准备工作中的一项重要工作。装配工艺规程对保证装配质量、提高装配生产率、缩短装配周期、减轻装配工人的劳动强度、缩小装配占地面积和降低成本等都有重要的影响。

（1）装配工艺规程制订的原则

1）保证产品的质量。这是一项最基本的要求，因为产品的质量最终是由装配保证的。有了合格的零件才能装出合格的产品，如果装配不当，即使零件质量很高，却不一定能装出高质量的机器。从装配过程中可以反映设计及零件加工中所存在的问题，以便进一步保证和改进产品质量。

2）满足装配周期的要求。装配周期是根据生产纲领的要求计算出来的，是必须保证的。成批生产和大量生产采用移动式生产组织形式，组织流水生产，需要保证生产节拍；单件小批生产则往往是规定月产数量，努力避免装配周期不均衡的现象。装配周期均衡与否和整个零件的机械加工进程有关，需要统筹安排。

3）要尽量减少手工劳动量。装配工艺规程应该使装配工作少用手工操作。

(2) 装配工艺规程制订的步骤和内容

1）准备原始资料。

① 产品的装配图及验收技术条件。产品的装配图应包括总装配图和部件装配图，并能清楚地表示出：零、部件的相互连接情况及其联系尺寸；装配精度和其他技术要求；零件的明细栏等。为了在装配时对某些零件进行补充机械加工和核算装配尺寸链，有时还需要某些零件图。验收技术条件应括验收的内容和方法。

② 产品的生产纲领。产品的生产纲领就是其年生产量。生产纲领决定了产品的生产类型。生产类型不同，致使装配的生产组织形式、工艺方法、工艺过程的划分、工艺装备的多少、手工劳动的比例均有很大不同。

大批大量生产的产品应尽量选择专用的装配设备和工具，采用流水装配方法。现代装配生产中则大量采用机器人，组成自动装配线。对于成批大量生产、单件小批量生产则多采用固定装配方式，手工操作比例大。在现代柔性装配系统中，已开始采用机器人装配单件小批量产品。

③ 现有生产条件和标准资料。它包括现有装配设备、工艺设备、装配车间面积、工人技术水平、机械加工条件及各种工艺资料和标准等，以便能切合实际地从机械加工和装配的全局出发制订合理的装配工艺规程。

2）熟悉和审查产品的装配图。

① 了解产品及部件的具体结构、装配技术要求和检查验收的内容及方法。

② 审查产品的结构工艺性。

③ 研究设计人员所确定的装配方法，进行必要的装配尺寸链分析与计算。

3）确定装配方法与装配的组织形式。选择合理的装配方法是保证装配精度的关键。

一般说来，只要组成环零件的加工比较经济可行，就要优先采用完全互换装配法。成批生产、组成环又较多时，可考虑采用大数互换装配法。

当封闭环公差要求较严时，采用互换装配法将组成环加工比较困难或不经济时，就采用其他方法。大量生产时，环数少的尺寸链采用分组装配法；环数多的尺寸链采用调整装配法。单件小批生产时，则采用修配装配法。成批生产时可灵活应用调整装配法、修配装配法和分组装配法（后者在环数少时采用）。

一种产品究竟采用何种装配方法来保证装配精度要求，通常在设计阶段即应确定。因为只有在装配方法确定后，才能通过尺寸链的计算，合理地确定各个零、部件在加工和装配的技术要求。但是，同一种产品的同一装配精度要求，在不同的生产类型和生产条件下，可能采用不同的装配方法。要结合具体生产条件，从机械加工或装配的全过程出发应用尺寸链理论，同设计人员一起最终确定合理的装配方法。

装配的组织形式的选择，主要取决于产品的结构特点（包括重量、尺寸和复杂程度）、生产纲领和现有生产条件。

装配的组织形式按产品在装配过程中移动与否分为固定式和移动式两种。固定式装配全部装配工作在一个固定的地点进行，产品在装配过程中不移动，多用于单件小批生产或重型产品的成批生产。固定式装配也可组织工人专业分工，按装配顺序轮流到各产品点进行装配，这种形式称为固定流水装配，多用于成批生产结构比较复杂、工序数多的产品，如机床、汽轮机的装配。

移动式装配将零、部件用输送带或小车按装配顺序从一个装配地点移动到下一个装配地点，各装配地点分别完成一部分装配工作，全部装配地点完成产品的全部装配工作。移动式装配按移动的形式可分为连续移动和间接移动两种。连续移动式装配即装配线连续按节拍移动，工人在装配时边随装配线走动，装配完毕立即回到原位继续重复装配；间接移动式装配即装配时产品不动，工人在规定时间内完成装配规定工作后，产品再被输送带或小车送到下一工作地。移动式装配按移动时节拍变化与否又可分为强制节拍和变节拍两种。变节拍式移动比较灵活，具有柔性适合多品种装配。移动式装配常用于大批大量生产组成流水作业线或自动线，如汽车、拖拉机、仪器仪表等产品的装配。

4）划分装配单元，确定装配顺序。将产品划分为可进行独立装配的单元是制订装配工艺规程中最重要的一个步骤，这对于大批大量生产结构复杂的产品时尤为重要。只有划分好装配单元，才能合理安排装配顺序和划分装配工序，组织流水作业。

机器是由零件、合件、组件和部件等装配单元组成的，零件是组成机器的基本单元。零件一般都预先装成合件、组件和部件后，再安装到机器上。合件是由若干零件固定连接而成的，或连接后再经加工而成，如装配式齿轮，发动机连杆小头孔压入衬套后再精镗。组件是指一个或几个合件与零件的组成，没有显著完整的作用，如主轴箱中轴与其上的齿轮、套、垫片、键和轴承的组合体。部件是若干组件、合件及零件的组合体，并在机器中能完成一定的功能，如车床中的主轴箱、进给箱和溜板箱部件等。机器是由上述各装配单元结合而成的整体，具有独立的完整的功能。

上述各装配单元都要选定某一零件或比它低一级的单元作为装配基准件。通常应选体积或重量较大、有足够支承面能保障装配时的稳定性的零件、组件或部件作为装配基准件。如床身零件是装配部件的装配基准件；装配组件是装配部件的装配基准组件；床身部件是机床产品的装配基准部件。

划分好装配单元，并确定装配基准件后，就可按排装配顺序。确定装配顺序的要求是保证装配精度，以及使装配时的连接调整、校正和检验工作能顺利地进行，前面工序不能妨碍后面工序进行，后面工序不应损坏前面工序质量。

5）装配工序的划分与设计。装配顺序确定后，就可将装配工艺过程划分为若干个装配工序，并进行具体装配工序的设计。

装配工序的划分主要是确定工序集中与工序分散的程度。装配工序的划分通常和装配工序设计一起进行。

装配工序设计的主要内容如下：

① 制订装配工序的操作规范，如过盈配合所需压力、变温装配的温度值、紧固螺栓联接的预紧扭矩、装配环境等。

② 选择设备与工艺装备。若需要专用设备与工艺设备，则应提出设计任务书。

③ 确定工时定额，并协调各装配工序内容。在大批大量生产时，要平衡装配工序的节

拍，均衡生产，实现流水装配。

6）填写装配工艺文件。单件小批生产时，通常只绘制装配系统图。装配时，按产品装配图及装配系统图工作；成批生产时，通常还需制订部件、总装的装配工艺过程卡片，见表1-5，写明工序次序，简要工序内容，设备名称，工、夹具名称与编号，工人技术等级和时间定额等项；在大批大量生产中，不仅要制订装配工艺过程卡片，而且要制订装配工序卡片，见表1-6，以直接指导工人进行产品装配。

表 1-5　机械装配工艺过程卡片

<table>
<tr><td colspan="3" rowspan="2">机械装配工艺过程卡片</td><td>产品名称</td><td></td><td>共　页</td></tr>
<tr><td>产品型号</td><td></td><td>第　页</td></tr>
<tr><td colspan="2">质量/kg</td><td></td><td>部件图号</td><td colspan="2"></td></tr>
<tr><td colspan="2">数量</td><td></td><td>部件名称</td><td colspan="2"></td></tr>
<tr><td>序号</td><td>工序名称</td><td colspan="2">工序内容</td><td>技术要求及注意事项</td><td>工具</td></tr>
<tr><td></td><td></td><td colspan="2"></td><td></td><td></td></tr>
<tr><td></td><td></td><td colspan="2"></td><td></td><td></td></tr>
<tr><td></td><td></td><td colspan="2"></td><td></td><td></td></tr>
<tr><td></td><td></td><td colspan="2"></td><td></td><td></td></tr>
<tr><td></td><td></td><td colspan="2"></td><td></td><td></td></tr>
</table>

表 1-6　装配工序卡片

<table>
<tr><td rowspan="3">××厂</td><td rowspan="3">装配工序卡片</td><td rowspan="2">名称</td><td rowspan="2">代号</td><td rowspan="2">零、部、组、(整)件代号</td><td rowspan="2">零、部、组、(整)件名称</td><td>工艺规程编号</td></tr>
<tr><td></td></tr>
<tr><td></td><td></td><td></td><td></td><td></td></tr>
<tr><td>工序号</td><td>工序名称</td><td colspan="2">车间</td><td>工段</td><td>设备</td><td>工序工时</td></tr>
<tr><td></td><td></td><td colspan="2"></td><td></td><td></td><td></td></tr>
<tr><td colspan="7">绘制零、部件装配图</td></tr>
<tr><td>工步号</td><td>工步内容</td><td colspan="2">工具名称及代号</td><td>辅助材料</td><td colspan="2">工时定额</td></tr>
<tr><td></td><td></td><td colspan="2"></td><td></td><td colspan="2"></td></tr>
<tr><td></td><td></td><td colspan="2"></td><td></td><td colspan="2"></td></tr>
<tr><td></td><td></td><td colspan="2"></td><td></td><td colspan="2"></td></tr>
<tr><td>编制</td><td colspan="2"></td><td>复审</td><td colspan="3"></td></tr>
<tr><td>校对</td><td colspan="2"></td><td>标验</td><td colspan="3"></td></tr>
<tr><td>复核</td><td colspan="2"></td><td>日期</td><td colspan="3"></td></tr>
</table>

7）制订产品检测与试验规范。产品装配完毕，应按产品技术性能和验收技术条件制订检测与实验规范。其内容包括：

① 检测和试验的项目及检验质量指标。

② 检测和试验的方法、条件与环境要求。

③ 检测和试验所需工艺装备的选择或设计。

④ 质量问题的分析方法和处理措施。

第四节　工业机器人机械零部件及其安装

培训目标

中级：

➔ 能了解装配的一般工艺原则。

➔ 能掌握过盈配合的装配过程。

➔ 能掌握轴承的装配过程。

➔ 能检查调整轴承与零部件的配合间隙。

高级：

➔ 能掌握轴承的装配工艺。

➔ 能掌握谐波减速器及 RV 减速器的组成。

➔ 能理解谐波减速器、RV 减速器的工作原理。

一、装配的一般工艺原则

装配时要根据零部件的结构特点，采用合适的工具或设备，严格仔细按顺序装配，注意零部件之间的方位和配合精度要求。

对于过渡配合和过盈配合零件的装配，如滚动轴承的内、外圈等，必须采用相应的铜棒、铜套等专门工具和工艺措施进行手工装配，或按技术条件借助设备进行加温、加压装配。如果遇到装配困难，应先分析原因，排除故障，提出有效的改进方法，再继续装配，千万不可乱敲乱打、鲁莽行事；运动零件的摩擦表面，装配前均应涂上适量的润滑油，如轴颈、轴承、轴套、活塞、活塞销和缸壁等。油脂的盛装必须清洁加盖，不使尘沙进入，盛具应定期清洗。

对于配合件装配时，也应先涂润滑油脂，以利于装配和减少配合表面的初期磨损；装配时应核对零件的各种安装记号，防止装错；对某些装配技术要求，如装配间隙、过盈量、啮合印痕等，应边安装边检查，并随时进行调整，以避免装配后返工；每一部件装配完毕，必须严格仔细地检查和清理，防止有遗漏或错装的零件，防止将工具、多余零件及杂物留存在箱体之中造成事故。

二、过盈配合的装配方法

过盈配合件是依靠相配件装配以后的过盈量达到紧固连接的。装配后，由于材料的弹性变形，使配合面之间产生压力，因此在工作时配合面间具有相当的摩擦力来传递扭矩或轴向力。过盈配合装配一般属于不可拆卸的固定连接。过盈配合件的装配方法有压装法、热装法、冷装法等。

1. 压装法

根据施力的方式不同，压装法分为锤击法和压入法两种。锤击法主要用于配合面要求较低、长度较短，采用过渡配合的连接件；压入法使用压力机压入，装配加力均匀、生产率高，主要用于过盈配合。总的来说，压装法操作方法简单，动作迅速，是最为常用的一种装配方法，尤其是过盈量较小的场合。

压装法的装配工艺为验收装配件、计算压入力和装入。

（1）验收装配件　装配件的验收主要应注意其尺寸和几何形状偏差、表面粗糙度、倒角和圆角是否符合图样的要求，是否刮掉了毛刺等。如果尺寸和几何形状偏差超出了允许的范围，可能造成机件胀裂、配合松动等后果。表面粗糙度不符合要求会影响配合质量。倒角不符合要求，没去掉毛刺，装配时不易导正、可能损伤配合表面。装配件尺寸和几何形状的检查，一般用千分尺或游标卡尺，其他内容一般采用检视法，即靠样板和目视进行检查。在验收的同时，也得到了配合机件实际的过盈数据，它是计算压入力、选择装配方法等的主要依据。

（2）计算压入力　压装时压入力必须克服压入时的摩擦力，其大小与轴的直径、有效压入长度和零件表面粗糙度等因素有关。在实际装配中，压入力常采用经验公式来计算，即

$$p=\frac{a\left(\frac{D}{d}+0.3\right)il}{\frac{D}{d}+6.35} \tag{1-1}$$

式中　a——系数，当孔、轴件均为钢时，$a=73.5$，当轴件为钢、孔件为铸铁时，$a=42$；

p——压入力（kN）；

D——孔件内径（mm）；

i——实际过盈量（mm）；

l——配合面的长度（mm）；

d——轴件外径（mm）。

根据式（1-1）计算出压入力后，再增加20%~30%来选用压力机为宜。

（3）装入　为了减少装入时的阻力和防止装配过程中损伤配合面，应使装配表面保持清洁，并涂上润滑脂；另外应注意加力要均匀，并注意控制压入的速度，压入速度一般为2~4mm/s，不宜超过10mm/s，否则不易顺利装入，而且可能损伤配合表面。用锤击法压入时，不允许使用锤子直接敲击零部件，以防损坏零部件。

2. 热装法

若过盈量较大，可利用热胀冷缩的原理来装配。即对孔件进行加热，使其膨胀后，再将与之配合的轴件装入包容件中。其装配工艺如下：

（1）验收装配件　热装时装配件的验收与压入法相同。

（2）确定加热温度　热装时孔件的加热温度的计算公式为

$$t=\frac{(2\sim3)i}{ad}+t_0 \tag{1-2}$$

式中　t——加热温度（℃）；

t_0——室温（℃）；

i——实测过盈量（mm）；

a——孔件材料的线胀系数（$℃^{-1}$）；

d——孔的公称直径（mm）。

（3）选择加热方法　常用的加热方法有以下几种：

1）热浸加热法。将机油放在铁盒内加热，再将需加热的零件放入油内。这种方法加热均匀、操作方便，常用于尺寸及过盈量较小的连接件。

2）氧乙炔焰加热法。这种加热方法操作简单，但易于过烧，因此要求具有熟练的操作技术，常用于较小零件的加热。

3）电阻加热法。用镍铬电阻丝绕在耐热瓷管上，放入被加热零件的孔里，将电阻丝通电便可加热。这种方法适用于精密设备或有易爆易燃的场合。

4）电磁感应加热法。利用交变电流通过铁心（被加热零件可视为铁心）外的线圈，使铁心产生交变磁场，在铁心内与磁力线垂直方向产生感应电动势，此感应电动势以铁心为导体产生电流，在铁心内电能转化为热能，使铁心变热。这种加热方法操作简单，加热均匀，无炉灰，不会引起火灾，适用于装有精密设备或有易燃易爆的场所，还适用于特大零件的加热。

（4）测定加热温度　在加热过程中，可采用半导体点接触测温计测温。在现场常用油类或有色金属作为测温材料。如机油的闪点是200~300℃，锡的熔点是232℃，纯铅的熔点是327℃。也可以用测温蜡笔及测温纸片测量。由于测温材料的局限性，一般很难测准加热温度，故现场常用样杆进行检测，如图1-74所示。样杆尺寸按实际过盈量 i 的3倍制作，当样杆刚能放入孔时，则加热温度正合适。

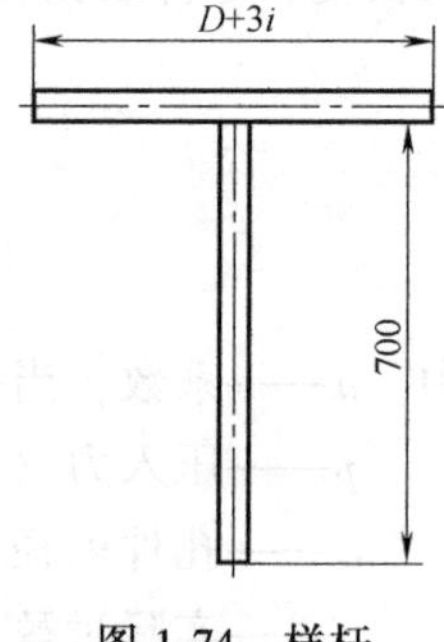

图1-74　样杆

（5）装入　装入时应去掉孔表面的灰尘、污物；必须将零件装到预定位置，并将装入件压装在轴肩上，直到机件完全冷却为止。不允许用水冷却机件，避免造成内应力，降低机件的强度。

3. 冷装法

当孔件较大而压入的零件较小时，采用热装法既不方便又不经济，甚至无法加热，这种情况可采用冷装法。即采用干冰、液氮和液氧等介质将轴件进行低温冷却，缩小尺寸，然后迅速将其装入孔件中。冷装时零件的冷却温度计算公式为

$$t=\frac{(2\sim3)i}{ad}-t_0 \tag{1-3}$$

式中　t——加热温度（℃）；

t_0——室温（℃）；

i——实测过盈量（mm）；

a——被冷却件材料的线胀系数（$℃^{-1}$）；

d——孔的公称直径（mm）。

常用冷却剂及冷却温度：固体二氧化碳加酒精或丙酮，-75℃；液氨，-120℃；液氧，-180℃；液氮，-190℃。冷却装配要特别注意操作安全，以防冻伤操作者。

三、轴承的装配

滚动轴承在各种机械中使用非常广泛，它一般由内圈、外圈、滚动体和保持架组成。滚

动轴承的种类很多，在装配过程中应根据轴承的类型和配合确定装配方法和装配顺序。滚动轴承的装配工艺包括装配前的准备、装配和游隙调整等。

1. 滚动轴承装配前的准备

滚动轴承装配前应按照所装配的轴承准备好所需的量具及工具，同时准备好拆卸工具，以便在装配不当时能及时拆卸，重新装配。

(1) 检查　检查轴承是否转动灵活、有无卡住的现象，轴承内圈、外圈、滚动体和保持架是否有锈蚀、毛刺、碰伤和裂纹；与轴承相配合的表面是否有凹陷、毛刺和锈蚀等。

(2) 清洗　对于用防锈油封存的新轴承，可用汽油或煤油清洗；对于用防锈脂封存的新轴承，应先将轴承中的油脂挖出，然后将轴承放入热机油中使残脂融化，将轴承从油中取出冷却后，再用汽油或煤油洗净，并用干净的白布擦干；对于维修时拆下的可用旧轴承，可用碱水和清水清洗；装配前的清洗最好采用金属清洗剂；两面带防尘盖或密封圈的轴承，在轴承出厂前已涂加了润滑脂，装配时不需要再清洗；涂有防锈和润滑两用油脂的轴承，在装配时不需要清洗。轴承清洗后应立即添加润滑剂。涂油时应使轴承缓慢转动，使油脂进入滚动体和滚道之间。另外，还应清洗与轴承配合的零件，如轴、轴承座、端盖、衬套和密封圈等。

2. 滚动轴承装配注意事项

1）套装前，要仔细检查轴颈、轴承、轴承座之间的配合公差，以及配合表面的粗糙度；另外还要在轴承及与轴承相配合的零件表面薄薄地涂上一层机械油，以利于装配。

2）装配轴承时，无论采用什么方法，压力只能施加在过盈配合的套圈上，不允许通过滚动体传递压力，否则会引起滚道损伤，从而影响轴承的正常运转。

3）装配轴承时，应将轴承上带有标记的一端朝外，以方便检修和更换。

轴承内圈与轴为紧配合，外圈与轴承座孔为较松配合，可先将轴承压装在轴上，然后将轴连同轴承一起装入轴承座孔中。压装时应在轴承端面垫一个装配套管，装配套管的内径应比轴颈直径大，外径应小于轴承内圈的挡边直径，以免压在保持架上，如图 1-75 所示。

若轴承外圈与轴承座孔为紧配合，内圈与轴为较松配合，可先将轴承压入轴承座孔，然后装轴。轴承压装时采用的套筒的外径应略小于轴承座孔直径，如图 1-76 所示。

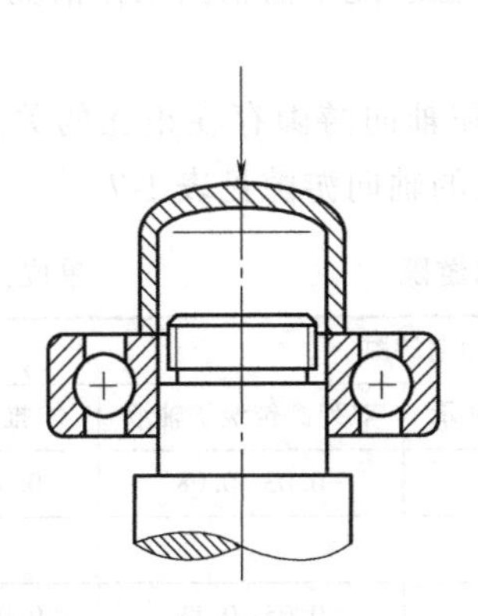

图 1-75　轴承在轴上的压装

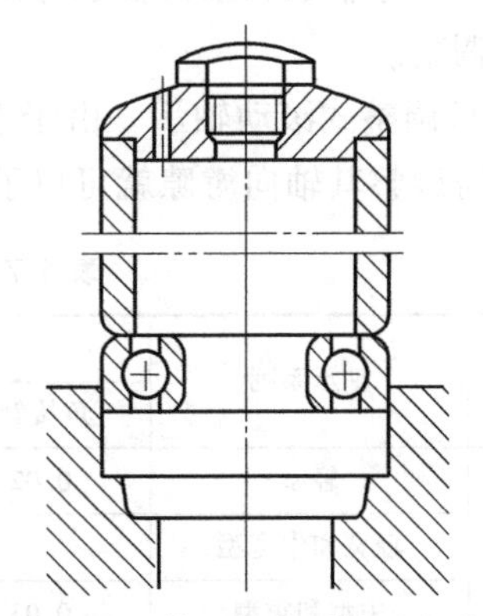

图 1-76　轴承压装到轴承座孔

对于配合过盈量较大的轴承或大型轴承可采用温差法装配，即热装法或冷装法。采用温差法安装时，轴承的加热温度为 80～100℃；冷却温度不得低于-80℃，以免材料冷脆。其中热装轴承的方法最为普遍。轴承的加热方法有多种，通常采用油槽加热，如图 1-77 所示。将轴承放在油槽的网格上，小型轴承可悬挂在吊钩上在油中加热，不得使轴承接触油槽底板，以免发生过热现象。当轴承加热取出时，应立即用干净的布擦去附在轴承表面的油渍和附着物，一次推到顶住轴肩的位置。在冷却过程中应始终顶紧，或用小锤通过装配套管轻敲轴承，使轴承紧靠轴肩。为了防止安装倾斜或卡死，安装时应略微转动轴承。

滚动轴承采用冷装法装配时，先将轴颈放在冷却装置中，用干冰或液氮冷却到一定温度，迅速取出，插装在轴承内座圈中。对于内部充满润滑脂的带防尘盖或密封圈的轴承，不得采用温差法安装。

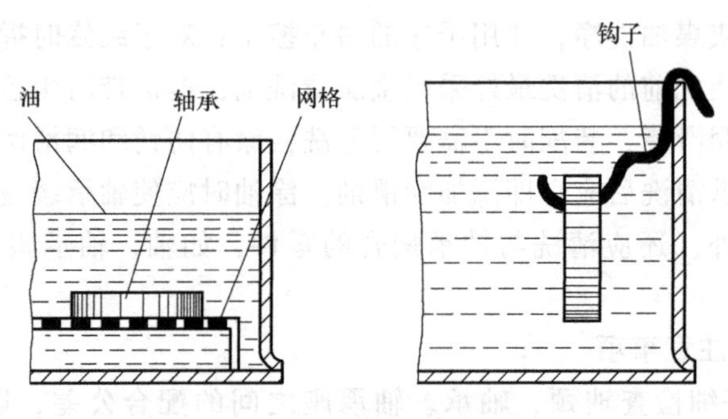

图 1-77 轴承的加热方法

3. 滚动轴承游隙的调整

轴承游隙是指将内圈或外圈中的一个固定，使另一个套圈在径向或轴向方向的移动量。根据移动方向，可分为径向游隙和轴向游隙。轴承运转时工作游隙的大小对机械运转精度、轴承寿命、摩擦阻力、温升、振动与噪声等都有很大的影响。

按轴承结构和游隙调整方式的不同，轴承可分为非调整式和可调整式两类。向心轴承（深沟球轴承、圆柱滚子轴承、调心轴承）属于非调整式轴承，这一类轴承在制造时已按不同组级留出有规定范围的径向游隙，可根据使用条件选用，装配时一般不再调整。圆锥滚子轴承、角接触球轴承和推力轴承等则属于可调整式轴承，在装配中需根据工作情况对其轴向游隙进行调整。

（1）可调整式滚动轴承　由于滚动轴承的径向游隙和轴向游隙存在正比的关系，因此调整时只需调整其轴向游隙就可以了。各种需调整的轴承的轴向游隙见表 1-7。

表 1-7　可调式滚动轴承的轴向游隙　（单位：mm）

轴承内径	轴承系列	轴向游隙			
		角接触球轴承	单列圆锥滚子轴承	双列圆锥滚子轴承	推力轴承
≤30	轻型	0.02~0.06	0.03~0.10	0.03~0.08	0.03~0.08
	轻宽和中宽型		0.04~0.11		
	中型和重型	0.03~0.09	0.04~0.11	0.05~0.11	0.05~0.11
>30~50	轻型	0.03~0.09	0.04~0.11	0.04~0.10	0.04~0.10
	轻宽和中宽型		0.05~0.13		
	中型和重型	0.04~0.10	0.05~0.13	0.06~0.12	0.06~0.12

（续）

轴承内径	轴承系列	轴向游隙			
		角接触球轴承	单列圆锥滚子轴承	双列圆锥滚子轴承	推力轴承
>50~80	轻型	0.04~0.10	0.05~0.13	0.05~0.12	0.05~0.12
	轻宽和中宽型		0.06~0.15		
	中型和重型	0.05~0.12	0.06~0.15	0.07~0.14	0.07~0.14
>80~120	轻型	0.05~0.12	0.06~0.15	0.08~0.18	0.06~0.15
	轻宽和中宽型		0.07~0.18		
	中型和重型	0.06~0.15	0.07~0.18	0.10~0.18	0.10~0.18

轴承游隙确定后，即可进行调整。下面以圆锥滚子轴承为例，介绍轴承游隙的调整方法。

1）垫片调整法。如图 1-78 所示，该方法靠增减端盖与箱体接合面间垫片的厚度进行调整。调整时，首先把轴承压盖原有的垫片全部拆去，然后慢慢地拧紧轴承压盖上的螺栓，同时使轴缓慢地转动，当轴不能转动时，表明轴承内已无游隙，用塞尺测量轴承压盖与箱体端面间的间隙 K，将所测得的间隙 K 再加上所要求的轴向游隙 C，$K+C$ 即是所应垫的垫片厚度。一套垫片应由多种不同厚度的垫片组成，垫片应平滑光洁，其内外边缘不得有毛刺。间隙测量除用塞尺法外，也可用压铅法和千分表法。

2）螺钉调整法。如图 1-79 所示，该方法利用端盖上的螺钉控制轴承外圈可调压盖的位置来实现调整。首先把调整螺钉上的锁紧螺母松开，然后拧紧调整螺钉，使可调压盖压向轴承外圈，直到轴不能转动时为止。最后根据轴向游隙的大小将调整螺钉倒转一定的角度 α 调整完毕，拧紧锁紧螺母防松。

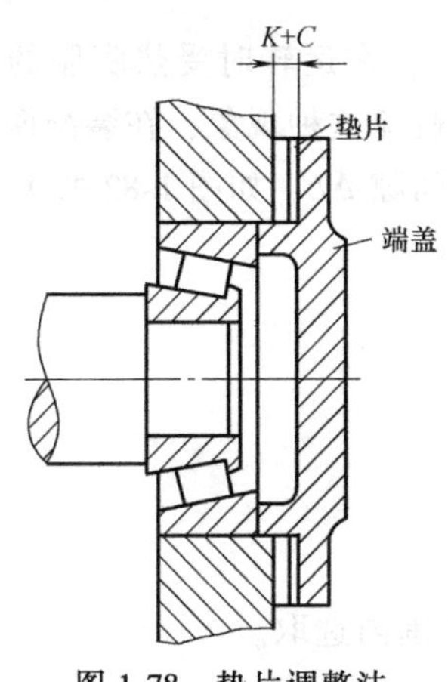

图 1-78　垫片调整法

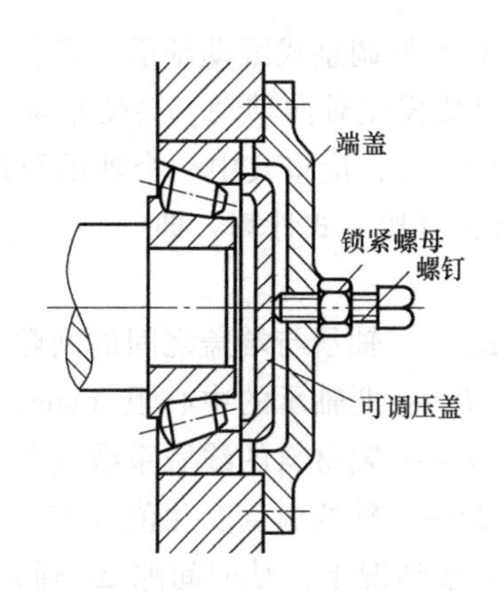

图 1-79　螺钉调整法

调整螺钉倒转的角度 α 可按下式计算，即

$$\alpha=\frac{c}{P}\times360° \tag{1-4}$$

式中　c——规定的轴向游隙（mm）；

P——螺栓的螺距（mm）。

3）止推环调整法。如图 1-80 所示，该方法是把具有外螺纹的止推环拧紧，直到轴不能转动时为止，然后根据游隙的数值，将止推环倒转一定的角度，最后用止动垫片予以固定。

4）内外套调整法。当轴承成对安装时，两轴承间多利用隔套隔开，并利用两轴承之间的内套和外套的长度来调整轴承间隙，如图 1-81 所示。内、外套的长度关系是根据轴承的轴向游隙确定的，具体算法如下：

当两个轴承的轴向游隙为零时，内、外套长度差为

$$\Delta L=L_1-L_2=a_1+a_2 \tag{1-5}$$

若两个轴承的轴向游隙分别为 c，则内、外套的长度差为

$$\Delta L=L_1-L_2=(a_1+a_2)+2c \tag{1-6}$$

式中 L_1——内套的长度（mm）；

L_2——外套的长度（mm）；

a_1，a_2——轴承内外圈的轴向位移值（mm）。

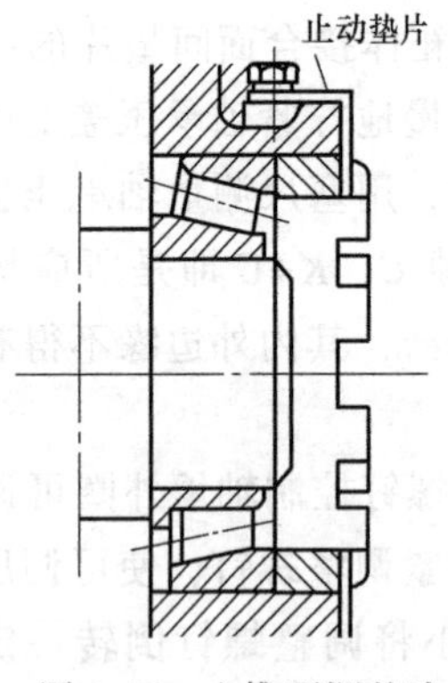

图 1-80 止推环调整法

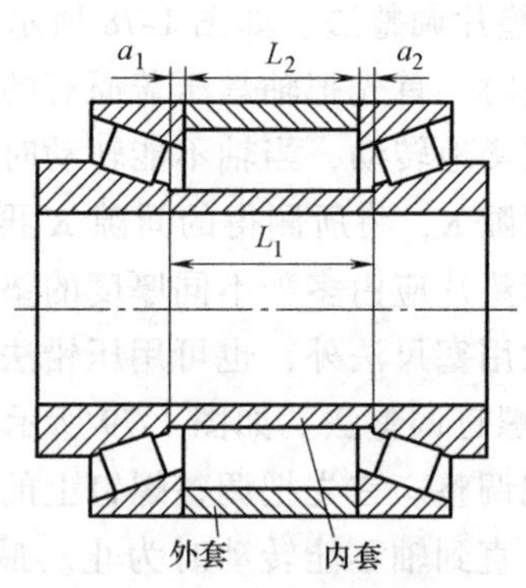

图 1-81 内外套调整法

（2）不可调整式滚动轴承 游隙不可调整的滚动轴承，在运转时受热膨胀的影响，轴承的内外圈发生轴向移动，会使轴承的径向游隙减小。为避免这种现象，在装配两端固定式的滚动轴承时，应将其中一个轴承和其端盖间留出一轴向间隙 ΔL，如图 1-82 所示。

ΔL 值可按下式计算，即

$$\Delta L=La\Delta t \tag{1-7}$$

式中 ΔL——轴承与端盖之间的间隙（mm）；

L——两轴承的中心距（mm）；

a——轴材料的线胀系数（$℃^{-1}$）；

Δt——轴的温度变化值（℃）。

在一般情况下，轴向间隙 ΔL 通常在 0.25~0.50mm 范围内选取。

四、谐波减速器

谐波减速器由刚轮、波发生器和柔轮三个主要零件组成，如图 1-83 所示。它具有高精度、高承载的优点。与普通的减速器相比，由于谐波减速器所用材料可减少至少 50%，其体积至少减少 1/3。

1. 波发生器

波发生器与输入轴相连，对柔轮齿圈的变形起产生和控制作用。它由一个椭圆的凸轮和

一个薄壁的柔性轴承组成。柔性轴承外环很薄容易产生径向弹性塑变，在未装入凸轮之前是圆形的，装上之后为椭圆形。

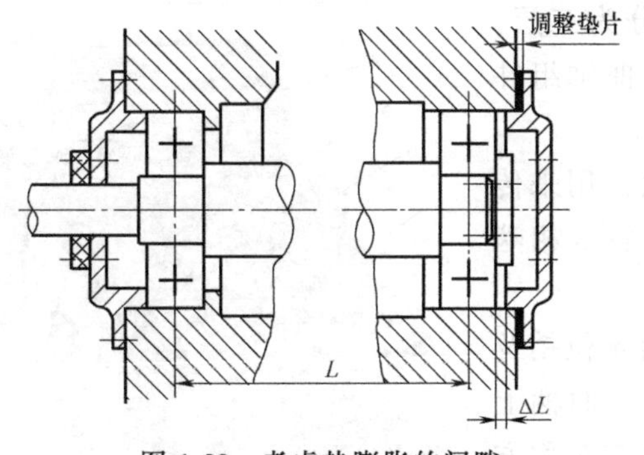

图 1-82　考虑热膨胀的间隙

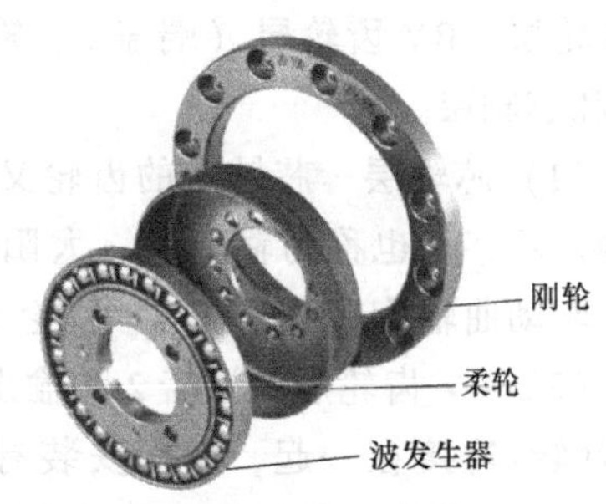

图 1-83　谐波减速器

2. 柔轮

柔轮有薄壁杯形、薄壁圆筒形、平嵌式等多种。薄壁圆筒形开头外面有齿圈，它随波发生器的转动而变形，筒底部分与输出轴连接。

3. 刚轮

它是一个刚性的内齿轮。双波谐波传动的刚轮通常比柔轮多两个齿。谐波齿轮减速器多以刚轮固定，外部与箱体连接。

4. 工作原理

当刚轮固定，波发生器为主动轮、柔轮为从动轮时，柔轮在椭圆凸轮的作用下产生变形，在波发生器长轴两端处的柔轮与刚轮轮齿完全啮合；在短轴处柔轮轮齿与刚轮轮齿完全脱开；在波发生器长轴与短轴的区间，柔轮轮齿与刚轮轮齿有的处于半啮合状态，称为啮入，有的则逐渐退出啮合状态处于半脱胎状态，称为啮出。由于波发生器连续转动，就使柔轮轮齿的啮入→啮合→啮出→脱开这四种状态循环往复不断地改变各自原来的啮合状态。由于柔轮比刚轮的齿数少两个，因此当波发生器转动一周时，柔轮向相反方向转过两个齿的角度，从而实现大的减速比，如图 1-84 所示。

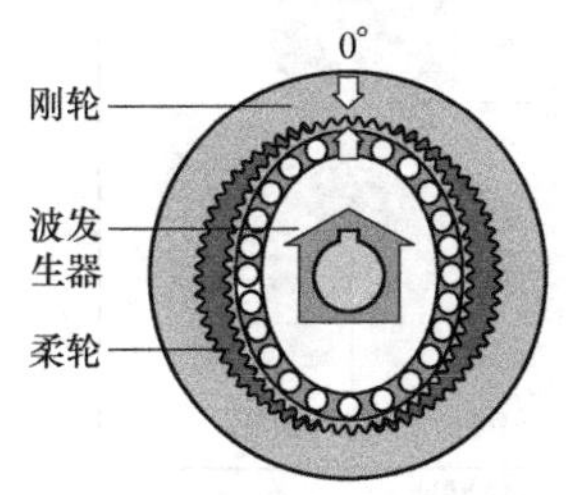

柔轮被波发生器弯曲成椭圆状。因此，在长轴部分刚轮和齿轮啮合，在短轴部分则完全与齿轮呈脱离状态

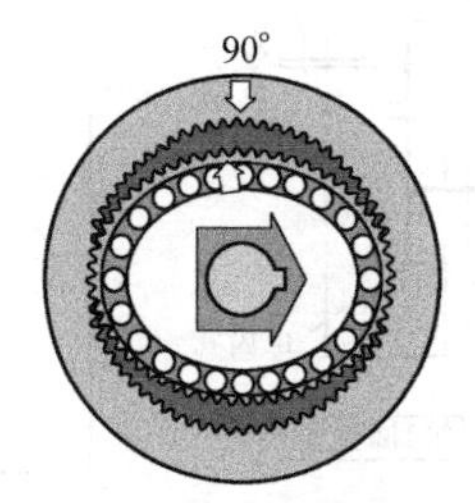

固定刚轮，使波发生器按顺时针方向旋转后，柔轮发生弹性形变，与刚轮啮合的齿轮位置顺次移动

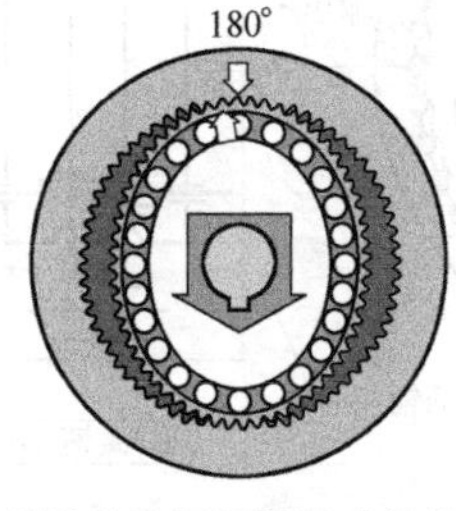

波发生器向顺时针方向旋转 180°后，柔轮仅向逆时针方向移动一齿

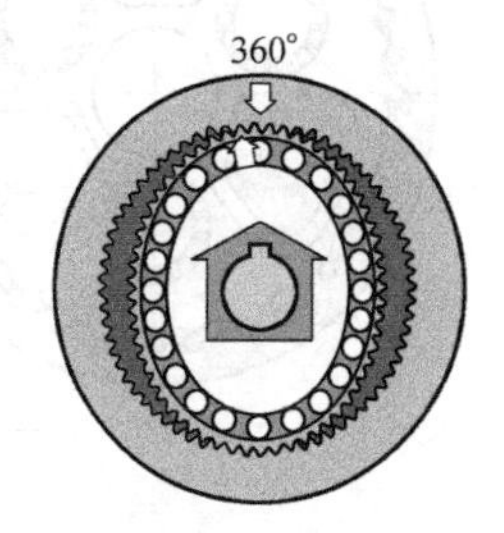

波发生器旋转一周(360°)后，由于比刚轮减少两个齿，因此柔轮向逆时针方向移动两个齿。一般将该动作作为输出执行

图 1-84　谐波齿轮传动的啮合过程

五、RV 减速器

RV 减速器由两级减速部分组成。第一级是位于高速端的渐开线圆柱齿轮行星减速部

分，由太阳轮和渐开线行星轮组成。第二级是位于低速端的摆线针轮行星减速部分，由曲柄轴、摆线轮（RV 齿轮）、针轮以及输出法兰组成。

如图 1-85 所示，RV 减速器径向结构可分为三层，即针轮层、RV 齿轮层（端盖 2、输出法兰 5、曲轴组件 7）和芯轴层。

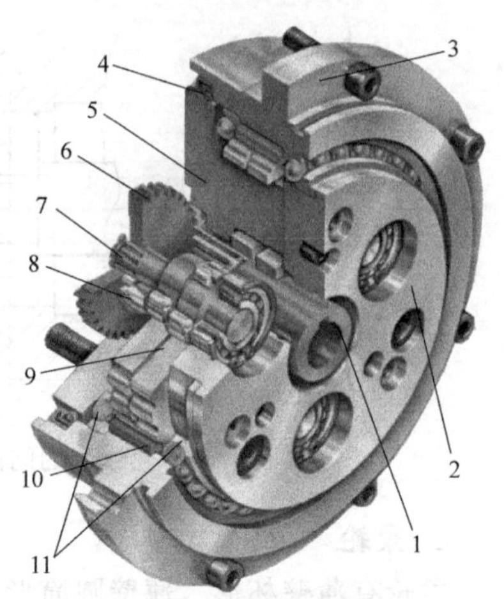

图 1-85　RV 减速器的组成

1—芯轴　2—端盖　3—针轮　4—密封圈　5—输出法兰　6—行星齿轮　7—曲轴组件　8—圆锥滚子轴承　9—RV 齿轮　10—针齿　11—主轴承

（1）芯轴层　芯轴上的齿轮又称为太阳轮，用来传递输入功率，也称为输入轴。太阳轮与行星齿轮 6 相啮合，驱动曲轴旋转，带动 RV 齿轮摆动。

（2）RV 齿轮层　端盖 2 和输出法兰 5 通过定位销及连接螺钉连接在一起，中间安装有曲轴组件 7，曲柄上安装 RV 齿轮 9。当曲柄回转时两片 RV 齿轮可在对称方向进行摆动。

（3）针轮层　针轮 3 其内侧加工有针齿，外侧加工有法兰（针齿壳）和安装孔，用于减速器的安装固定。

（4）工作原理　RV 减速器的工作原理如图 1-86 所示。第一级减速为正齿轮减速。输入轴的旋转从输入齿轮传递到正齿轮，按齿数比进行减速。第二级减速为差动齿轮减速。正齿轮与曲柄轴相连接变为第二级减速的输入部分，在曲柄轴的偏心部分通过滚动轴承安装 RV 齿轮。另外，在外壳内侧仅比 RV 齿轮的齿数多一个齿，以同等齿距排列。如果固定外壳转动正齿轮，则 RV 齿轮由于曲柄轴的偏心运动也进行偏心运动。此时如果曲柄轴转动一周，则 RV 齿轮就会沿着与曲柄轴相反的方向转动一个齿，这个转动被输出到输出轴上。

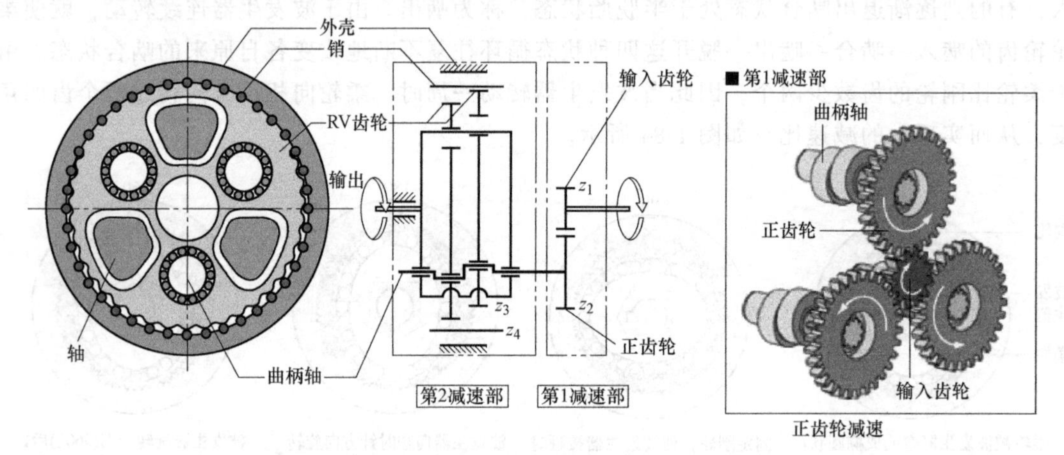

图 1-86　RV 减速器的工作原理

六、铸件中常见的缺陷

1. 铸件中的缩孔与缩松

液态合金在冷凝过程中，其液态收缩和凝固收缩所缩小的容积若得不到补充，则在铸件最后凝固的部位会形成一些孔洞。根据孔洞的大小和分布，可分为缩孔和缩松两类。缩孔是集中在铸件上部或最后凝固部位容积较大的孔洞。缩孔多呈倒圆锥形，内表面粗糙，通常隐藏在铸件的内层，但在某些情况下，可暴露在铸件的上表面，呈明显的凹坑。

若铸件呈逐层凝固形式，缩孔形成的过程如图 1-87 所示。液态合金填满铸型型腔后，由于铸型的吸热，靠近型腔表面的金属很快凝结成一层外壳，而内部仍然是高于凝固温度的液相；温度继续下降，外壳逐渐加厚，但内部液相因液态收缩和补充凝固层的收缩，造成铸件体积缩小，液面下降，使铸件内部出现了孔洞，直到内部完全凝固，在铸件上部或最后凝固部分形成了缩孔。已经产生缩孔的铸件继续收缩使铸件的外形尺寸略有缩小。

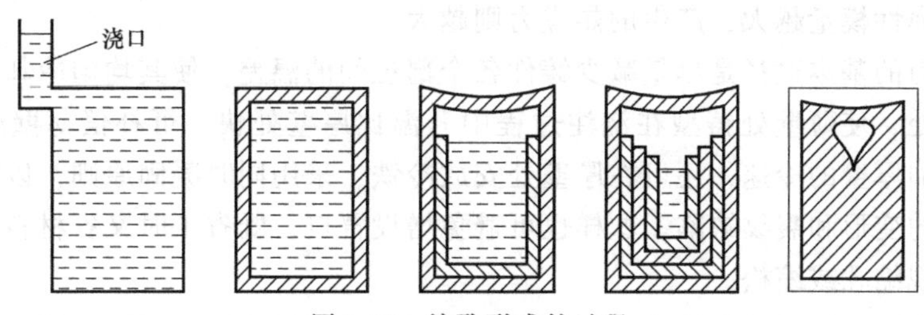

图 1-87　缩孔形成的过程

一般来说，合金的液态收缩率和凝固收缩率越大、浇注温度越高、铸件尺寸越大，形成缩孔的容积就越大。

缩松是分散在铸件内部的细小孔洞，当缩松与缩孔的容积相同时，缩松的分布面积要比缩孔大得多。缩松的形成也是由于铸件最后凝固部分的收缩未能得到足够补充，或者因为合金呈糊状凝固形式时，被树状晶体所分隔开的小液相区难以得到补缩所致。缩松分为宏观缩松和显微缩松两种。宏观缩松是用肉眼或放大镜可以看出的小孔洞，多分布在铸件中心轴线处或缩孔的下方；显微缩松是分布在晶粒之间的微小孔洞，要用显微镜才能观察得到，这种缩松的分布更为广泛，有时遍及铸件的整个截面。

不同铸造合金形成缩孔或缩松的倾向不同。逐层凝固形式的合金（如纯金属、共晶合金或结晶温度范围窄的合金），形成缩孔的倾向大，而形成缩松的倾向小；反之，糊状凝固形式的合金形成缩孔的倾向小，但是极易产生缩松。

缩孔和缩松都使铸件的力学性能下降，缩松还能使铸件致密性降低，因出现渗透而报废。因此，必须根据技术要求，采取适当的工艺措施防止缩松或缩孔的形成。实践证明，只要能使铸件实现“定向凝固”（即顺序凝固），尽管合金的收缩率较大，也可获得没有缩孔的致密铸件。

所谓定向凝固，就是通过在铸件上可能出现缩孔的厚大部分安放冒口等工艺措施，使铸件远离冒口的部位先凝固，然后是靠近冒口部位凝固，最后才是冒口本身的凝固。按照这样的凝固顺序，先凝固部位产生的收缩由后凝固部位的金属溶液来补充，后凝固部位产生的收缩由冒口中的金属溶液来补充，从而使铸件的各个部位均能得到补充，缩孔将会转移到冒口之中，冒口本是铸件结构的多余部分，在清理铸件时予以切除即可。

2. 铸造内应力、变形和裂纹

铸件在凝固之后的继续冷却过程中，其固态收缩若受到阻碍，铸件内部将产生内应力。这些内应力有时是在冷却过程中暂存的，有时则一直保留到室温，此应力称为残余内应力。铸造内应力是铸件产生变形和裂纹的基本原因。

（1）内应力的形成　内应力包括热应力和机械应力两种。热应力是由于铸件的壁厚不均匀，各部分的冷却速度不同，以致在同一阶段内铸件各部分收缩不一致引起的。分析热应力的形成原因，首先必须了解金属自高温冷却到室温时应力状态的改变。固态金属在再结晶温度以上（钢和铸铁为620~650℃）时，处于塑性状态，此时，在较小的应力下就能发生塑性变形，变形之后应力可自行消除；固态金属在再结晶温度以下的金属呈弹性状态，此时，在应力的作用下将发生弹性变形，而变形之后应力继续存在。

热应力使铸件的厚壁或心部受拉伸，薄壁或表层受压缩。铸件的壁厚差别越大，合金线收缩率越大，弹性模量越大，产生的热应力则越大。

预防热应力的基本途径是尽量减少铸件各个部位间的温差，使其均匀冷却。为此，可将浇口开在薄壁处，使薄壁处铸型在浇注过程中升温比厚壁处快，可补偿薄壁处冷速大的现象。有时为增加厚壁的冷速，还可在厚壁处安放冷铁，采用同时凝固原则，以减少铸造内应力，防止铸件的变形和裂纹缺陷，这样也可避免增设冒口，既省工时又省材料。其缺点时铸件心部容易出现缩孔或缩松。

同时凝固原则主要用于灰铸铁、锡青铜等。这是由于灰铸铁的缩孔、缩松倾向小，而锡青铜倾向于糊状凝固，即使采用定向凝固也难以有效地消除其显微缩松缺陷。

机械应力是由于合金的固态收缩受到铸型、型芯、浇注系统的机械阻碍而引起的，机械应力使铸件产生暂时性的内应力，这种内应力在铸件落砂之后随着机械阻碍的去除可自行消除。但在机械阻碍去除之前机械应力在铸件冷却过程中可与热应力共同起作用，增大了某些部位的应力，促进了铸件形成裂纹的倾向。

（2）铸件的变形与防止　存在残余应力的铸件是不稳定的，它将自发地通过变形来减缓其内应力，趋于稳定状态。显然，只有原来受拉伸部分产生压缩变形，受压缩部分产生拉伸变形，才能使残余内应力减小或消除。

为防止铸件产生变形，可采用以下措施：①铸件壁厚要尽量均匀，并使之形状对称；②尽量采用同时凝固原则，实现冷却均匀；③采用反变形法，该方法是在统计铸件变形规律的基础上，在模样上预先做出相当于铸件变形量的反变形量，以抵消铸件的变形；④自然时效是将铸件加热到一定温度进行去应力退火，时效处理宜在粗加工之后进行，可将粗加工时所产生的内应力一并消除。

（3）铸件的裂纹与防止　当铸造内应力超过金属强度极限时，便会产生裂纹。裂纹是铸件的严重缺陷，多使铸件报废。裂纹可分为热裂纹和冷裂纹两种。热裂纹是在高温下形成的裂纹，其形状特征是缝隙宽、形状曲折、缝内呈氧化色。试验证明，热裂纹是在合金凝固末期的高温下形成的。因为合金的线收缩率的主要因素包括：

1）合金性质。合金的结晶温度区间越宽，液、固两相区的绝对收缩量越大，合金形成热裂纹的倾向也越大。灰铸铁和球墨铸铁形成热裂纹的倾向小，铸钢、铸铝、可锻铸铁形成热裂纹的倾向大。此外，钢铁中硫含量越高，形成热裂纹的倾向也越大。

2）铸型阻力小，铸型的退让性越好，机械应力越小，形成热裂纹倾向越小。铸型的退让性与型砂、芯砂的黏结剂有关，如植物油、合成树脂等因其高温强度低，退让性较黏土好。

冷裂纹是在低温下形成的裂纹，其形状特征是裂纹细小，呈连续直线状，有时缝内呈现轻微氧化色。

冷裂纹常出现在形状复杂工件的受拉伸部位，特别是应力集中处。不同铸造合金形成冷裂纹的倾向不同。如塑性好的合金，可通过塑性变形使内应力自行缓解，故形成冷裂纹的倾向小；反之，脆性大的合金较易产生冷裂纹。为防止铸件形成冷裂纹，除应设法降低内应力外，还应控制钢铁中的磷含量，使其不能过高。

第五节　工业机器人总装配

培训目标

中级：

➔ 熟悉机械装配工艺机器人的安全注意事项。

➔ 了解六关节型机器人的拆装过程。

➔ 能装配关节型机器人底座、大臂、小臂、手腕等部件。

➔ 能完成 RV 减速器、谐波减速器、同步带等具有预紧力零部件的装配。

➔ 能在机器人本体中装配预制好的线束及插接件。

➔ 能更换机器人本体部件，如电动机、减速器等。

➔ 能更换螺钉、轴承、密封件、紧固件等。

高级：

➔ 能解决油封损坏等故障。

➔ 能掌握 RV 减速器油脂的更换方法。

➔ 能根据机器人的机械传动机构原理调节机器人各个关节的运动范围。

一、安全注意事项

1. 机器人整体运动演示安全事项

1）在拆装前后进行机器人演示时，操作人员应经过简单培训方可进行。具体机器人控制操作可参考相关教程。

2）在整体机器人运行演示过程中，所有人员均站在围栏外进行，以免发生碰撞事故。

3）机器人设备运行过程中，即使在中途机器人看上去已经停止时，但也有可能机器人正在等待启动信号，处在即将运动状态。因此此时也视为机器人正在运动，人员也应该站在护栏外。

4）机器人演示运动时，运行速度尽量调低，确定末端运动轨迹正确时方可进一步增大运行速度。

2. 机器人拆装过程中安全事项

1）拆装过程中，注意部件要轻拿轻放。特别重的部件（如底座）应用悬臂吊吊装，注意吊装方式正确，检查吊装的固定方式是否稳定。

2）机器人减速器测试时，戴上防护眼镜，以防油脂飞溅到眼睛内。

3）拆装过程中的所有工具和零件不得随意乱放，必须放在指定位置，以防工具或零件掉落伤人。

4）桌面A和桌面B均只能承重机器人规定承重零件及拆装使用工具，严禁承重其他重物。

3. 悬臂吊使用安全事项

1）启用悬臂吊时，应检查吊臂各部位零件有无不正常现象，螺钉有无松动等，特别是检查底座安装是否牢固。

2）使用前需检查起吊钢丝绳是否有毛刺和断股等情况。

3）悬臂吊极限负重150kg，除直接使用吊装本机器人以外，严禁吊装其他重物。

4）在悬臂吊使用时，悬臂吊下严禁站人，以防不测。

4. 其他安全注意事项

1）工作站内严禁奔跑以防滑倒跌伤，严禁打闹。

2）此套设备必须在老师指导下完成试验，不得私自操作。

3）在工作站内不得穿拖鞋或赤脚，需穿厚实的鞋子（劳保鞋）。

4）不得挪动、拆除防护装置和安全设施。

5）离开工作站时，应断掉电源。

二、拆装实训基本准备工作

1. 机器人简单运动

通过示教器手动示教机器人运动，确定机器人各个轴能够运动，以防止在拆装以后，不能够正常运行。同时不能运动时也能够找到故障原因，确定故障部件。

2. 排油准备

由于在机器人运动过程中，机器人减速器必须在足够的油脂下才能够正常运行，因此需要准备好各个轴的减速器的油脂情况，J4轴、J5轴和J6轴减速器自带油脂，不需要排出。J1轴、J2轴和J3轴需要排出油脂。

3. 排油方法（以J1轴为例）

1）取下J1轴出油口和进油口的螺钉。润滑油供排口位置如图1-88所示。

2）在进油口用气管向减速器里面吹气，出油用特制工具把油导出。

3）当油脂吹出量非常小时，通过示教器转动J1轴，继续往里面吹气，吹出油脂，直至没有油脂吹出为止。

4. 排油注意事项

1）油脂是Nabtesco公司制造的润滑脂，为黄色，黏度高，在吹油脂的时候，戴上防护眼镜以防弄到眼睛里。

2）在转动轴的时候，速度应调慢。因为在吹出油的时候，减速器里面的油脂过少，高速运动时易损坏减速器。

3）在排油中，注意力要集中，握住气管，不要使气管乱摆。

4）清理装配桌上的工具，整齐摆放在桌面上。工具包括加长内六角扳手、内六角扳手、套筒、橡胶锤、卡簧钳、铜棒、扭力扳手、电筒等。

三、机器人本体整体拆卸步骤和方法

机器人本体拆卸顺序为从六关节机器人末端开始向底座拆卸，拆卸后依部件所标注编号

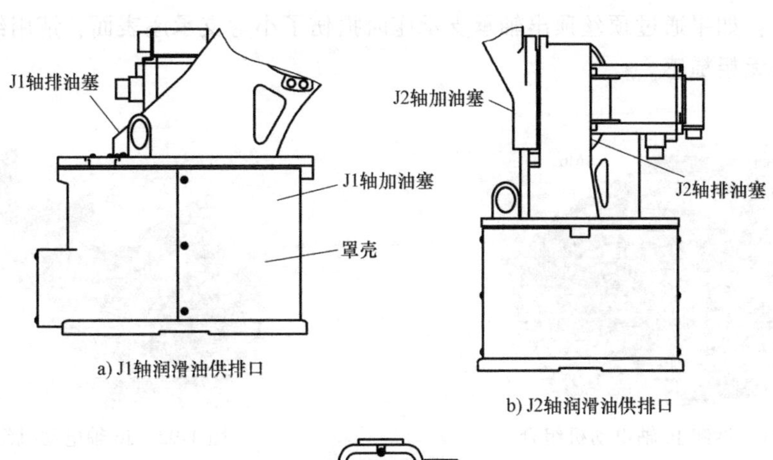

a) J1轴润滑油供排口

b) J2轴润滑油供排口

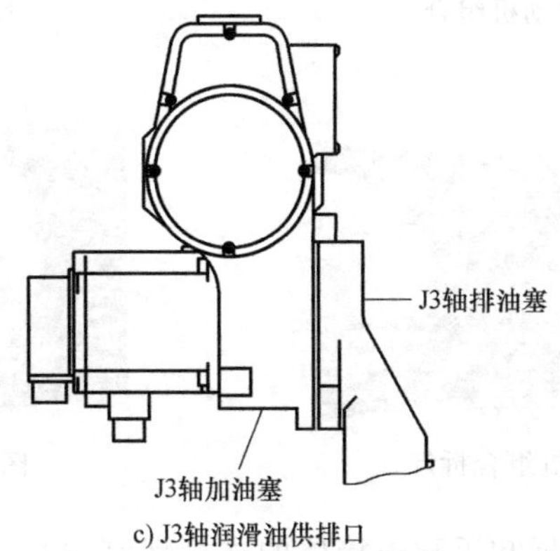

c) J3轴润滑油供排口

图 1-88　J1、J2、J3 轴润滑油供排口

放入对应部件储存处。其具体步骤如下：

1）首先拆卸小臂侧盖，如图 1-89 所示，为拆卸小臂内伺服电动机创造拆卸空间。拆卸后的小臂侧盖，如图 1-90 所示，和螺钉一起存放在对应的标签处。

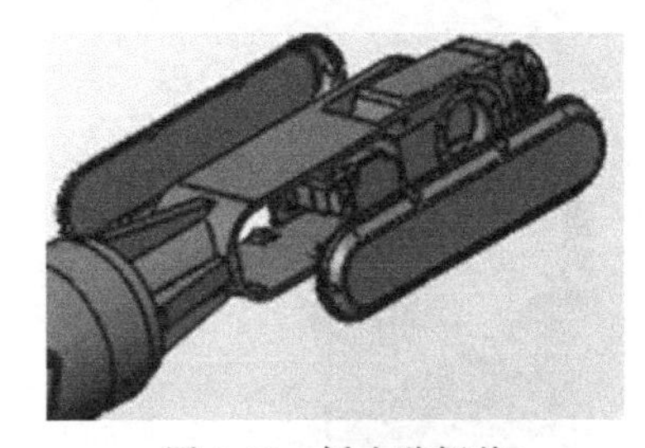

图 1-89　拆小臂侧盖

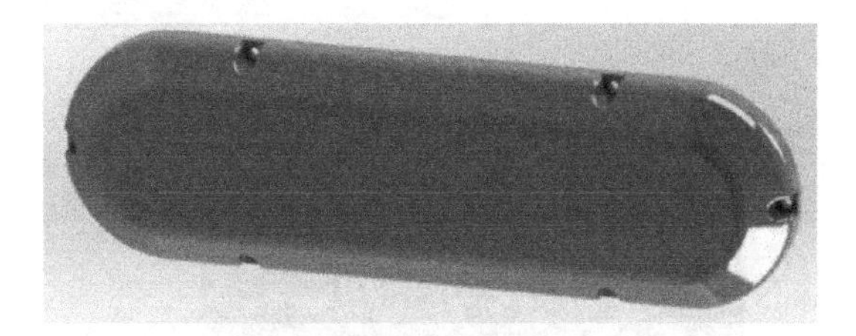

图 1-90　小臂侧盖

2）拆卸掉小臂对应的 J5、J6 轴伺服电源线。注意：不要损坏伺服电动机和电动机线路接头。

3）拆卸 J6 轴螺钉 M6，如图 1-91 所示。把螺钉放在对应标签处。取下 J6 轴电动机组合，如图 1-92 所示，放在对应的标签处。至此完成了 J6 轴组合的拆卸工作。

4）如图 1-93 所示，拆掉 J5 轴电动机板并拔出螺钉，取出 J5 轴同步带、J5 轴电动机组合、J5 轴电动机板，放在对应编号处。注意：严禁划伤同步带和损伤伺服电动机线缆。

5）如图 1-94 所示，拆卸 J5 轴支承套的螺钉 M5，再通过顶丝把支承套顶出，放入对应编号处。注意：如果通过顶丝顶出轴承支承座时损伤了小臂支承座表面，请用细砂纸磨平表面，直至表面无粗糙感。

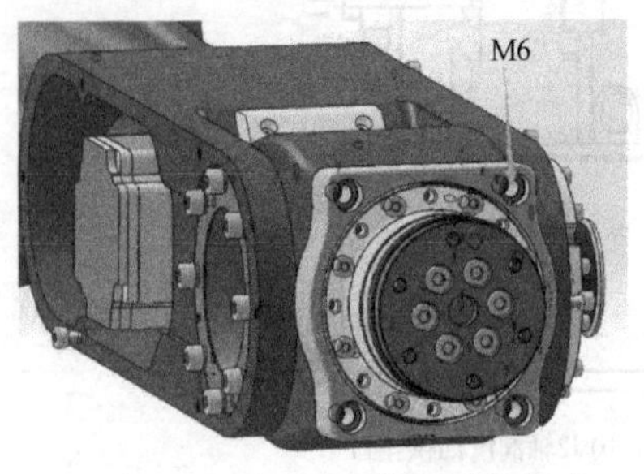

图 1-91　拆卸 J6 轴电动机组合

图 1-92　J6 轴电动机组合

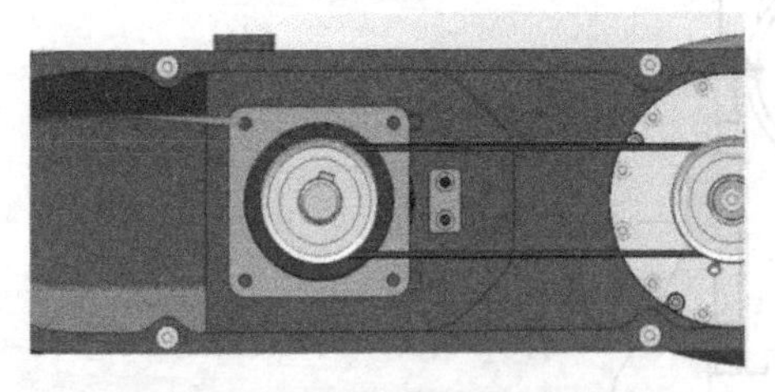

图 1-93　J5 轴电动机组合拆卸

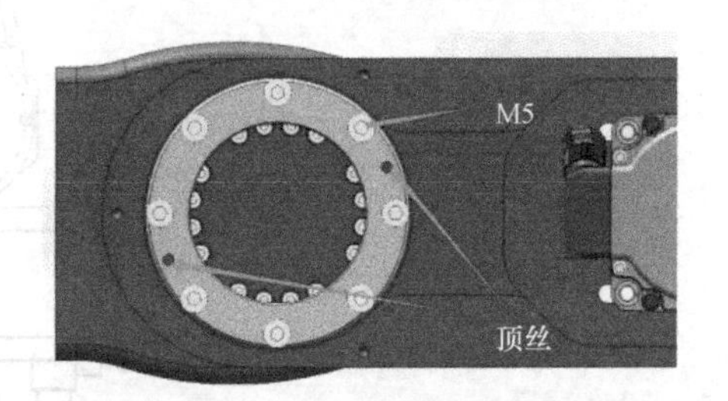

图 1-94　J5 轴支承套拆卸

6）通过加长六角扳手拆卸手腕连接体的连接螺钉 M3，如图 1-95 所示，稍微用力搬动手腕体，让其连接处的密封胶脱落。

7）如图 1-96 和图 1-97 所示，拧下 J5 轴减速器螺钉，取下 J5 轴减速器组合及手腕体，放入对应编号处。至此完成了手腕体的拆卸任务。

注意：①严禁强力敲打减速器；②防止异物进入减速器内部。

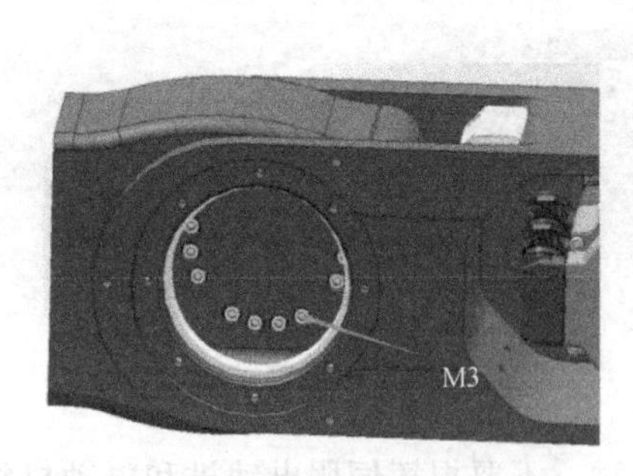

图 1-95　手腕松动

图 1-96　手腕拆卸

8）如图 1-98 所示，拆下电动机座后盖，放入对应编号处，再将 J5、J6 轴伺服电动机线从 J4 轴减速器的套筒孔取出。再将伺服电动机线从 J4 轴减速器的套筒孔取出。注意：取出伺服电动机线时禁止损坏插头。

9）如图 1-99～图 1-101 所示，拆卸电动机座顶上平圆头螺钉 M5，拧下 J4 轴电动机安装板的螺钉，松掉电动机带轮传动带，取下 J4 轴电动机组合，均放到对应编号处。

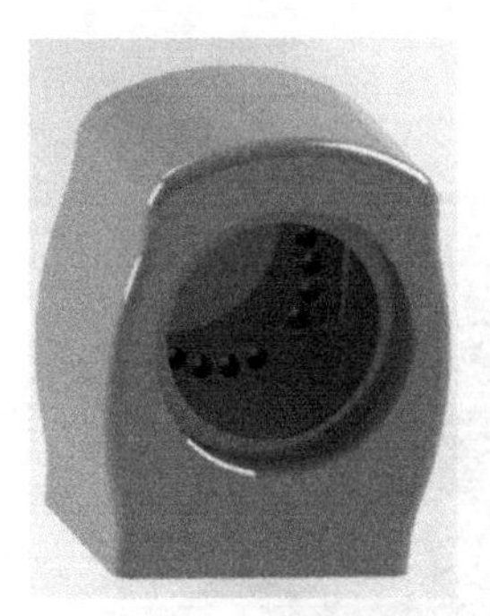

图 1-97　J5 轴手腕

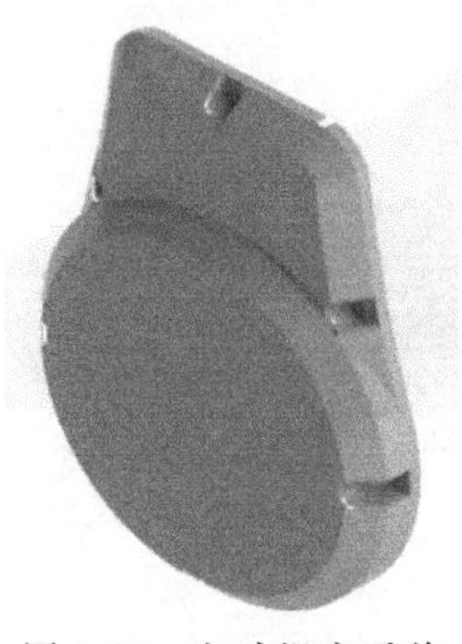

图 1-98　电动机座后盖

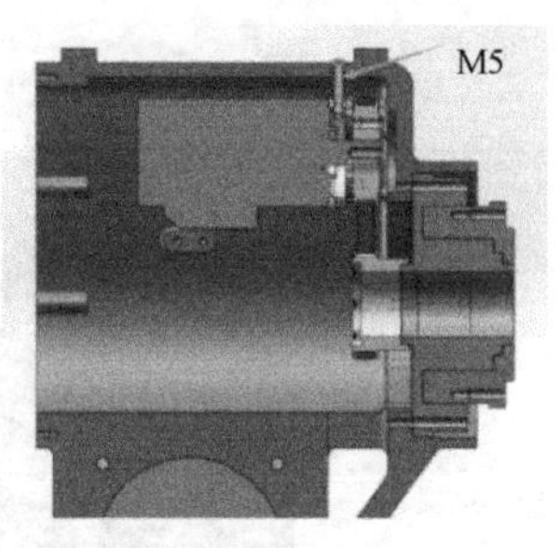

图 1-99　J4 轴电动机座拆卸

10）如图 1-102 所示，拆卸小臂与电动机座固定螺钉 M5×50，取下小臂，拆卸小臂与 J4 轴减速器套筒，套筒放到对应编号处，小臂放置装配桌 B 上。

图 1-100　电动机座剖面图

图 1-101　J4 轴电动机组合

11）如图 1-103 和图 1-104 所示，戴上一次性手套，拆卸 J4 轴减速器螺钉 M6，取下 J4 轴减速器，轻放于对应编号处。完成对机器人小臂的拆卸任务。注意：①拆装时严禁强力敲打减速器；②严禁碰撞减速器。

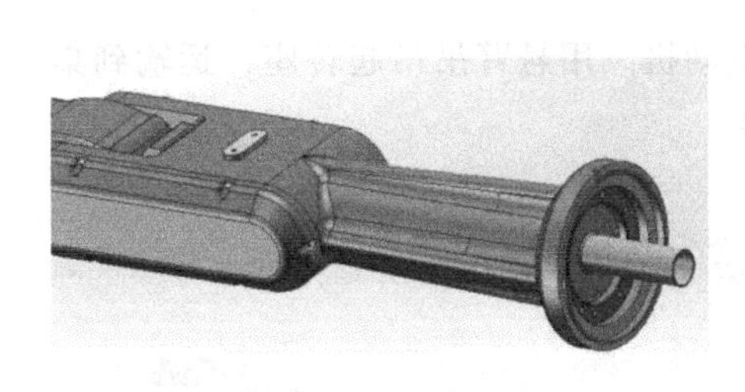

图 1-102　J4 轴减速器内套装置

图 1-103　J4 轴减速器拆卸

图 1-104　J4 轴减速器组合

12）拧下电动机座侧面的波纹管接头，取下波纹管及其线缆。拆卸电动机座侧盖平圆头螺钉 M5，放在对应编号处；如图 1-105 所示，拆卸 J3 轴电动机的螺钉 M6，小心取出 J3 轴伺服电动机。注意：①取电动机座侧盖时应注意不要将电动机线的接头弄坏；②取 J3 轴伺服电动机时防止损伤减速器输入轴，取出电动机放在对应编号处。

13）取下大臂上的旋转固定块，均放到对应编号处。如图 1-106 所示，拧下螺钉 M10，取下电动机座。把取下的电动机座放在装配桌 B 上。注意：减速器内部装有油，取出时注意油会流出。

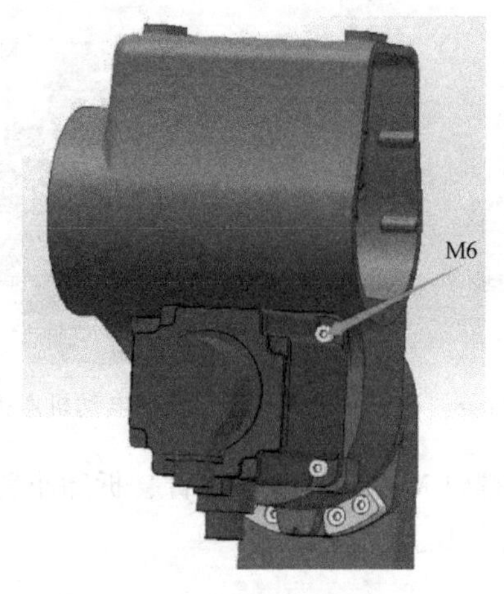

图 1-105　J3 轴电动机拆卸

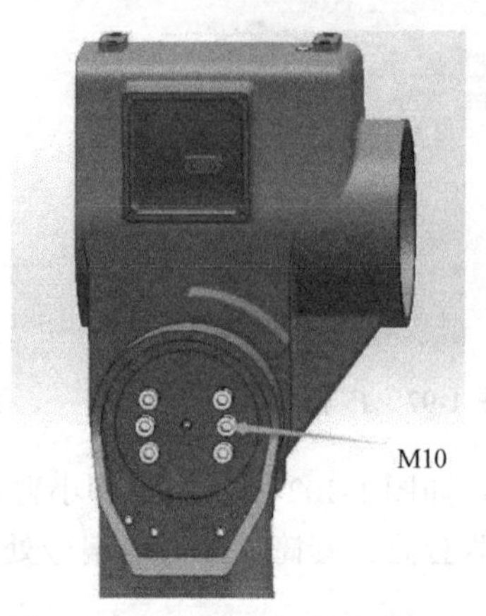

图 1-106　拆卸 J3-J4 轴电动机座

14）如图 1-107 所示，在装配桌 B 上或者装配桌 B 工装夹具上，取下 J3 轴减速器放在对应编号处。完成机器人电动机座的拆卸工作。注意：①减速器表面的大块油脂应清理掉，少量的油脂可保留在减速器上面，带油脂保存；②减速器严禁强力碰撞和用金属敲打。

15）取下大臂与转座的减速器螺钉，卸掉大臂，把大臂放在工作站空隙处。安装面用保鲜薄膜进行防尘处理。

16）把 J2 轴电动机的螺钉拧下，取出电动机及减速器输入轴，放在对应编号处。把固定在转座的 J2 轴减速器螺钉拧下，取出减速器，完成机器人大臂的拆卸工作。注意：①减速器表面的大块油脂应清理掉，少量的油脂可保留在减速器上面，带油脂保存；②减速器和电动机严禁强力碰撞及用金属敲打。

17）如图 1-108 所示，取下机器人底座上的插板，把机器人本体的线存放在对应的编号处。

18）通过悬臂吊调运底座装配体上的 M12 调运环，把装配体调运到装配桌 A 上，如图 1-109 所示。

19）拆掉 J1 轴伺服电动机螺钉，取出 J1 轴伺服电动机。用悬臂吊吊起转座，运输到桌子 A 转配处，拆卸 J1 轴减速器上的螺钉，取出减速器。

图 1-107　拆卸 J3 轴减速器

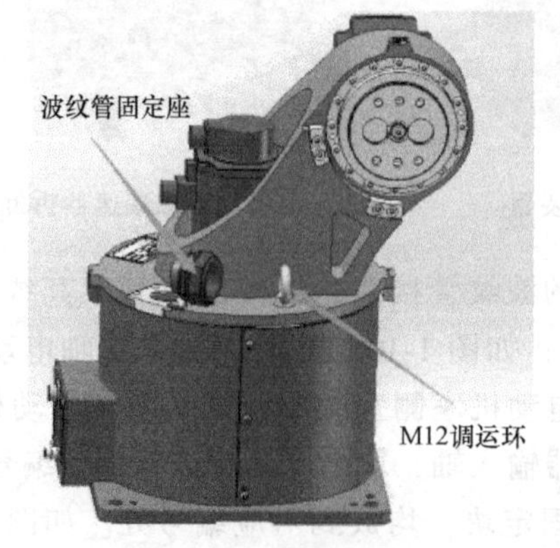

图 1-108　机器人底座

图 1-109　装配桌 A 工装夹具

机器人底座调运方式：①用卸扣连接调运环和调运带；②让调运带穿过底座；③平行调运到装配桌 A 上；④取下调运带和卸扣。

20）取下底座的螺钉，把底座搬运到悬臂吊处，然后用保鲜袋把底座封好，防止粉尘掉到减速器安装面上。

四、机器人本体整体装配步骤和方法

1）用无尘布和煤油清理 J1 轴减速器表面。如图 1-110 所示，把 J1 轴减速器通过螺栓 M8 固定在转座上，先按等边三角形插入螺栓，通过扭力扳手按等边三角形将螺钉拧紧。注意：①减速器上的密封圈勿忘记套上；②清理或装配减速器的时候，使用专用一次性手套。

2）如图 1-111 所示，清理 J1 轴伺服电动机，并在阴影部分均匀地涂抹密封胶。

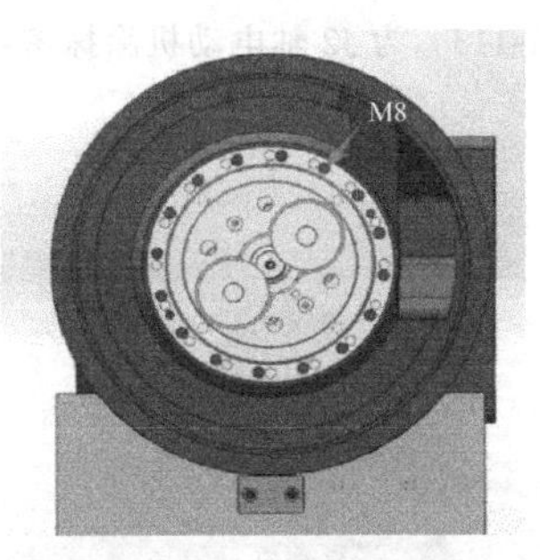

图 1-110　J1 轴装配

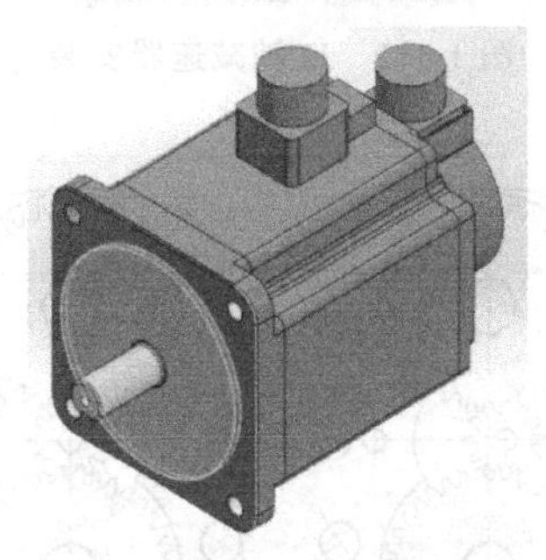

图 1-111　为 J1 轴电动机涂抹密封胶

3）把装配好的伺服电动机安装在转座上，先预紧螺钉，再用扭力扳手对角锁紧。

4）把 J1 轴伺服电动机的电源线和编码器线分别接通，打开电源，通过示教器只转动 J1 轴，先低速测试减速器的轴是否能够转动。注意：①转动应顺畅，无卡滞和抖动现象；②断电后连接编码器线和电源线。

5）通过听诊器检查减速器的声音是否带有“咔咔”的声音，若有明显的声音，请立即暂停减速器转动，关掉电源，检查装配过程存在的问题。

6）如果装配无问题，即可进行 J1 轴简单运动演示。至此完成了 J1 轴电动机和减速器的装配工作。注意：①装配过程中应注意安全；②装配过程中应保持零件干净，零件表面无杂质；③减速器严禁强力敲打及碰撞；④装密封圈时严禁强力拉扯及划伤密封圈。

7）用无尘布和煤油清理 J2 轴减速器表面。如图 1-112 所示，把 J2 轴减速器通过螺栓 M8 固定在转座上，先用内六角扳手预紧螺栓，再用扭力扳手按等边三角形将螺钉拧紧。

8）如图 1-113 所示，清理 J2 轴伺服电动机，并在阴影部分均匀地涂抹密封胶。

9）把装配好的伺服电动机安装在转座上，先通过内六角扳手预紧螺钉，再用扭力扳手按对角锁紧。注意：①装配伺服电动机时严禁损坏减速器输入轴以及 RV 的正齿轮；②如图 1-114 所示，减速器的输入轴和 RV 减速器两个正齿轮中心线应在一条直线上。

10）把 J2 轴伺服电动机的电源线和编码器线分别接通，打开电源，通过示教器只转动 J2 轴，先低速测试减速器的轴是否能够转动。

11）通过听诊器检查减速器的声音是否带有“咔咔”的声音，若有明显的声音，请立即暂停减速器转动，关掉电源，检查装配过程存在的问题。

12）如图 1-115 所示，在 J1 轴减速器上按对角拧定位销，通过悬臂吊调运转座装配体到底座上，J1 轴减速器上定位销对准底座沉头孔，使用“125mm 连接杆”和“M12 旋具头”扭力扳手把底座与旋转座装配体连接。先按对角预紧螺栓，再通过扭力扳手预紧。

图 1-112　J2 轴减速器安装

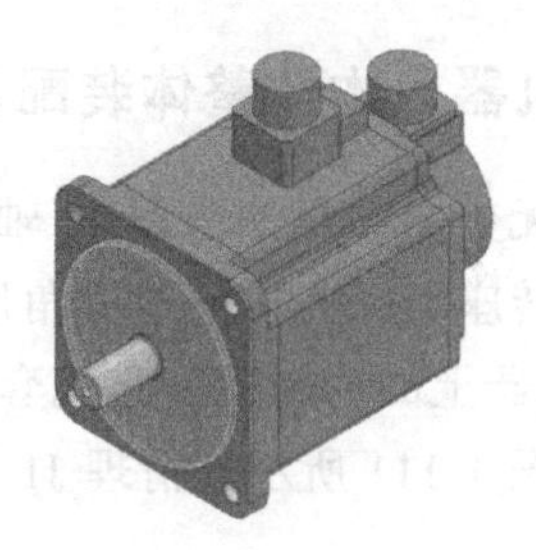

图 1-113　为 J2 轴电动机涂抹密封胶

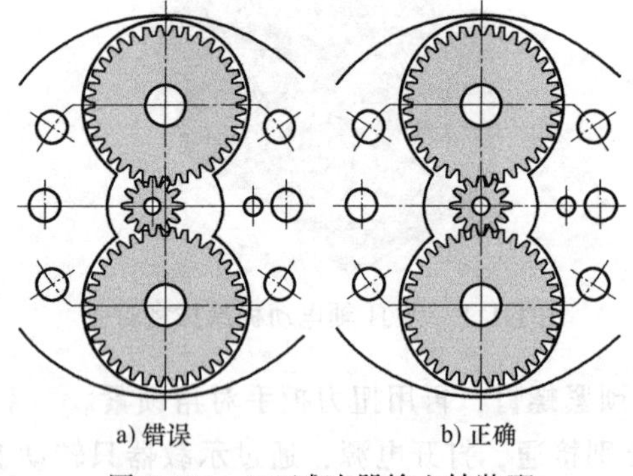

图 1-114　RV 减速器输入轴装配

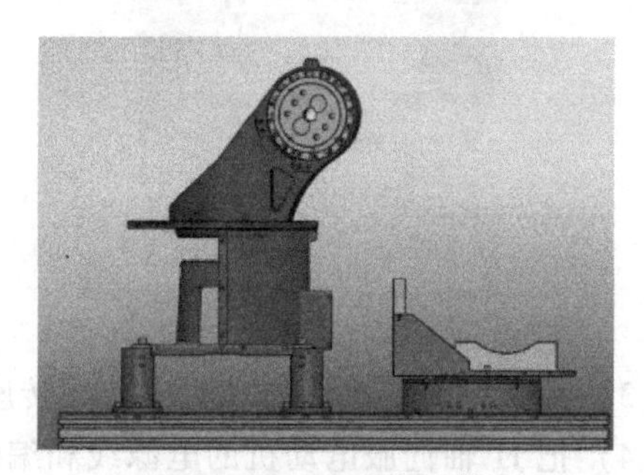

图 1-115　底座装配体

13）把装好的组合体，连接好编码器和电源线，通上电源，测试 J1 轴减速器与底座安装是否正确。

14）如图 1-116 所示，用悬臂吊调运 J1-J2 轴装配体至机器人的安装位置，预紧螺栓 M16，按对角用扭力扳手锁紧，完成 J1-J2 轴的装配。注意：①调运环一定要拧紧；②调运带不能套在工装夹具上面，一定要套在卸扣槽中。

15）接下来进行机器人大臂的安装工作。一人把大臂对准 J2 轴减速器的轴端安装孔位上，同时一人先预紧减速器的螺栓。用扭力扳手按对角锁紧方式预紧，通过解除电源抱闸线，转动大臂，要求转动顺畅无卡滞现象，减速器声音正常。至此完成了机器人大臂的装配工作，如图 1-117 所示。

16）把 J3 轴电动机座放在装配桌 B 中的 J3-J4 轴装配台上，通过螺钉 M8 把转座固定在装配台上。

17）用无尘布和煤油清理 J3 轴减速器表面，如图 1-118 所示，把 J3 轴减速器输出轴通过螺钉 M6，用扭力扳手按等边三角形拧紧。

18）如图 1-119 所示，清理装配好的伺服电动机并安装在转座上，先预紧螺钉，再按对角方式锁紧。

19）清理 J4 轴谐波减速器并把 J4 轴谐波减速器连接法兰通过螺钉 M5 固定在电动机座上，先预紧螺钉，按顺时针间隔拧紧，然后按顺时针拧紧剩余螺钉，如图 1-120 所示，用扭力扳手按等边三角形方式拧紧。

图 1-116　J1-J2 轴装配体固定

图 1-117　大臂安装

图 1-118　J3 轴减速器装配

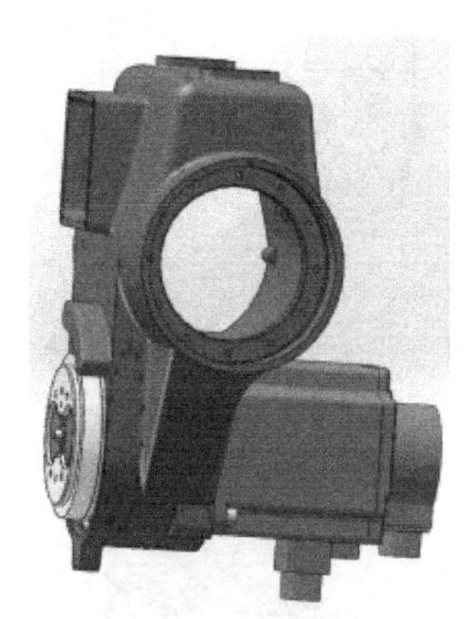

图 1-119　J3 轴装配

20）如图 1-121 所示，用平圆头螺钉 M5 穿过电动机座，把 J4 轴电动机组合稍微连接在电动机座里面，按对角方式预紧和锁紧螺钉。注意：预先在 J4 轴减速器与 J4 轴电动机端套入传动带并预紧 J4 轴电动机传动带，确定传动带松紧合适后，锁紧螺钉。

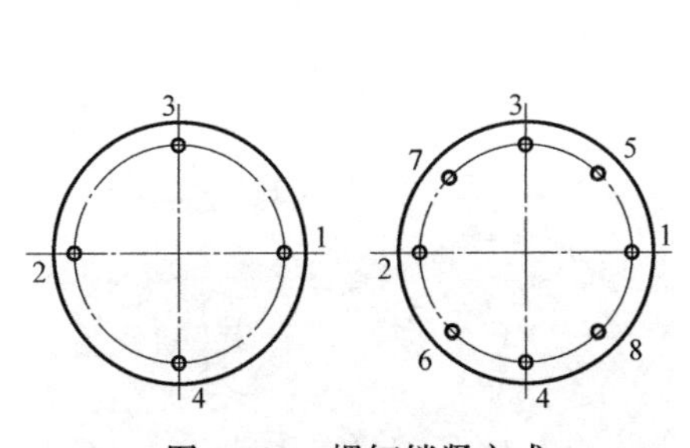

图 1-120　螺钉锁紧方式

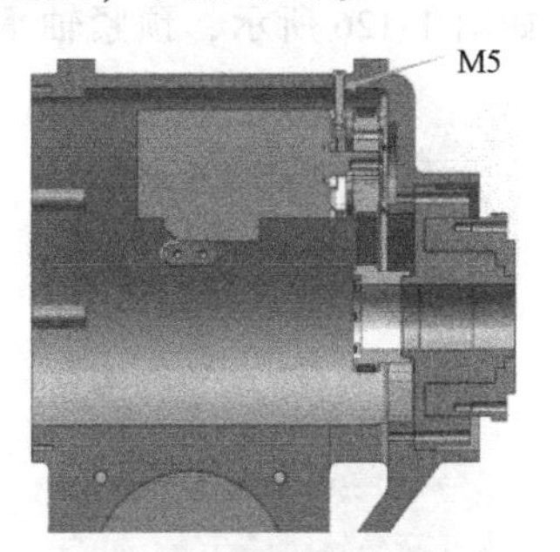

图 1-121　J4 轴减速器装配

21）把 J3、J4 轴伺服电动机的电源线和编码器线分别接通，打开电源，通过示教器分别转动 J3、J4 轴，先低速测试减速器是否能够转动。

22）通过听诊器检查减速器的声音是否带有“咔咔”的声音，若有明显的声音，请立即暂停减速器转动，关掉电源，检查装配过程存在的问题。

23）如图 1-122 所示，把 J3 轴减速器输出轴孔与大臂的连接法兰的轴孔对齐，压入 M10 螺钉，预紧，然后用扭力扳手按十字交叉或者对角方式拧紧螺钉。在此完成 J3-J4 轴电动机座初步的装配工作。注意：①由于电动机座较重，建议两个人同时协作共同完成 J3-J4 轴电动机座的装配；②严禁损坏密封圈。

24）把手腕轴承（61812）压入手腕体轴承孔中。注意：压入轴承时，装外圈严禁强力敲打内圈；装内圈轴承严禁强力敲打轴承外圈。

25）在 J5 轴减速器组合中，均匀涂抹密封胶。注意：不要把密封胶涂抹到波发生器的孔中，以防掉入减速器内部，容易损坏减速器。

26）如图 1-123 所示，手腕套入小臂中，然后把 J5 轴减速器组合安装到小臂中，可以先预先拧入 3 个 J5 轴减速器组合输出法兰螺钉（不拧紧）；再把 J5 轴轴承座安装到小臂上，拧入 3 个螺钉，完成初步安装。

图 1-122　J3-J4 轴装配

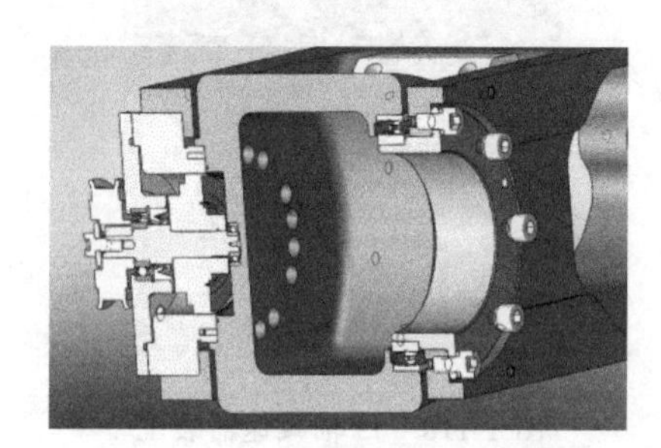

图 1-123　手腕安装示意图

27）如图 1-124 和图 1-125 所示，通过扭力扳手按对角方式拧紧 J5 轴减速器组合输入法兰端螺钉 M3 与减速器输入法兰螺钉 M3。

28）如图 1-126 所示，预紧轴承套螺钉 M5，用扭力扳手按对角方式拧紧螺钉，轻轻扳

图 1-124　J5 轴减速器装配

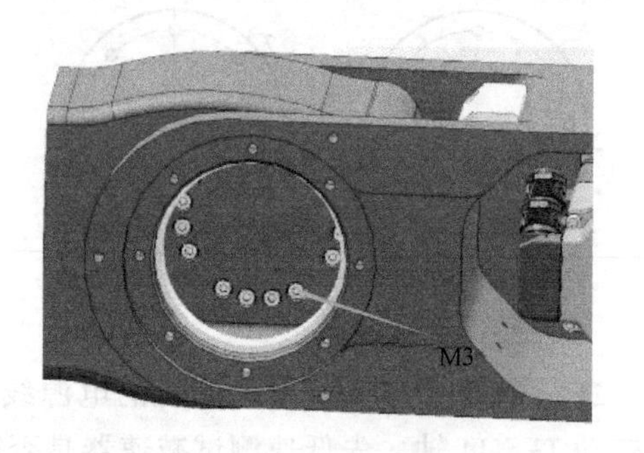

图 1-125　手腕体拧紧

动手腕体连接体，听减速器是否带有杂音。若有明显的声音，请立即暂停减速器，检查装配过程存在的问题。

29）如图 1-127 所示，把 J5 轴电动机板放到使 J5 轴电动机组合恰好能放入小臂的安装孔内，背面用螺钉 M4 预紧 J5 轴电动机板，在两带轮间安装传动带。

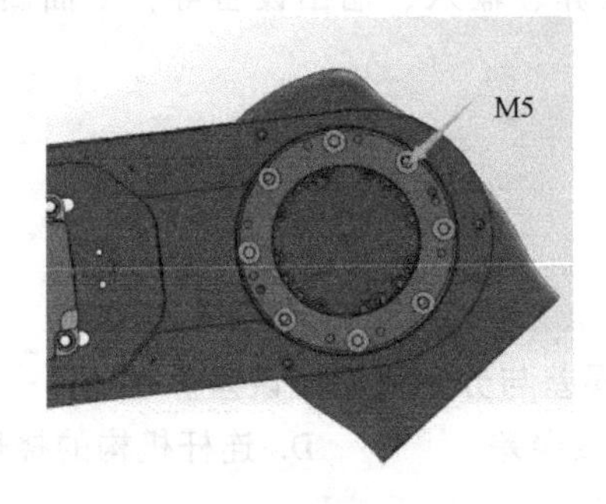

图 1-126　手腕支承套装配

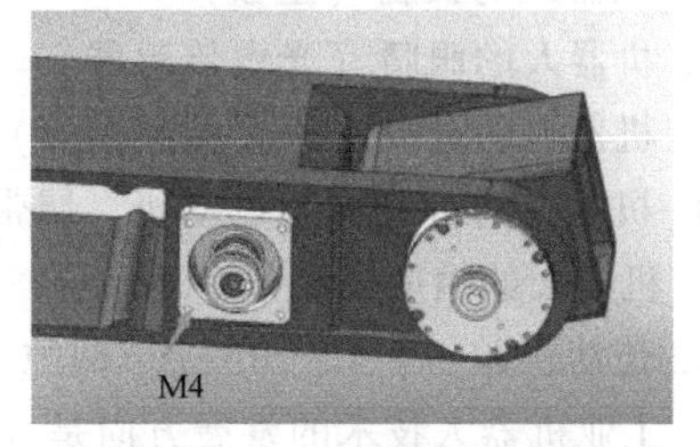

图 1-127　J5 轴电动机安装

30）如图 1-128 所示，取 J6 轴电动机组合安装在手腕体中，拧入螺钉 M6 且预紧，按对角方式用扭力扳手锁紧。

31）如图 1-129 所示，将 J5-J6 轴装配体平放在装配桌 B 上，随后把 J4 轴减速器内套固定在 J5-J6 轴装配体上。在装配桌 B 上完成 J5-J6 轴单体的装配任务。

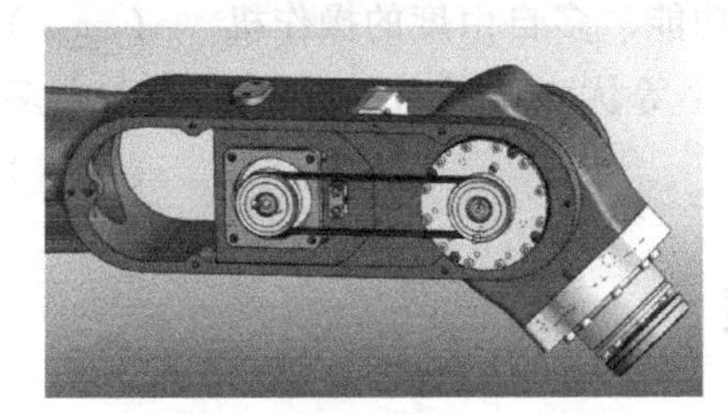

图 1-128　J6 轴电动机组合安装

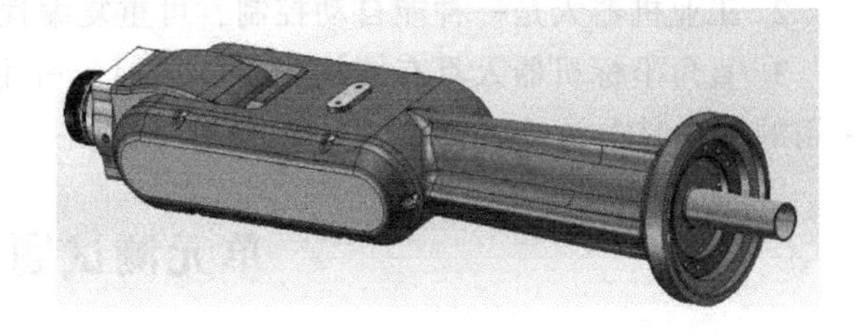

图 1-129　J4 轴减速器内套装配

32）如图 1-130 所示，把 J4 轴减速器外套套在 J4 轴减速器上，随后把装配好的 J5-J6 轴装配体安装在 J4 轴减速器轴孔中、预紧螺钉 M5，用扭力扳手按对角方式拧紧，完成 J5-J6 轴装配体安装到整机上的工作任务。

33）把 J5、J6 轴伺服电动机的电源线和编码器线分别接通，打开电源，通过示教器分别转动 J5、J6 轴，先低速测试减速器是否能够转动。

34）通过听诊器检查减速器的声音是否带有“咔咔”的声音，若有明显的声音，请立即暂停减速器转动，关掉电源，检查装配过程存在的问题。

35）整体移动机器人，看机器人运动是否流畅或有噪声，若有问题请立即暂停机器人运动，关掉电源，检查装配过程存在的问题。

图 1-130　J5-J6 轴装配体装配

单元测试题

一、单项选择题（下列每题的选项中，只有1个是正确的，请将其代号填在括号内）

1. 机器人实际上是一种特殊的计算机，也具有运算、输入、输出设备等，下面属于机器人输出设备的是（　　）。

A. 机器人的大脑（主板）

B. 机器人的眼睛（光敏传感器）

C. 机器人的耳朵（声音传感器等）

D. 机器人的脚（驱动电动机、履带、轮子等）

2. 机器人的精度主要依存于（　　）、控制算法误差与分辨率系统误差。

A. 传动误差　　B. 关节间隙　　C. 机械误差　　D. 连杆机构的挠性

3. 工业机器人技术的发展方向是（　　）。

①智能化　②自动化　③系统化　④模块化　⑤拟人化

A. ①②③④　　B. ①②③⑤　　C. ①③④　　D. ②③④

二、判断题（下列判断正确的请打“√”，错误的打“×”）

1. 按机器人结构坐标系特点方式分类，可分为直角坐标型机器人、圆柱坐标型机器人、极坐标型机器人（球面坐标型）、关节坐标型机器人、SCARA型水平关节机器人。（　　）

2. 工业机器人是一种能自动控制，可重复编程，多功能、多自由度的操作机。（　　）

3. 直角坐标机器人具有结构紧凑、灵活、占用空间小等优点，是目前工业机器人大多采用的结构形式。（　　）

单元测试题答案

一、单项选择题

1. D　2. C　3. B

二、判断题

1. √　2. √　3. √

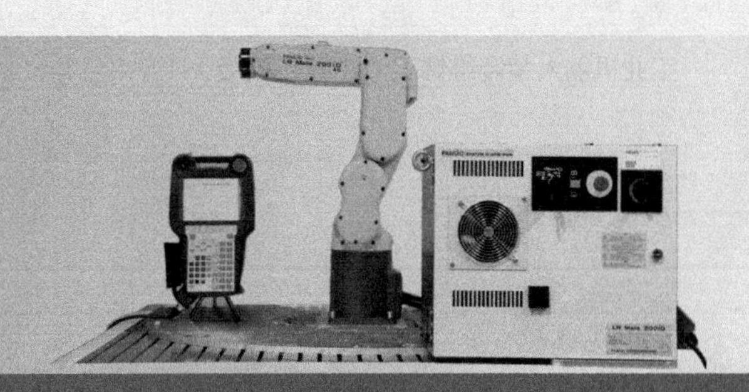

第二单元

工业机器人电气装配

第一节 工业机器人电气装配准备

培训目标

中级：

➔ 能够识别电线、电缆及电控柜中的电气元器件并确认规格。

➔ 能够依据电气装配图及指导文件，准备需要的电气元器件、导线及电缆线。

➔ 掌握工业机器人常用电气元器件的工作原理。

高级：

➔ 能够对电气系统各功能模块存在的安全隐患进行排查。

➔ 掌握工业机器人核心电气元器件的工作原理。

一、工业机器人常用电气元器件

1. 低压断路器

低压断路器具有控制电器和保护电器的复合功能，可用于设备主电路及分支电路的通断控制。当电路发生短路、过载或欠电压等故障时能自动分断电路。在正常情况下也可用作不频繁地直接接通和断开电动机控制电路。

低压断路器的种类繁多，按其用途和结构特点分为DW型框架式（或称万能式）断路器、DZ型塑料外壳式（或称装置式）断路器、DS型直流快速断路器和DWX型/DWZ型限流式断路器等。

框架式断路器的规格、体积都比较大，主要用作配电线路的保护开关，而塑料外壳式断路器相对要小，除用作配电线路的保护开关外，还可用作电动机、照明电路及电热电路的控制，因此机电设备主要使用塑料外壳式断路器。下面以塑料外壳式断路器（图2-1）为例，简要介绍其结构、工作原理、使用与选用方法。

（1）低压断路器的结构与工作原理　低压断路器主要由三个基本部分组成，即触头、灭弧系统和各种脱扣器。脱扣器又包括过电流脱扣器、欠电压脱扣器、热脱扣器、分励脱扣

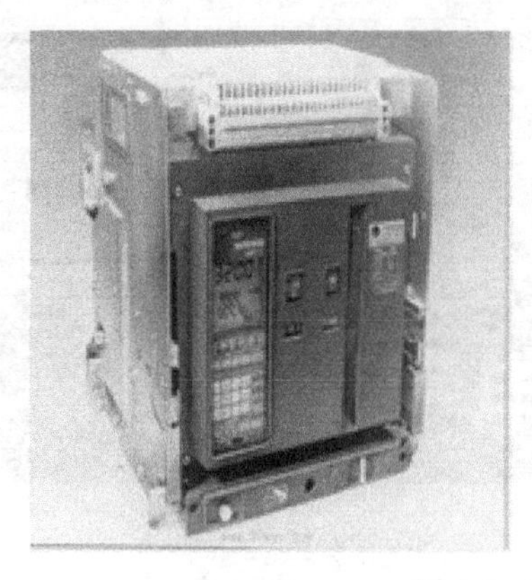

图 2-1　塑料外壳式断路器

器和自由脱扣器。图 2-2 所示为断路器工作原理示意图及图形符号。

低压断路器合闸或分断操作是靠操作机构手动或电动进行的，合闸后自由脱扣机构将触头锁在合闸位置上，使触头闭合。当电路发生故障时，通过各自的脱扣器使自由脱扣机构动作，以实现起保护作用的自动分断。

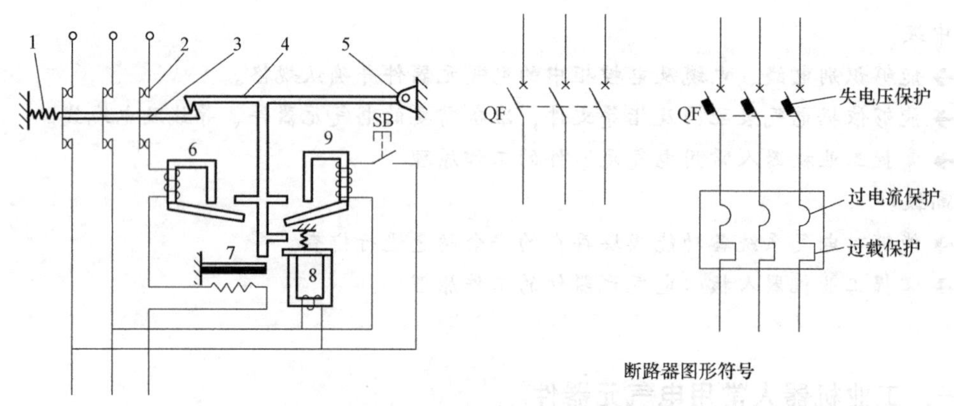

图 2-2　断路器工作原理示意图及图形符号

1—分闸弹簧　2—主触头　3—传动杆　4—锁扣　5—轴　6—过电流脱扣器

7—热脱扣器　8—欠电压脱扣器　9—分励脱扣器

过电流脱扣器、欠电压脱扣器和热脱扣器实质都是电磁铁。在正常情况下，过电流脱扣器的衔铁是释放着的，电路一旦发生严重过载或短路故障时，与主电路相串联的线圈将产生较强的电磁吸力吸引衔铁，从而推动杠杆顶开锁钩，使主触点断开。失电压脱扣器的工作情况恰恰相反，在电压正常时，吸住衔铁才不影响主触点的闭合，一旦电压严重下降或断电时，电磁吸力不足或消失，衔铁被释放而推动杠杆，使主触点断开。热脱扣器是在电路发生轻微过载时，过载电流不立即使脱扣器动作，但能使热元件产生一定的热量，促使双金属片受热向上弯曲，当持续过载时双金属片推动杠杆使搭钩与锁钩脱开，将主触点分开。

注意：低压断路器由于过载而分断后，应等待 2～3min，待热脱扣器复位后才能重新操作接通。

分励脱扣器可作为远距离控制断路器分断之用。

低压断路器因其脱扣器的组装不同，其保护方式、保护作用也不同。一般在图形符号中标注其保护方式。图 2-2 所示的断路器图形符号中标注了失电压、过载、过电流三种保护方式。

(2) 低压断路器的型号含义和主要技术参数

1) 低压断路器的型号含义，如图 2-3 所示。

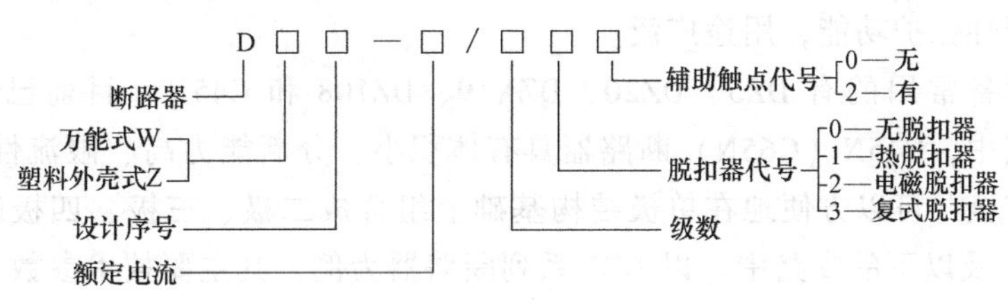

图 2-3　低压断路器的型号含义

2) 主要技术参数。

① 额定电压。

a. 额定工作电压。低压断路器的额定工作电压是指与分断能力及使用类别相关的电压值。对于多相电路是指相间的电压值。

b. 额定绝缘电压。低压断路器的额定绝缘电压是指设计断路器的电压值，电气间隙和爬电距离应参照这些值而定。除非型号产品技术文件另有规定，额定绝缘电压是断路器的最大额定工作电压。在任何情况下，最大额定工作电压不超过额定绝缘电压。

② 额定电流。

a. 低压断路器壳架等级额定电流。用尺寸和结构相同的框架或塑料外壳中能装入的最大脱扣器额定电流表示。

b. 断路器额定电流。断路器额定电流就是额定持续电流，也就是脱扣器能长期通过的电流。对带可调式脱扣器的断路器指可长期通过的最大电流。

(3) 低压断路器的保护特性　低压断路器的保护特性主要是指断路器过载和过电流保护特性，即断路器动作时间与过载和过电流脱扣器的动作电流关系。

如图 2-4 所示，低压断路器的保护特性中 *ab* 段为过载保护曲线，具有反时限。

df 段为瞬时动作曲线，当故障电流超过 *d* 点对应电流时，过电流脱扣器便瞬时动作。

bce 段为定时限延时动作曲线，当故障电流超过 *c* 点对应电流时，过电流脱扣器经短时延时后动作，延时长短由 *c* 点与 *d* 点对应的时间差决定。

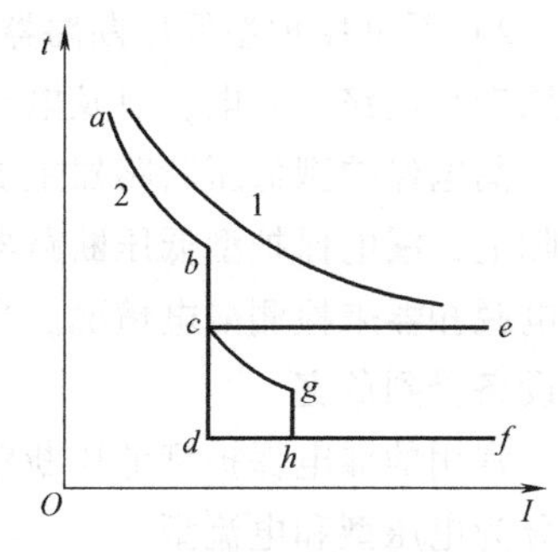

图 2-4　低压断路器的保护特性

1—被保护对象的允许发热特性

2—低压断路器保护特性

t—时间　*I*—电流

根据需要，断路器的保护特性可以是两段式，如 *abdf* 曲线，既有过载延时，又有短路瞬时保护；而 *abce* 曲线保护则为过载长延时和短路短延时保护。

另外还可有三段式的保护特性，如 *abcghf* 曲线，既有过载长延时、短路短延时，又有特大短路的瞬时保护。

为达到良好的保护作用，断路器的保护特性应与被保护对象的允许发热特性有合理的配合，即断路器保护特性 2 位于被保护对象的允许发热特性 1 的下方，并以此来合理选择断路器的保护特性。

（4）低压断路器典型产品

1）塑料外壳式断路器。塑料外壳式断路器的外壳是绝缘的，内装触点系统、灭弧室及脱扣器等，可手动或电动（对大容量断路器而言）操作；有较高的分断能力和动稳定性，有较完善的选择性保护功能，用途广泛。

目前机电设备常用的有 DZ5、DZ20、DZX19、DZ108 和 C45N（目前已升级为 C65N）等系列产品。其中，C45N（C65N）断路器具有体积小、分断能力高、限流性能好、操作轻便、型号规格齐全、可以方便地在单极结构基础上组合成二极、三极、四极断路器的优点，广泛使用在 60A 及以下的支路中。以 DZ5 系列断路器为例，其主要技术参数见表 2-1。

表 2-1　DZ5 系列低压断路器主要技术参数

<table>
<tr><th>型号</th><th>额定电压
/V</th><th>额定电流
/A</th><th>极数</th><th>脱扣器类别</th><th>热脱扣器额定电流
/A</th><th>电磁脱扣器瞬时
动作电流整定值/A</th></tr>
<tr><td>DZ5-20/200</td><td rowspan="4">交流
380</td><td rowspan="8">20</td><td>2</td><td rowspan="2">无脱扣器</td><td rowspan="2">—</td><td rowspan="2">—</td></tr>
<tr><td>DZ5-20/300</td><td>3</td></tr>
<tr><td>DZ5-20/210</td><td>2</td><td rowspan="2">热脱扣器</td><td rowspan="2">0.15(0.10~0.15)
0.20(0.15~0.20)</td><td rowspan="2">为热脱扣器额定
电流的 8~12 倍
（出厂时整定为 10 倍）</td></tr>
<tr><td>DZ5-20/310</td><td>3</td></tr>
<tr><td>DZ5-20/220</td><td rowspan="4">直流
220</td><td>2</td><td rowspan="2">电磁脱扣器</td><td rowspan="4">0.30(0.20~0.30)
0.45(0.30~0.45)
1(0.65~1)
1.5(1~1.5)
3(2~3)
4.5(3~4.5)
10(6.5~10)
15(10~15)</td><td rowspan="4">为热脱扣器额定
电流的 8~12 倍
（出厂时整定为 10 倍）</td></tr>
<tr><td>DZ5-20/320</td><td>3</td></tr>
<tr><td>DZ5-20/230</td><td>2</td><td rowspan="2">复式脱扣器</td></tr>
<tr><td>DZ5-20/330</td><td>3</td></tr>
</table>

2）漏电保护型低压断路器。漏电保护型低压断路器又称为漏电保护自动开关，常用作低压交流电路中配电，以及电动机过载、短路、漏电保护。

漏电保护型低压断路器主要由三部分组成：自动开关、零序电流互感器和漏电脱扣器。实际上，漏电保护型低压断路器就是在一般的低压断路器的基础上增加了零序电流互感器和漏电脱扣器来检测漏电情况。当有人身触电或设备漏电时能够迅速切断故障电路，避免人身和设备受到危害。

常用的漏电保护型低压断路器有电磁式和电子式两大类。电磁式漏电保护型低压断路器又分为电压型和电流型。

电流型的漏电保护型低压断路器比电压型的性能优越，因此目前使用的大多数漏电保护型低压断路器为电流型。

3）智能型低压断路器。智能型低压断路器的特征是采用了以微处理器或单片机为核心的智能控制器（智能脱扣器），它不仅具备普通断路器的各种保护功能，同时还具备实时显示电路中的各种电气参数（电流、电压、功率、功率因数等），对电路进行在线监视、自行调节、测量、试验、自诊断、通信等功能，能够对各种保护功能的动作参数进行显示、设定和修改，保护电路动作时的故障参数能够存储在非易失存储器中以便查询。国内 DW45、DW40、DW914（AH）、DW18（AE-S）、DW48、DW19（3WE）、DW17（ME）等智能化框架断路器和智能化塑壳断路器，都配有 ST 系列智能控制器及配套附件，它采用积木式配套方案，可直接安装于断路器本体中，无须重复二次接线，并可按多种方案任意组合。

2. 接触器

接触器是机电设备电气控制中重要的电器，可以频繁地接通或分断交直流电路，并可实现远距离控制。其主要控制对象是电动机，也可用于其他负载。接触器不仅能实现远距离自动操作及欠电压和失电压保护功能，而且具有控制容量大、过载能力强、工作可靠、操作频率高、使用寿命长、设备简单经济等特点，因此它是在电气控制线路中使用最广泛的电器元件。

接触器按其分断电流的种类可分为直流接触器和交流接触器；按其主触点的极数可分单极、双极、三极、四极、五极几种，单极、双极多为直流接触器。目前使用较多的是交流接触器，其外形如图 2-5 所示。

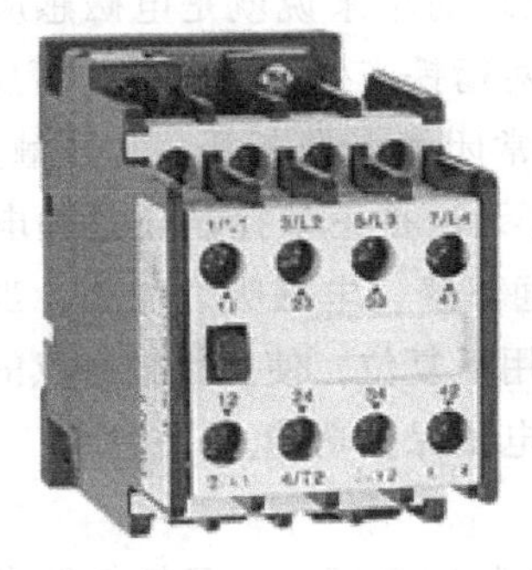

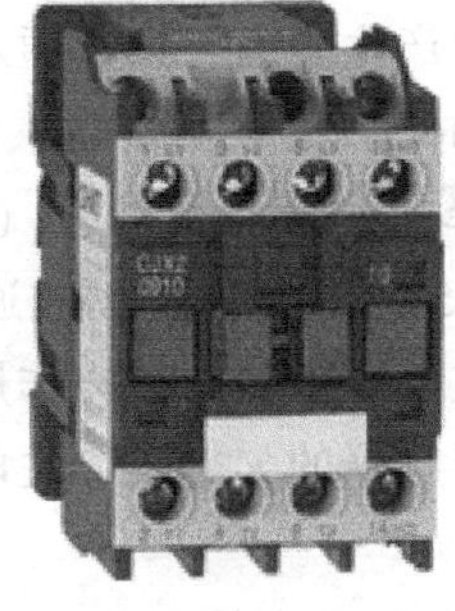

图 2-5 交流接触器的外形

（1）交流接触器的结构 交流接触器主要由电磁机构、触点系统、灭弧装置和其他辅助部件四大部分组成。CJ20 系列交流接触器结构示意图如图 2-6 所示。接触器的图形、文字符号如图 2-7 所示。

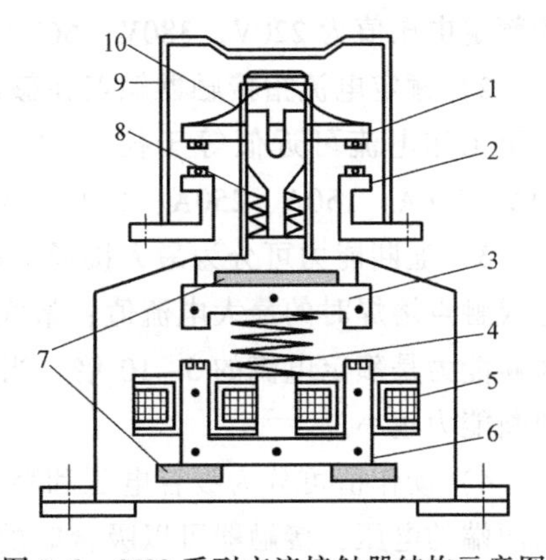

图 2-6 CJ20 系列交流接触器结构示意图

1—动触点 2—静触点 3—衔铁 4—弹簧
5—线圈 6—铁心 7—垫毡 8—触点弹簧
9—灭弧罩 10—触点压力弹簧

1）电磁机构用来操作触头闭合与分断。它包括静铁心、吸引线圈、动铁心（衔铁）。铁心用硅钢片叠成，以减少铁心中的铁损耗，在铁心端部极面上装有短路环，其作用是消除交流电磁铁在吸合时产生的振动和噪声。

2）触点系统起着接通和分断电路的作用。它包括主触点和辅助触点。主触点用于接通或断开主电路或大电流电路，主触点容量较大，一般为三极。辅助触点用于通断小电流的控制电路，起控制其他元件接通或断开及电气联锁作用，辅助触点容量较小。辅助触点结构上通常常开和常闭是成对的。当线圈得电后，衔铁在电磁吸力的作用下吸向铁心，同时带动动触点移动，使其与常闭触点的静触点分开，与常开触点的静触点接触，实现常闭触点断开，常开触点闭合。辅助触点不能用来断开主电路。主、辅触点一般采用桥式双断点结构。

3）灭弧装置起着熄灭电弧的作用。对于大容量的接触器，常采用窄缝灭弧及栅片灭弧，对于小容量的接触器，采用电动力吹弧、灭弧罩等。

4）其他辅助部件主要包括恢复弹簧、缓冲弹簧、触点压力弹簧、传动机构及外壳等。

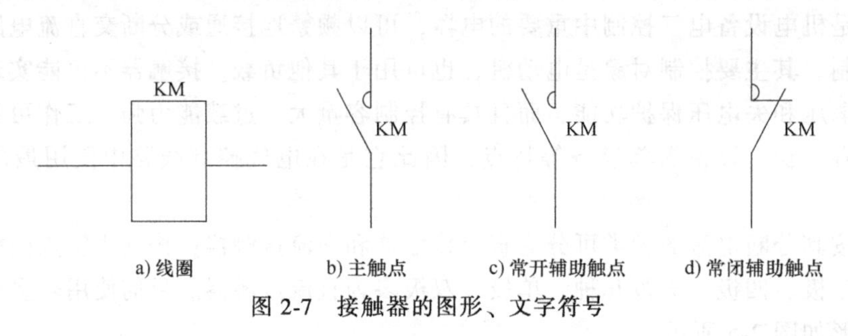

图 2-7　接触器的图形、文字符号

（2）交流接触器的工作原理　交流接触器的工作原理简单来说就是电磁感应原理。当吸引线圈通电后，线圈电流在铁心中产生磁通，该磁通对衔铁产生克服复位弹簧反力的电磁吸力，动铁心被吸合从而带动触点动作。触点动作时，常闭触点先断开，常开触点后闭合。当吸引线圈断电或线圈中的电压值降低到某一数值时（无论是正常控制还是欠电压、失电压故障，一般降至线圈额定电压的 85%），铁心中的磁通下降，电磁吸力减小，当减小到不足以克服复位弹簧的反力时，衔铁在复位弹簧的反力作用下复位，使主、辅触点的常开触点断开，常闭触点恢复闭合。这就是接触器的欠电压、失电压保护功能。

（3）接触器的主要技术参数

1）额定电压指主触点额定工作电压，应等于负载的额定电压。一只接触器常规定几个额定电压，同时列出相应的额定电流或控制功率。通常，最大工作电压即为额定电压。常用的额定电压值为 220V、380V、660V 等。

2）额定电流指接触器触点在额定工作条件下的电流值。380V 三相电动机控制电路中，额定工作电流可近似等于控制功率的两倍。常用额定电流等级为 5A、10A、20A、40A、60A、100A、150A、250A、400A、600A。

3）通断能力可分为最大接通电流和最大分断电流。最大接通电流是指触点闭合时不会造成触点熔焊时的最大电流值；最大分断电流是指触点断开时能可靠灭弧的最大电流。一般通断能力是额定电流的 5~10 倍。当然，这一数值与开断电路的电压等级有关，电压越高，通断能力越小。

4）动作值可分为吸合电压和释放电压。吸合电压是指接触器吸合前，缓慢增加吸合线圈两端的电压，接触器可以吸合时的最小电压。释放电压是指接触器吸合后，缓慢降低吸合线圈的电压，接触器释放时的最大电压。一般规定，吸合电压不低于线圈额定电压的 85%，释放电压不高于线圈额定电压的 70%。

5）吸引线圈额定电压指接触器正常工作时，吸引线圈上所加的电压值。一般该电压数值以及线圈的匝数、线径等数据均标于线包上，而不是标于接触器外壳铭牌上，使用时应加以注意。

6）操作频率。接触器在吸合瞬间，吸引线圈需消耗比额定电流大 5~7 倍的电流，如果操作频率过高，则会使线圈严重发热，直接影响接触器的正常使用。为此，规定了接触器的允许操作频率，一般为每小时允许操作次数的最大值。

7）寿命包括电气寿命和机械寿命。目前接触器的机械寿命已达1000万次以上，电气寿命是机械寿命的5%~20%。

另外，接触器还有使用类别的问题。这是由于接触器用于不同负载时，对主触点的接通和分断能力的要求不一样，而不同类别接触器是根据其不同控制对象（负载）的控制方式所规定的。根据低压电器基本标准的规定，接触器的使用类别比较多，其中，在电力拖动控制系统中，接触器常见的使用类别及其典型用途见表2-2。

表2-2　接触器常见的使用类别及其典型用途

电流种类	使用类别代号	典型用途
AC	AC-1	无感或微感负载、电阻炉
	AC-2	绕线转子异步电动机的起动和中断
	AC-3	笼型电动机的起动和中断
	AC-4	笼型异步电动机的起动、反接制动、反向和点动
DC	DC-1	无感或微感负载、电阻炉
	DC-3	电动机的起动、反接制动、反向和点动
	DC-5	串励电动机的起动、反接制动、反向和点动

接触器的使用类别代号通常标注在产品的铭牌或工作手册中。表2-2中要求接触器主触点达到的接通和分断能力为：AC-1和DC-1类允许接通和分断额定电流；AC-2、DC-3和DC-5类允许接通和分断4倍的额定电流；AC-3类允许接通6倍的额定电流和分断额定电流；AC-4类允许接通和分断6倍的额定电流。

（4）常用接触器　我国生产的交流接触器常用的有CJ10、CJ12、CJX1、CJ20等系列及其派生系列产品，CJ10系列及其改型产品已逐步被CJ20、CJX系列产品取代。上述系列产品一般具有三对常开主触点，常开、常闭辅助触点各两对。直流接触器常用的有CZ0系列，分单极和双极两大类，常开、常闭辅助触点各不超过两对。常用的直流接触器有CZ18、CZ21、CZ22、CZ10和CZ2等系列。

除以上常用系列外，我国近年来还引进了一些生产线，生产了一些满足IEC标准的交流接触器，如CJ12B-S系列锁扣接触器，用于交流50Hz、电压380V及以下、电流600A及以下的配电电路中，供远距离接通和分断电路用，并适宜于不频繁地起动和停止交流电动机。它具有正常工作时吸引线圈不通电、无噪声等特点。其锁扣机构位于电磁系统的下方。锁扣机构靠吸引线圈通电，吸引线圈断电后靠锁扣机构保持在锁住位置。由于线圈不通电，不仅无电力损耗，而且消除了磁噪声。

由德国引进的西门子公司的3TB系列、BBC公司的B系列交流接触器等主要供远距离接通和分断电路，并适用于频繁地起动及控制交流电动机。3TB系列产品具有结构紧凑、机械寿命和电气寿命长、安装方便、可靠性高等特点。其额定电压为220~660V，额定电流为9~630A。

3. 继电器

继电器是一种控制器件，通常应用于自动控制电路中，它实际上是用较小的电信号去控制较大电压（电流）的一种“自动开关”。故在电路中起着自动调节、信号放大、安全保护、转换电路等作用。继电器的种类较多，如电磁式继电器、舌簧式继电器、启动继电器、限时继电器、直流继电器、交流继电器等。但应用于数控机床电路的主要是电磁式继电器。

（1）电磁式继电器 电磁式继电器一般由铁心、线圈、衔铁、触点簧片等组成，如图 2-8 所示。只要在线圈两端加上一定的电压，线圈中就会流过一定的电流，从而产生电磁效应，衔铁就会在电磁力吸引的作用下克服返回弹簧的拉力吸向铁心，从而带动衔铁的动触点与静触点（常开触点）吸合。当线圈断电后，电磁的吸力也随之消失，衔铁就会在弹簧的反作用力下返回原来的位置，使动触点与原来的静触点（常闭触点）吸合。这样吸合、释放，从而达到了在电路中的导通、切断的目的。

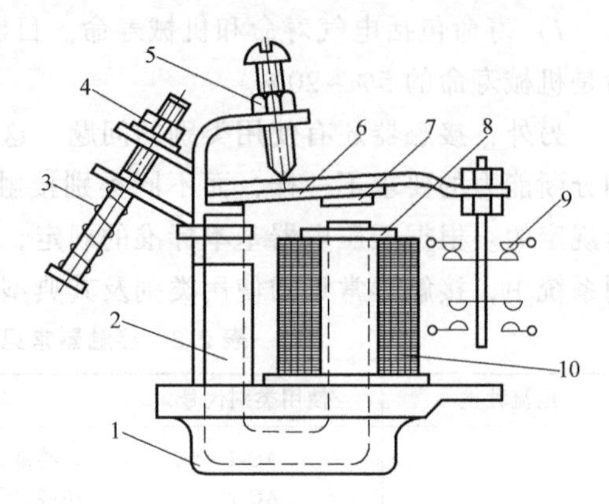

图 2-8 电磁式继电器的典型结构

1—底座 2—铁心 3—释放弹簧 4、5—调节螺母 6—衔铁 7—非磁性垫片 8—极靴 9—触头系统 10—线圈

继电器“常开、常闭”触点的区分方式：继电器线圈未通电时处于断开状态的静触点称为“常开触点”；处于接通状态的静触点称为“常闭触点”。

电磁式继电器有直流和交流之分，其结构和工作原理与接触器基本相同，但触头的通断电流值比接触器小，没有灭弧装置。

（2）中间继电器 中间继电器是最常用的继电器之一。中间继电器实质上是一种电压继电器，它的结构和接触器基本相同。中间继电器的特点是触头数量较多，在电路中起增加触头数量和中间放大作用。中间继电器体积小，动作灵敏度高，一般不用于直接控制电路的负荷。另外，在控制电路中还有调节各继电器、开关之间的动作时间，防止电路误动作的作用。中间继电器的文字、图形符号如图 2-9 所示。

（3）电磁式继电器

1）电磁式继电器的特性。继电器的主要特性是输入-输出特性，又称为继电特性。继电特性曲线如图 2-10 所示。当继电器输入量 X 由零增至 X_0 以前，继电器输出量 Y 为零。当输入量 X 增加到 X_0 时，继电器吸合，输出量为 1；若 X 继续增大，Y 保持不变。当 X 减小到 X_1 时，继电器释放，输出量由 1 变为零，若 X 继续减小，Y 值均为零。

图 2-10 中，X_0 称为继电器吸合值，欲使继电器吸合，输入量必须等于或大于 X_0；X_1 称为继电器释放值，欲使继电器释放，输入量必须等于或小于 X_1。

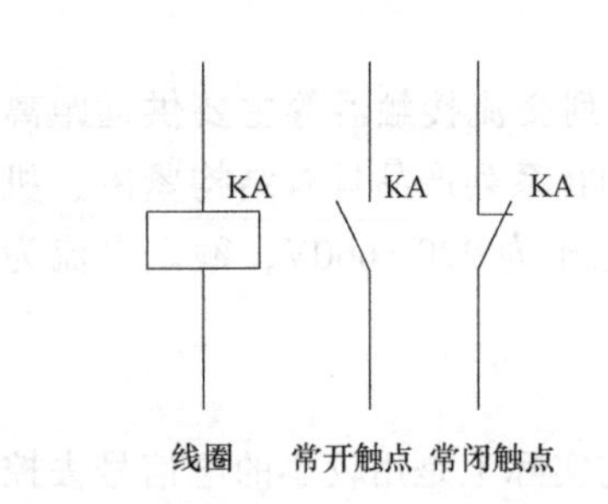

图 2-9 中间继电器的文字、图形符号

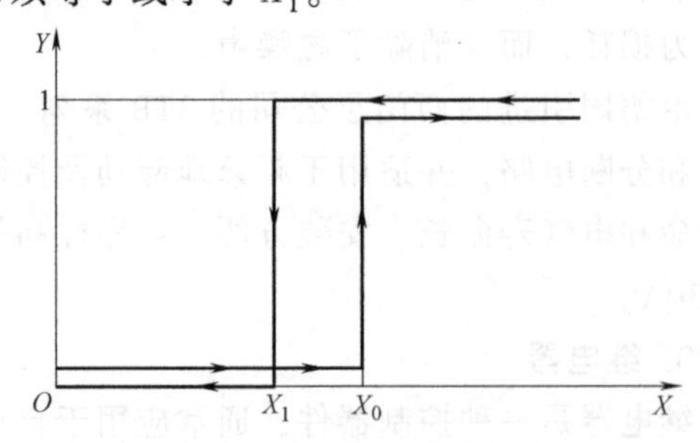

图 2-10 继电特性曲线

$K=X_1/X_0$，称为继电器的返回系数，它是继电器的重要参数之一。K值是可以调节的，不同场合对K值的要求不同。例如一般控制继电器要求K值低些，在0.1~0.4之间，这样继电器吸合后，输入量波动较大时不致引起误动作。保护继电器要求K值高些，一般在0.85~0.9之间。K值是反映吸力特性与反力特性配合紧密程度的一个参数，一般K值越大，继电器灵敏度越高，K值越小，灵敏度越低。

2）电磁式继电器的主要参数。

① 额定参数是指继电器的线圈和触头在正常工作时允许的电压或电流值。

② 动作参数即继电器的吸合值和释放值。对电压继电器为吸和电压U_0和释放电压U_r；对电流继电器为吸合电流和释放电流。

③ 整定值是指根据要求对继电器的动作参数进行人工调整的值。

④ 返回系数是指继电器的释放值与吸合值的比值，用K表示。不同的应用场合要求继电器的返回系数不同。

⑤ 动作时间有吸合时间和释放时间两种。吸合时间是指线圈从接受电信号到衔铁完全吸合所需的时间；释放时间是指从线圈断电到衔铁完全释放所需的时间。

3）电磁式继电器的整定方法。继电器的动作参数可以根据保护要求在一定范围内调整，现以图2-8所示的电磁式继电器为例说明。

① 转动调节螺母4，调整释放弹簧的松紧程度可以调整动作参数。弹簧反力越大动作值就越大，反之就越小。

② 改变非磁性垫片7的厚度。非磁性垫片越厚，衔铁吸合后磁路的气隙和磁阻就越大，释放值也就越大，反之越小，而吸引值不变。

③ 转动调节螺母5，可以改变初始气隙的大小。在反作用弹簧力和非磁性垫片厚度一定时，初始气隙越大，吸引值就越大，反之就越小，而释放值不变。

4. 熔断器

熔断器是一种低压电路和电动机控制电路中最常用的保护电器。它具有结构简单、使用方便、价格低廉、控制有效的特点。熔断器串联在电路中使用，当电路或用电设备发生短路或过载时，熔体能自身熔断，切断电路，阻止事故蔓延，因而能实现短路或过载保护，无论是在强电系统或弱电系统中都得到了广泛的应用。

熔断器按结构可分为开启式、半封闭式和封闭式三种。封闭式熔断器又可分为有填料管式、无填料管式及有填料螺旋式等。熔断器按用途可分为：一般工业用熔断器；保护硅元件用快速熔断器；具有两段保护特性、快慢动作熔断器；特殊用途熔断器，如直流牵引用熔断器、旋转励磁用熔断器以及有限流作用并熔而不断的自复式熔断器等。

（1）熔断器的作用原理及主要特性

1）熔断器的作用原理。熔断器主要由熔体和安装熔体的熔管（或熔座）组成。熔体一般由熔点较低、电阻率较高的合金或铅、锌、铜、银、锡等金属材料制成丝或片状。熔管由陶瓷、玻璃纤维等绝缘材料做成，在熔体熔断时还兼有灭弧作用。熔体串联在电路中，当电路的电流为正常值时，熔体由于温度低而不熔化。如果电路发生短路或过载时，电流大于熔体的正常发热电流，熔体温度急剧上升，超过熔体金属的熔点而熔断，分断故障电路，从而保护了电路和设备。熔断器断开电路的物理过程可分为以下四个阶段：熔体升温阶段、熔体熔化阶段、熔体金属汽化阶段以及电弧的产生与熄灭阶段。

2）熔断器的主要特性。

① 安秒特性。熔断器的安秒特性为反时限特性，即短路电流越大，熔断时间越短，这就能满足短路保护的要求。在特性中，有一个熔断电流与不熔断电流的分界线，与此相应的电流称为最小熔断电流。熔体在额定电流下，绝不应熔断，因此最小熔断电流必须大于额定电流。

② 极限分断能力。它通常是指在额定电压及一定的功率因数（或时间常数）下切断短路电流的极限能力，用极限断开电流值（周期分量的有效值）来表示。熔断器的极限分断能力必须大于线路中可能出现的最大短路电流值。

（2）熔断器的符号及型号所表示的意义　熔断器在电气原理图中的图形符号如图 2-11 所示。

熔断器的型号规格如图 2-12 所示，其中形式的表示如下：C 为瓷插式；L 为螺旋式；M 为无填料式；T 为有填料式；S 为快速式；Z 为自复式。如 RC1A-60 为瓷插式熔断器，额定电流为 60A，其中 1 为设计序号，A 表示结构改进代号。又如 RL1-60/50 为螺旋式熔断器，熔断器额定电流为 60A，所装熔体的额定电流为 50A。

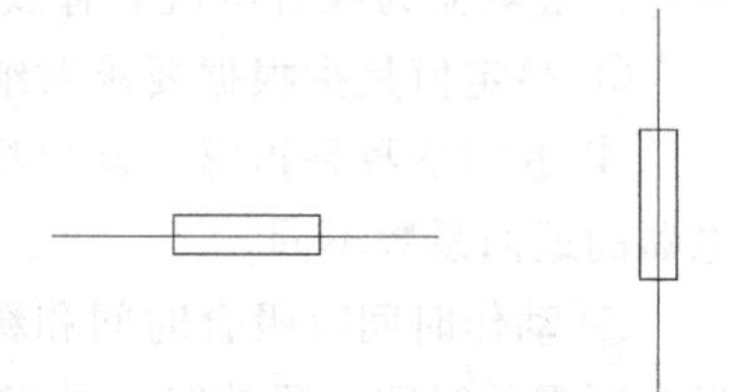

图 2-11　熔断器的图形符号

5. 变压器

变压器是利用电磁感应原理进行能量传输的一种电器设备。它能在保证输出功率不变的情况下，把一种幅值的交流电压变为另外一种幅值的交流电压。变压器的应用非常广泛，在电源系统中，它常用来变化电压的大小，以利于电信号的使用、传输与分配；在通信电路中，它常用来进行阻抗匹配以及隔离交流信号；在电力系统中，它常用于电能传输与电能分配。

（1）变压器的结构　对于不同型号的变压器，尽管它们的具体结构、外形、体积和重量上有很大的差异，但是它们的基本构成都是相同的，主要由铁心和线圈组成。图 2-13 所示为变压器结构示意图。

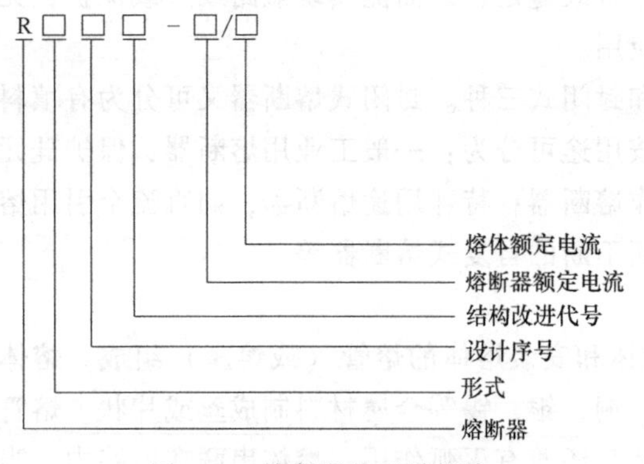

图 2-12　熔断器的型号规格

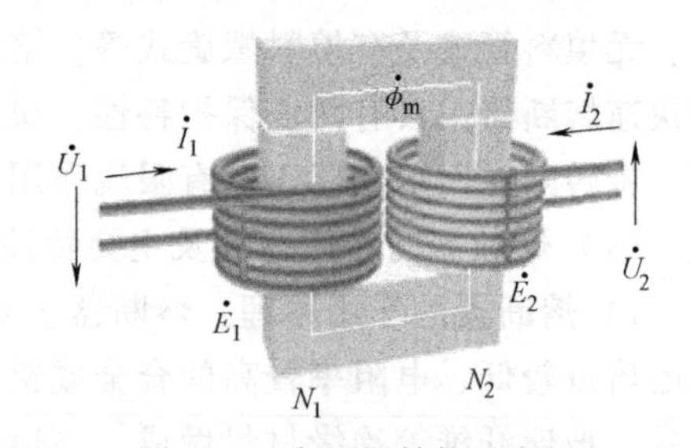

图 2-13　变压器结构示意图

1）铁心。铁心是变压器磁路的主体部分，是变压器线圈的支承骨架。铁心由铁心柱和铁轭两部分构成，线圈缠绕到铁心柱上，铁轭用于把铁心柱连接，构成闭合的磁场回路。为了减少铁心内交变磁通引起的磁滞损耗与涡流损耗，铁心通常由表面涂有漆膜、厚度为

0.35mm 或 0.5mm 的硅钢片冲压成一定形状后叠装而成，硅钢片直接保持绝缘状态。

2）线圈。线圈是变压器电路的主体部分，担任着输入输出电能的任务，一般由绝缘铜线绕制而成。通常把变压器与电源相接的一侧称为“一次侧”，相应的线圈称为一次绕组；与负载相连的一侧称为“二次侧”，相应的线圈称为二次绕组。

一次侧与二次侧线圈的匝数并不相同，匝数多的称为高压绕组，匝数低的称为低压绕组。

变压器最重要的组成部分是铁心和线圈，两者装配在一起构成变压器的器身。器身置于油箱中的被称为油浸式变压器，器身没有放到油箱中的称为干式变压器。

油浸式变压器中的油，既是冷却介质，又是绝缘介质，它通过油液的对流，对铁心和线圈进行散热。除冷却外它还保护线圈和铁心不被空气中的潮气侵蚀。这样的结构多用于大中型变压器。

（2）变压器的工作原理　当变压器一次侧施加交流电压 U_1，流过一次绕组的电流为 i_1，则该电流在铁心中会产生交变磁通，使一次绕组和二次绕组发生电磁联系，根据电磁感应原理，交变磁通穿过这两个绕组就会感应出电动势，一次绕组产生的感应电动势大小为 i_1N_1，二次绕组中将产生感应电流 i_2，感应电动势 i_2N_2，其大小与绕组匝数成正比，绕组匝数多的一侧电压高，绕组匝数少的一侧电压低。

当变压器二次侧开路，即变压器空载时，一、二次端电压与一、二次绕组匝数成正比，变压器起到变换电压的目的。

当变压器二次侧接入负载后，在电动势 E_2 的作用下，将有二次电流通过，该电流产生的电动势，也将作用在同一铁心上，起到反向去磁的作用，但因主磁通取决于电源电压，而 U_1 基本保持不变，故一次绕组电流必将自动增加一个分量产生磁动势 F_1，以抵消二次绕组电流所产生的磁动势 F_2，在一、二次绕组电流 i_1、i_2 的作用下，作用在铁心上的总磁动势（不计空载电流 I_0），$F_1+F_2=0$，由于 $F_1=i_1N_1$，$F_2=i_2N_2$，故 $i_1N_1+i_2N_2=0$，由于 i_1 和 i_2 同相，因此

$$i_1/i_2=N_2/N_1=1/K \tag{2-1}$$

由式（2-1）可知，一、二次电流比与一、二次电压比互为倒数，变压器一、二次绕组功率基本不变（因变压器自身损耗较其传输功率相对较小），二次绕组电流 i_2 的大小取决于负载的需要，因此一次绕组电流 i_1 的大小也取决于负载的需要，变压器起到了功率传递的作用。

结论 1：一、二次绕组的电压比等于其匝数比。只要改变一、二次绕组的匝数比，就能进行电压的变换。匝数多的绕组电压高。

结论 2：一、二次绕组的电流比等于其匝数比的倒数。匝数多的绕组电流小。

结论 3：变压器一次绕组的输入功率等于二次绕组的输出功率。

结论 4：流过变压器电流的大小取决于负载的需要。

（3）变压器的选择和使用

1）变压器的主要性能指标。

① 额定电压 U_{1N}、U_{2N}。额定电压 U_{1N} 是指根据变压器的绝缘强度和允许温升而规定的一次绕组上所加电压的有效值。额定电压 U_{2N} 是指一次绕组加额定电压 U_{1N} 时，二次绕组两端的电压有效值。

② 额定电流 I_{1N}、I_{2N}。根据变压器的允许温升而规定的变压器连续工作的一次、二次绕组最大允许工作电流。

③ 额定容量 S_N。二次绕组的额定电压与额定电流的乘积称为变压器的额定容量，也就是视在功率，常以千伏安（kV·A）作为其单位。

④ 额定频率 f_N。变压器一次侧所允许接入的电源频率。我国规定的额定频率是50Hz。

⑤ 温升。温升是变压器在额定状态下运行时，变压器内部温度允许超过周围环境温度的数值。

2）变压器的选用。

① 变压器额定电压的选择主要依据输电线路电压等级和用电设备的额定电压来确定。

② 变压器容量的选择是一个非常重要的问题。容量选小了，会造成变压器经常过载运行，缩短变压器的寿命，甚至影响工厂的正常供电。如果选得过大，变压器得不到充分的利用，效率与功率因数都过低。因此，变压器容量应该大于总的负载功率 P_{fz}，计算公式为 $P_{fz}=U_{2N}I_{2N}\cos\Phi$，通常功率因数 $\cos\Phi$ 大约为 0.8，因此，变压器容量大约应为供电设备总功率的 1.3 倍。

6. 开关电源

开关电源是利用现代电力电子技术，控制开关晶体管开通和关断的时间比率，维持稳定输出电压的一种电源。开关电源一般由脉冲宽度调制（PWM）控制芯片和金属-氧化物半导体场效晶体管（MOSFET）构成。随着电力电子技术的发展和创新，使得开关电源技术也在不断地创新。目前，开关电源以小型、轻量和高效率的特点被广泛应用于几乎所有的电子设备，是当今电子信息产业飞速发展不可缺少的一种电源方式。

开关电源产品广泛应用于工业自动化控制、军工设备、科研设备、发光二极管（LED）照明、工控设备、通信设备、电力设备、仪器仪表、医疗设备、半导体制冷制热、空气净化器、电冰箱、液晶显示器、视听产品、安防监控、计算机机箱、数码产品和仪器类等领域。

（1）开关电源的结构　开关电源大致由主电路、控制电路、检测电路、辅助电源四大部分组成。

1）主电路。

① 冲击电流限幅：限制接通电源瞬间输入侧的冲击电流。

② 输入滤波器：其作用是过滤电网存在的杂波及阻碍本机产生的杂波反馈回电网。

③ 整流与滤波：将电网交流电源直接整流为较平滑的直流电。

④ 逆变：将整流后的直流电变为高频交流电，这是高频开关电源的核心部分。

⑤ 输出整流与滤波：根据负载需要，提供稳定可靠的直流电源。

2）控制电路一方面从输出端取样，与设定值进行比较，然后去控制逆变器，改变其脉宽或脉频，使输出稳定；另一方面，根据测试电路提供的数据，经保护电路鉴别，提供控制电路对电源进行各种保护措施。

3）检测电路提供保护电路中正在运行电路的各种参数和各种仪表数据。

4）辅助电源实现电源的软件（远程）启动，为保护电路和控制电路（PWM 等芯片）工作供电。

（2）选择开关电源的注意事项

1）选用合适的输入电压。

2）选择合适的功率。为了延长电源的寿命，可选用多30%的额定输出功率。

3）考虑负载特性。如果负载是电动机、灯泡或电容性负载，当开机瞬间时电流较大，应选用合适电源以免过载。如果负载是电动机时还应考虑停机时电压倒灌。

4）考虑电源的工作环境温度，及有无额外的辅助散热设备，在过高的环境温度下电源需减额输出。

5）根据应用所需选择各项功能：

① 保护功能：过电压保护（OVP）、过负载保护（OLP）、过温度保护（OTP）等。

② 应用功能：信号功能（供电正常、供电失效）、遥测功能、遥控功能、并联功能等。

③ 特殊功能：功率因数矫正（PFC）、不断电电源（UPS）等。

6）选择所需符合的安全规定及电磁兼容（EMC）认证。

（3）使用开关电源的注意事项

1）使用开关电源前，先确定输入输出电压规格与所用电源的标称值是否相符。

2）通电之前，检查输入输出的引线是否连接正确，以免损坏用户设备。

3）检查安装是否牢固，安装螺钉与电源板器件有无接触，测量外壳与输入、输出的绝缘电阻，以免触电。

4）为保证使用的安全性和减少干扰，请确保接地端可靠接地。

5）多路输出的电源一般分主、辅输出，主输出特性优于辅输出，一般情况下输出电流大的为主输出。为保证输出负载调整率和输出动态等指标，一般要求每路至少带10%的负载。若用辅路不用主路，主路一定加适当的假负载。具体参见相应型号的规格书。

6）频繁开关电源将会影响其寿命。

7. 控制按钮

控制按钮简称按钮，是一种用来接通或分断小电流电路的低压手动电器，结构简单且应用广泛，属于控制电器。在低压控制系统中，手动发出控制信号，可远距离操作各种电磁开关，如继电器、接触器等，转换各种信号电路和电气联锁电路。

（1）工作原理　控制按钮的结构和图形符号如图2-14所示，它由按钮帽、动触头、静触头和复位弹簧等构成。按钮中的触头可根据实际需要配成一常开一常闭至六常开关常闭等不同的形式。将按钮帽按下时，下面一对原来断开的静触头被桥式动触头接通，以接通某一控制电路；而上面一对原来接通的静触头则被断开，以断开另一控制回路。按钮帽释放后，在复位弹簧的作用下，按钮触头自动复位的先后顺序相反。通常，在无特殊说明的情况下，有触头电器的触头动作顺序均为“先断后合”。

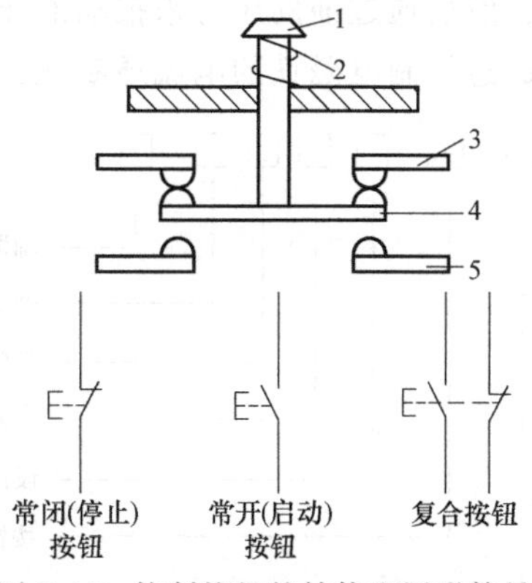

图2-14　控制按钮的结构和图形符号
1—按钮帽　2—复位弹簧　3—常闭静触头　4—动触头　5—常开静触头

在控制电路中，常开按钮常用来起动电动机，也称起动按钮；常闭按钮常用于控制电动机停车，也称停车按钮；复合按钮用于联锁控制电路中。

（2）种类　控制按钮的种类很多，在结构上有嵌压式、紧急式、钥匙式、旋钮式、带灯式等。为了标明各个按钮的作用，避免误操作，通常将按钮帽做成不同的颜色，以示区别。按钮帽的颜色有红、绿、黑、黄、蓝等，一般用红色表示停止按钮，绿色表示起动按钮。

（3）选择原则　控制按钮主要根据使用场合、被控电路所需要的触头数、触头形式及按钮的颜色等因素综合考虑来选用。使用前应检查按钮动作是否灵活，弹性是否正常，触头接触是否良好可靠。由于按钮触头间距较小，因此应注意触头间的漏电或短路情况。

1）根据使用场合，选择控制按钮的种类，如开启式、防水式、防腐式等。

2）根据用途，选用合适的形式，如钥匙式、紧急式、带灯式等。

3）按控制回路的需要，确定不同的按钮数，如单钮、双钮、三钮、多钮等。

4）按工作状态指示和工作情况的要求，选择按钮及指示灯的颜色。

（4）型号　通常控制按钮有单式、复式和三联式三种类型，主要产品有 LA18、LA19 和 LA20 系列。LA18 系列采用积木式结构，其触头数量可根据需要拼装，一般装成两个动合两个动断形式；还可按需要装成一动合一动断至六动合六动断形式。从控制按钮的结构形式来分类，可将其分为开启式、旋钮式、紧急式与钥匙式等形式。LA20 系列有带指示灯和不带指示灯两种。

控制按钮型号规格的含义如图 2-15 所示。

8. 电磁阀

电磁阀是用电磁控制的工业设备，是用来控制流体的自动化基础元件，属于执行器，并不限于液压、气动，用在工业控制系统中调整介质的方向、流量、速度和其他的参数。电磁阀可以配合不同的电路来实现预期的控制，而控制的精度和灵活性都能够保证。电磁阀有很多种，不同的电磁阀在控制系统的不同位置发挥作用，最常用的是单向阀、安全阀、方向控制阀、速度调节阀等。

（1）工作原理　电磁阀里有密闭的腔，在不同位置开有通孔，每个孔连接不同的油管，腔中间是活塞，两面是两块电磁铁，哪面的磁铁线圈通电阀体就会被吸引到哪边，通过控制阀体的移动来开启或关闭不同的排油孔，而进油孔是常开的，液压油就会进入不同的排油管，然后通过油的压力来推动液压缸的活塞，活塞又带动活塞杆，活塞杆带动机械装置。这样通过控制电磁铁的电流通断就控制了机械运动。电磁阀的工作原理如图 2-16 所示。

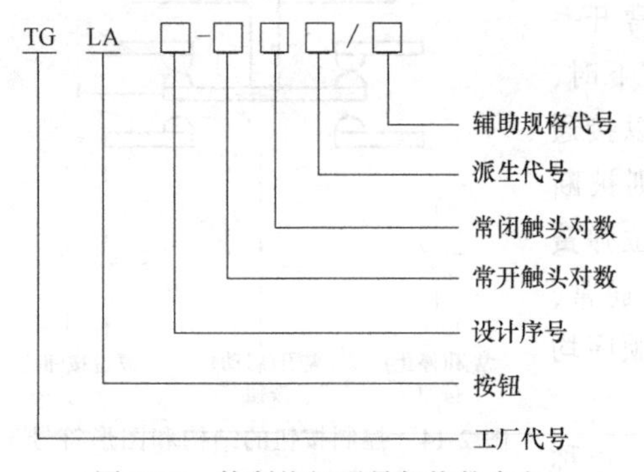

图 2-15　控制按钮型号规格的含义

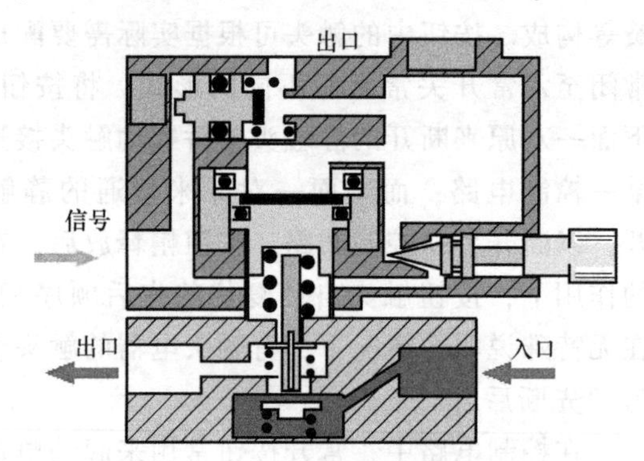

图 2-16　电磁阀的工作原理

（2）主要分类

1）电磁阀从原理上分为以下三大类：

① 直动式电磁阀。

a. 原理：通电时，电磁线圈产生电磁力把关闭件从阀座上提起，阀门打开；断电时，电磁力消失，弹簧把关闭件压在阀座上，阀门关闭。

b. 特点：在真空、负压、零压时能正常工作，但通径一般不超过25mm。

② 分步直动式电磁阀。

a. 原理：它采用直动式和先导式相结合的原理，当入口与出口没有压差时，通电后，电磁力直接把先导小阀和主阀关闭件依次向上提起，阀门打开。当入口与出口达到起动压差时，通电后，电磁力先打开先导小阀，主阀下腔压力上升，上腔压力下降，从而利用压差把主阀向上推开；断电时，先导阀利用弹簧力或介质压力推动关闭件，向下移动，使阀门关闭。

b. 特点：在零压差或真空、高压时也可动作，但功率较大，要求必须水平安装。

③ 先导式电磁阀。

a. 原理：通电时，电磁力把先导孔打开，上腔室压力迅速下降，在关闭件周围形成上低下高的压差，流体压力推动关闭件向上移动，阀门打开；断电时，弹簧力把先导孔关闭，入口压力通过旁通孔迅速在关闭件周围形成下低上高的压差，流体压力推动关闭件向下移动，关闭阀门。

b. 特点：流体压力范围上限较高，可任意安装（需定制）但必须满足流体压差条件。

2）电磁阀从阀结构和材料上的不同与原理上的区别，分为六个分支小类：直动膜片结构、分步直动膜片结构、先导膜片结构、直动活塞结构、分步直动活塞结构、先导活塞结构。

3）电磁阀按照功能分类，可分为水用电磁阀、蒸汽电磁阀、制冷电磁阀、低温电磁阀、燃气电磁阀、消防电磁阀、氨用电磁阀、气体电磁阀、液体电磁阀、微型电磁阀、脉冲电磁阀、液压电磁阀、常开电磁阀、油用电磁阀、直流电磁阀、高压电磁阀、防爆电磁阀等。

（3）常见类型　电磁阀的常见类型有二位二通通用型阀、热水/蒸汽阀、二位三通阀、二位四通阀、二位五通阀、本安型防爆电磁阀、低功耗电磁阀、手动复位电磁阀和精密微型阀等。常见电磁阀的外形如图2-17所示。

图2-17　常见电磁阀的外形

（4）主要特点

1）外漏杜绝，内漏易控，使用安全。内外泄漏是危及安全的要素。其他自控阀通常将阀杆伸出，由电动、气动、液动执行机构控制阀芯的转动或移动。这都要解决长期动作阀杆动密封的外泄漏难题；唯有电磁阀用电磁力作用于密封在隔磁套管内的铁心完成，不存在动密封，所以外漏易杜绝。电动阀力矩控制不易，容易产生内漏，甚至拉断阀杆头部；电磁阀的结构形式容易控制内泄漏，直至降为零。因此，电磁阀使用特别安全，尤其适用于腐蚀性、有毒或高低温的介质。

2）系统简单，方便连接计算机，价格低廉。电磁阀本身结构简单，比起调节阀等其他种类执行器易于安装维护。更显著的是所组成的自控系统简单得多，价格要低得多。由于电磁阀是开关信号控制，与工控计算机连接十分方便。在当今计算机普及、价格大幅下降的时代，电磁阀的优势就更加明显。

3）动作快速，功率微小，外形轻巧。电磁阀响应时间可以短至几毫秒，即使是先导式电磁阀也可以控制在几十毫秒内。由于自成回路，比其他自控阀反应更灵敏。设计得当的电磁阀线圈功率消耗很低，属节能产品；还可做到只需触发动作，自动保持阀位，平时一点也不耗电。电磁阀外形尺寸小，既节省空间，又轻巧美观。

4）调节精度受限，适用介质受限。电磁阀通常只有开关两种状态，阀芯只能处于两个极限位置，不能连续调节，因此调节精度还受到一定限制。电磁阀对介质的洁净度有较高要求，含颗粒状的介质不能适用，若有杂质须先滤去。另外，黏稠状介质不能适用，而且特定的产品适用的介质黏度范围相对较窄。

5）型号多样，用途广泛。电磁阀虽有先天不足，但优点仍十分突出，因此已被设计成多种多样的产品，满足各种不同的需求，用途极为广泛。电磁阀技术的进步也都是围绕着如何克服先天不足、如何更好地发挥固有优势而展开。

二、工业机器人核心电气元器件

1. 示教器单元

示教器单元是工业机器人的人机交互系统。通过该设备，操作人员可对机器人发布控制命令、编写控制程序、查看机器人运动状态、进行程序管理等操作，示教器的外形如图 2-18 所示。

该设备的额定工作电压为 DC 24V，通常由开关电源为其供电。

借助示教器，用户可以实现工业机器人控制系统的主要控制功能：手动控制机器人运动；机器人程序示教编程；机器人程序自动运行；机器人运行状态监视；机器人控制参数设置。

2. 控制器单元

控制器单元是工业机器人的核心部件。工业机器人在运动中的轨迹控制、手爪空间位置与姿态的控制都是由它发布控制命令的。它由微处理器、存储器、总线、外围接口组成。它通过总线把控制命令发送给伺服驱动器，也通过总线收集伺服电动机的运行反馈信息，通过反馈信息来修正发出的控制命令。控制器的外形如图 2-19 所示。控制器单元接口示意图如图 2-20 所示，各接口的含义如下：

POWER：24V 电源接口。

ID SEL：设备号选择开关。

PORT0～PORT3：网络控制单元控制器（NCUC）总线接口。

USB0：外部 USB 1.1 接口。

RS232：内部使用的串口。

VGA：内部使用的视频信号口。

USB1、USB2：内部使用的 USB 2.0 接口。

LAN：外部标准以太网接口。

控制器单元的额定工作电压是 DC 24V，通常由开关电源为其供电。为控制器供电的开关电源输出功率不应小于 50W。

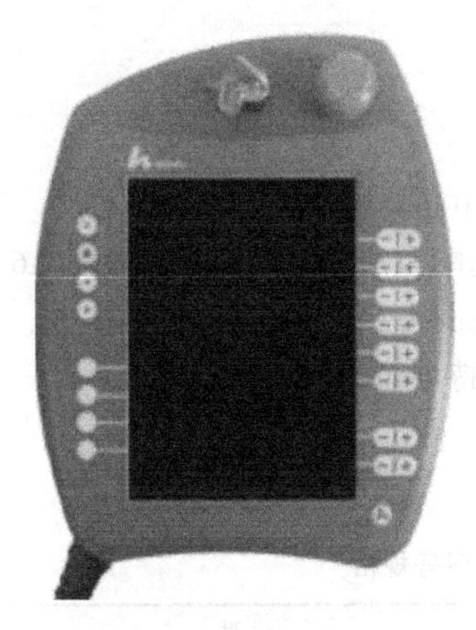

图 2-18　示教器的外形

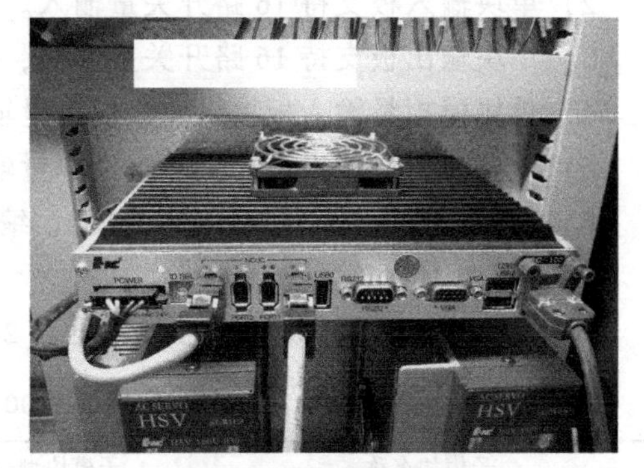

图 2-19　控制器的外形

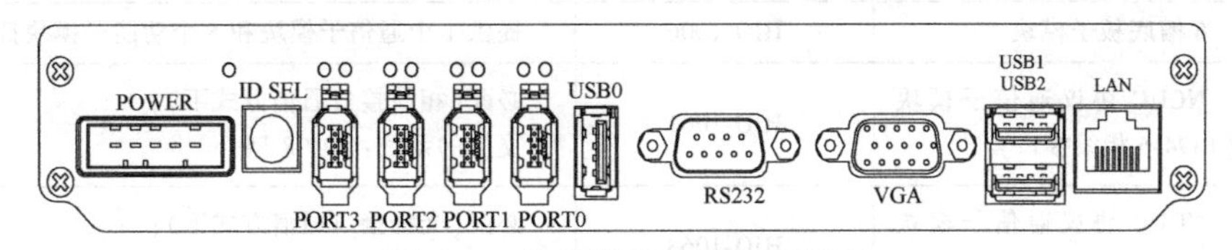

图 2-20　控制器单元接口示意图

3. 总线 I/O 单元

（1）总线 I/O 单元的特性简介

1）通过总线最多可扩展 16 个 I/O 单元。

2）采用不同的底板子模块可以组建两种 I/O 单元，其中 HIO-1009 型底板子模块可提供 1 个通信子模块插槽和 8 个功能子模块插槽，组建的 I/O 单元称为 HIO-1000A 型总线 I/O 单元；HIO-1006 型底板子模块可提供 1 个通信子模块插槽和 5 个功能子模块插槽，组建的 I/O 单元称为 HIO-1000B 型总线 I/O 单元。

3）功能子模块包括开关量输入/输出子模块、模拟量输入/输出子模块、轴控制子模块等。

① 开关量输入/输出子模块——提供 16 路开关量输入或输出信号。

② 模拟量输入/输出子模块——提供 4 通道 A/D 信号和 4 通道的 D/A 信号。

③ 轴控制子模块——提供 2 个轴控制接口，包含脉冲指令、模拟量指令和编码器反馈接口。

4）开关量输入子模块 NPN、PNP 两种接口可选，输出子模块为 NPN 接口，每个开关量均带指示灯。

（2）总线 I/O 单元的功能

1）工业机器人外部输入/输出接口。

2）采用 NCUC 总线与存储器输入单元（MLU）连接。

3）支持开关量输入/输出、模拟量输入/输出。

4）支持脉冲/模拟接口伺服驱动/主轴驱动装置连接。

5）支持开关量触发功能。

（3）总线 I/O 单元的技术指标

1）提供八槽和五槽机箱。

2）单块输入板支持 16 路开关量输入。

3）单块输出板支持 16 路开关量输出，输出电流为 100mA。

4）单块模拟量输入板提供 4 路模拟量输入，输入范围为±10V，采样分辨率为 16 位。

5）单块模拟量输出板提供 4 路模拟量输出，输出范围为±10V，分辨率为 16 位。

6）脉冲口最大输出频率可达 1MHz，编码器反馈支持增量式和绝对式接口。

（4）总线 I/O 单元的规格

HIO-1000 系列子模块的型号规格见表 2-3。

表 2-3　HIO-1000 系列子模块的型号规格

子模块名称		子模块型号	说明
底板	9 槽底板子模块	HIO-1009	提供 1 个通信子模块和 8 个功能子模块插槽
	6 槽底板子模块	HIO-1006	提供 1 个通信子模块和 5 个功能子模块插槽
通信	NCUC 协议通信子模块（1394-6 相线接口）	HIO-1061	必配（相线接口通信方式下）； 支持的系统：华中 8 型
	NCUC 协议通信子模块（SC 光纤接口）	HIO-1063	必配（光纤接口通信方式下）； 支持的系统：华中 8 型
轴控制	增量脉冲式轴控制子模块	HIO-1041	选配，每个子模块提供 2 个轴控制接口 每个接口包含脉冲指令、D/A 模拟电压指令和编码器反馈指令
	绝对值式轴控制子模块	HIO-1042	选配，每个子模块提供 2 个轴控制接口
模拟量	模拟量输入/输出子模块	HIO-1073	选配，每个子模块提供 4 路模拟量输入和 4 路模拟量输出
开关量	NPN 型开关量输入子模块	HIO-1011N	选配，每个子模块提供 16 路 NPN 型 PLC 开关量输入信号接口，低电平有效
	PNP 型开关量输入子模块	HIO-1011P	选配，每个子模块提供 16 路 PNP 型 PLC 开关量输入信号接口，高电平有效
	NPN 型开关量输出子模块	HIO-1021N	选配，每个子模块提供 16 路 NPN 型 PLC 开关量输出信号接口，低电平有效

总线 I/O 单元接口和各子模块接口（HIO-1000A 型和 HIO-1000B 型）如图 2-21 和图 2-22 所示。

（5）总线 I/O 单元接口的定义

1）通信子模块功能及接口。通信子模块（HIO-1061）负责完成与工业机器人的通信功能（X2A、X2B 接口）并提供电源输入接口（X1 接口），外部开关电源输出功率应不小于

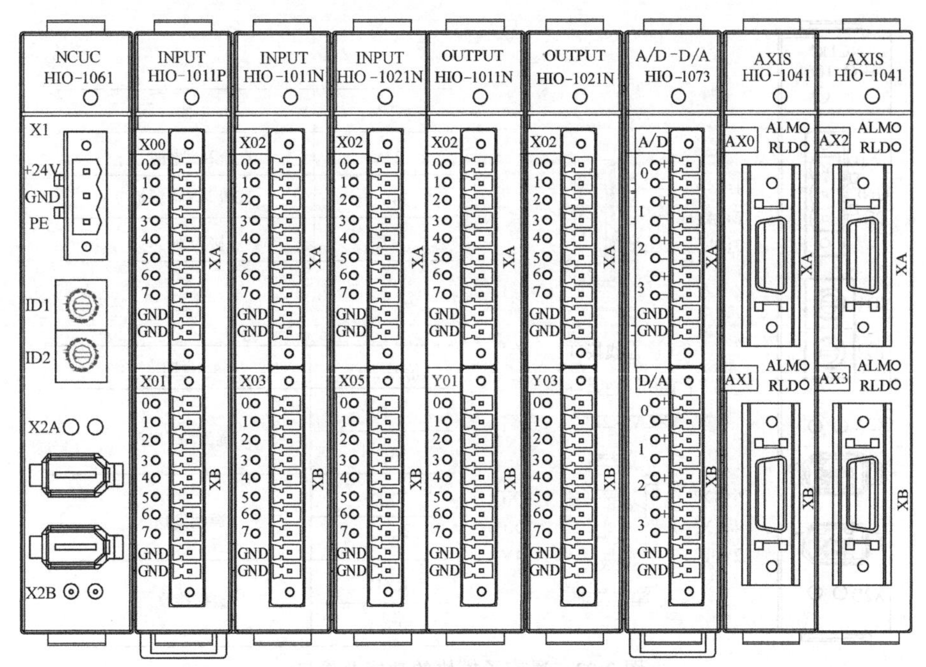

图 2-21　HIO-1000A 型总线 I/O 单元接口

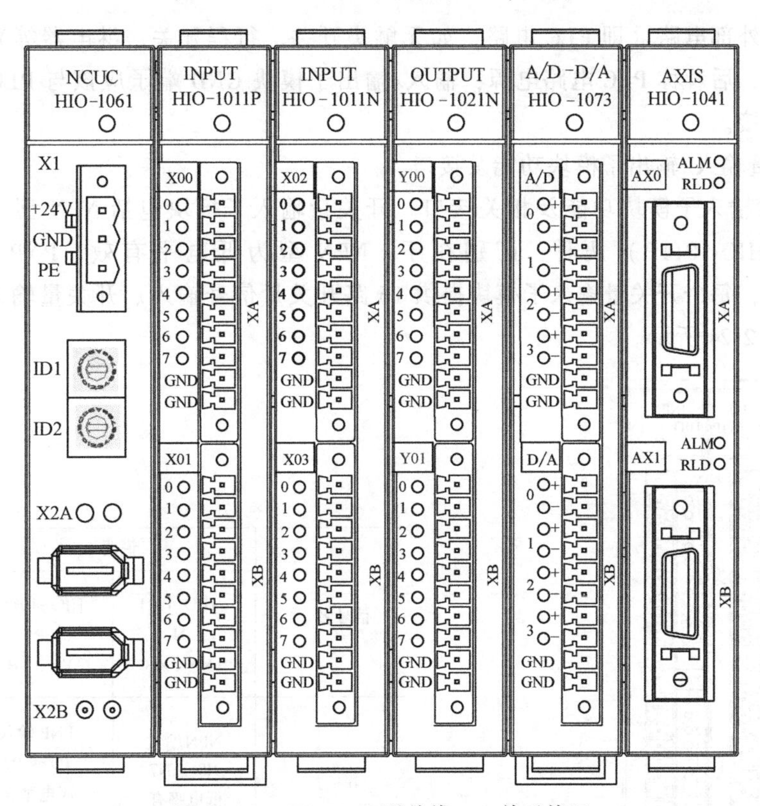

图 2-22　HIO-1000B 型总线 I/O 单元接口

50W。其功能及接口如图 2-23 所示。

注意：由通信子模块引入的电源为总线 I/O 单元的工作电源，该电源应该与输入/输出

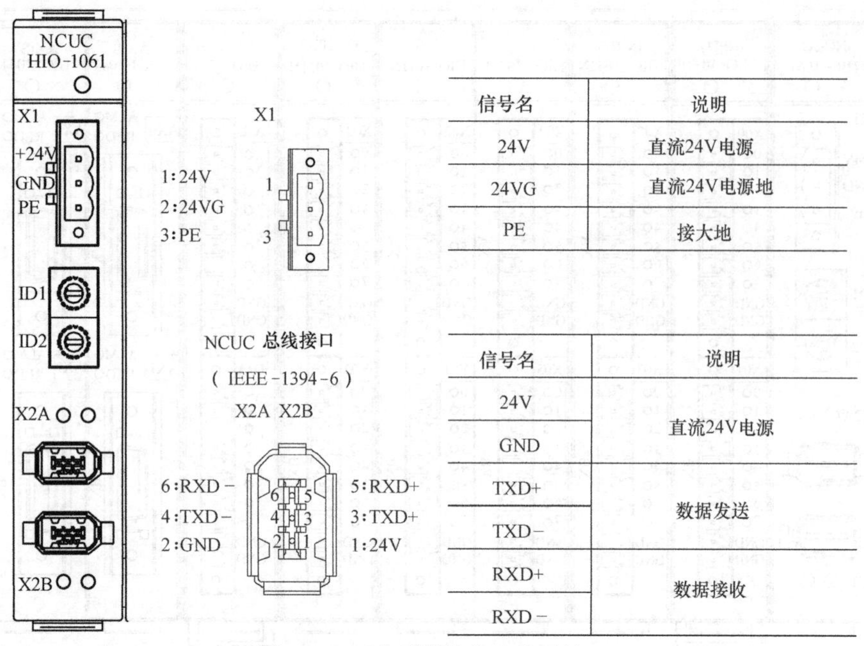

信号名	说明
24V	直流24V电源
24VG	直流24V电源地
PE	接大地

信号名	说明
24V	直流24V电源
GND	
TXD+	数据发送
TXD−	
RXD+	数据接收
RXD−	

图 2-23　通信子模块的功能及接口

子模块涉及的外部电路（即 PLC 电路，如无触头开关、行程开关、继电器等）分别采用不同的开关电源，后者称 PLC 电路电源；输入/输出子模块 GND 端子应该与 PLC 电路电源的电源地可靠连接。

2）开关量输入/输出子模块功能及接口。

① 开关量输入子模块功能及相关接口。开关量输入子模块包括 NPN 型（HIO-1011N）和 PNP 型（HIO-1011P）两种，区别在于：NPN 型为低电平有效，PNP 型为高电平（+24V）有效，每个开关量输入子模块提供 16 路开关量信号输入。开关量输入子模块的功能及接口如图 2-24 所示。

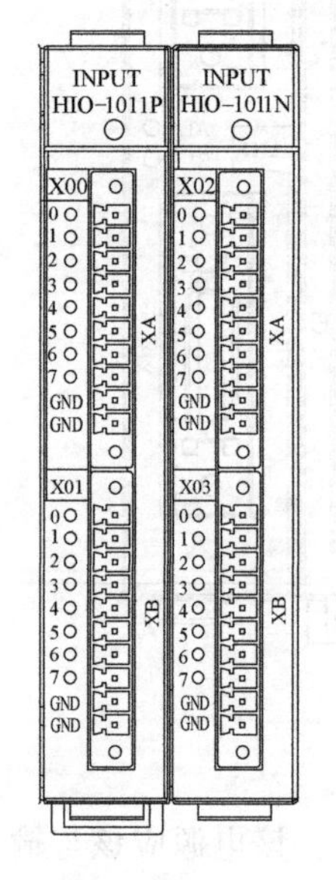

信号名	说明	
	HIO-1011 N XA、XB	HIO-1011 P XA、XB
0～7	NPN输入 N0～N7 低电平有效	PNP输入 P0～P7 高电平有效
GND	DC 24V地	

图 2-24　开关量输入子模块的功能及接口

注意：GND 必须与 PLC 电路开关电源的电源地可靠连接。

② 开关量输出子模块功能及接口。开关量输出子模块（HIO-1021N）为 NPN 型，有效输出为低电平，否则输出为高阻状态，每个开关量输出子模块提供 16 路开关量信号输出。开关量输出子模块的功能及接口如图 2-25 所示。

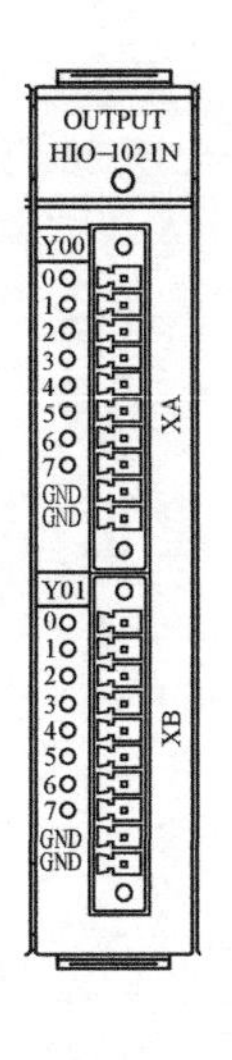

信号名	说明
0～7	NPN 输出 O0～O7 低电平有效
GND	DC 24V地

图 2-25　开关量输出子模块的功能及接口

注意：GND 必须与 PLC 电路开关电源的电源地可靠连接。

3）模拟量输入/输出子模块功能及接口。模拟量输入/输出（A/D-D/A）子模块（HIO-1073）负责完成外部到机器人的 A/D 信号输入和机器人到外部的 D/A 信号输出。每个 A/D-D/A 子模块提供 4 通道 12 位差分/单端模拟信号输入和 4 通道 12 位差分/单端模拟信号输出。A/D 输入接口为 XA，D/A 输出接口为 XB。其功能及接口如图 2-26 所示。

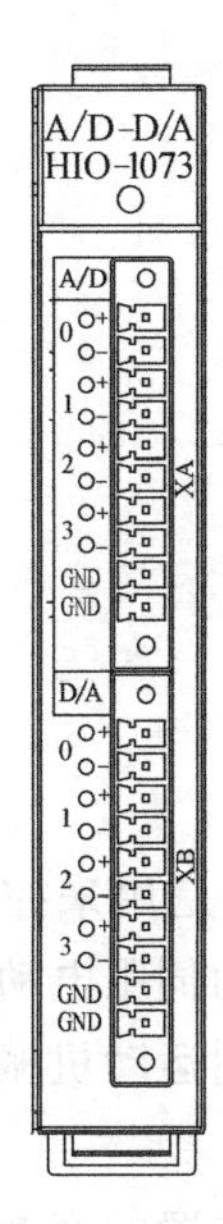

A/D输入接口　XA

1：0+
2：0−
3：1+
4：1−
5：2+
6：2−
7：3+
8：3−
9：GND
10：GND

信号名	说明
0+ 、 0−	4 通道A/D输入 A/D0～A/D3 （输入范围：−10V～+10V）
1+ 、 1−	
2+ 、 2−	
3+ 、 3−	
GND	地

D/A输出接口XB

1：0+
2：0−
3：1+
4：1−
5：2+
6：2−
7：3+
8：3−
9：GND
10：GND

信号名	说明
0+ 、 0−	4 通道D/A输出 D/A0～D/A3 （输出范围：−10V～+10V）
1+ 、 1−	
2+ 、 2−	
3+ 、 3−	
GND	地

图 2-26　模拟量输入/输出子模块的功能及接口

4）轴控制子模块功能及接口。轴控制子模块（HIO-1041）可提供 2 路主轴模拟接口和 2 路脉冲式进给轴接口。轴控制接口 XA、XB 为 26 芯高密，其功能及接口如图 2-27 所示。

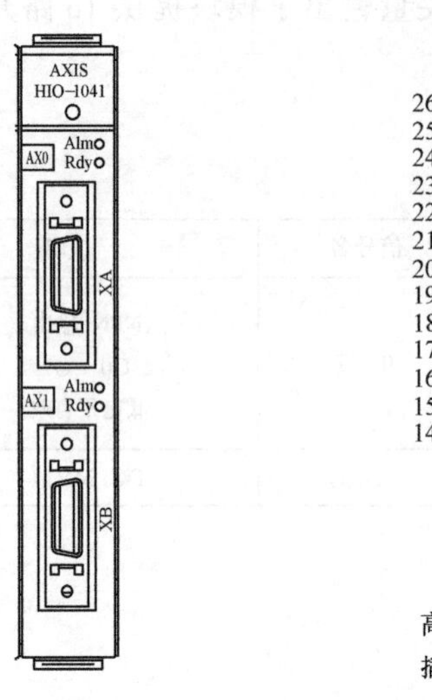

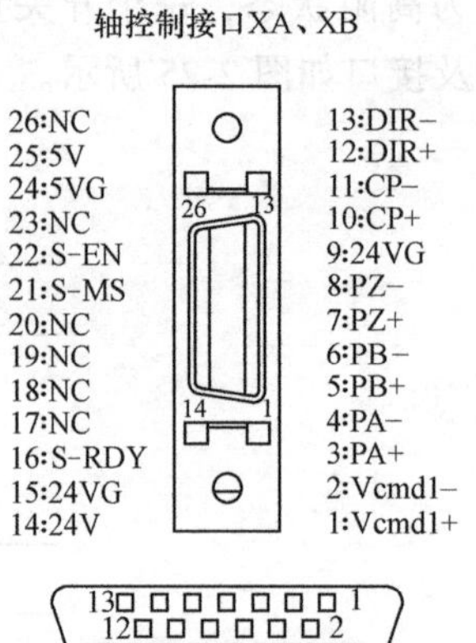

高密头对应的插头焊片的引脚排序（面对插头的焊片看）

信号名	说明
Vcmd1+、Vcmd1−	模拟输出(−10V～+10V)
PA+、PA−	编码器A相反馈信号
PB+、PB−	编码器B相反馈信号
PZ+、PZ−	编码器Z相反馈信号
24VG	DC 24V电源
CP+、CP−	指令脉冲输出(A相)
DIR+、DIR−	指令方向输出(B相)
24V、24VG	DC 24V电源
S−RDY	准备好
S−MS	方式切换
S−EN	使能
5V、5VG	DC 5V电源
NC	空

图 2-27　轴控制子模块的功能及接口

4. 伺服驱动器

（1）伺服驱动器的作用　伺服驱动器又称伺服控制器或伺服放大器，是用来控制伺服电动机的一种控制器，通过伺服驱动器，可把上位机的指令信号转变为驱动伺服电动机运行的能量，伺服驱动通常以电动机转角、转速和转矩作为控制目标，进而控制运动机械跟随控制指令运行，可实现高精度的机械传动与定位。

伺服驱动器接收来自控制器送来的微弱进给指令，这些指令经过驱动装置的变换和放大后，转变成伺服电动机进给的转速、转向与转角信号，从而带动机械结构按照指定要求准确运动。因此伺服单元是控制器与机器人本体的联系环节。

（2）HSV-160U 伺服驱动器的简介　HSV-160U 系列伺服驱动单元是新一代全数字交流伺服驱动产品，主要应用于对精度和响应比较敏感的高性能数控领域。HSV-160U 具有高速工业以太网总线接口，采用具有自主知识产权的 NCUC 总线协议，实现和数控装置高速的数据交换；具有高分辨率绝对式编码器接口，可以适配复合增量式、正余弦、全数字绝对式等多种信号类型的编码器，位置反馈分辨率最高达到 23 位。HSV-160U 交流伺服驱动单元形成 10A、20A、30A、50A、75A、100A 共六种规格，功率回路最大功率输出最大达到 6.5kW。

（3）HSV-160UD 系列交流伺服驱动单元硬件体系的结构　其硬件电路主要由两部分组成：控制平台、功率变换平台（包括 AC-DC 整流电源部分和 DC-AC 逆变器，开关电源电路），如图 2-28 所示。

控制平台中，采用高性能数字信号处理器，完成高实时性的全数字矢量控制和闭环伺服控制，大规模现场可编程门阵列（FPGA）实现外部 I/O 信号管理、故障信号处理、控制参数设定、键盘处理、状态显示、串行通信、编码器处理等功能。

功率变换平台中包括 AC-DC 整流电路、软启动及泵升泄放控制电路、DC-AC 逆变器、开关电源等功率电路。选配不同功率的功率器件可形成各种功率规格的驱动单元。

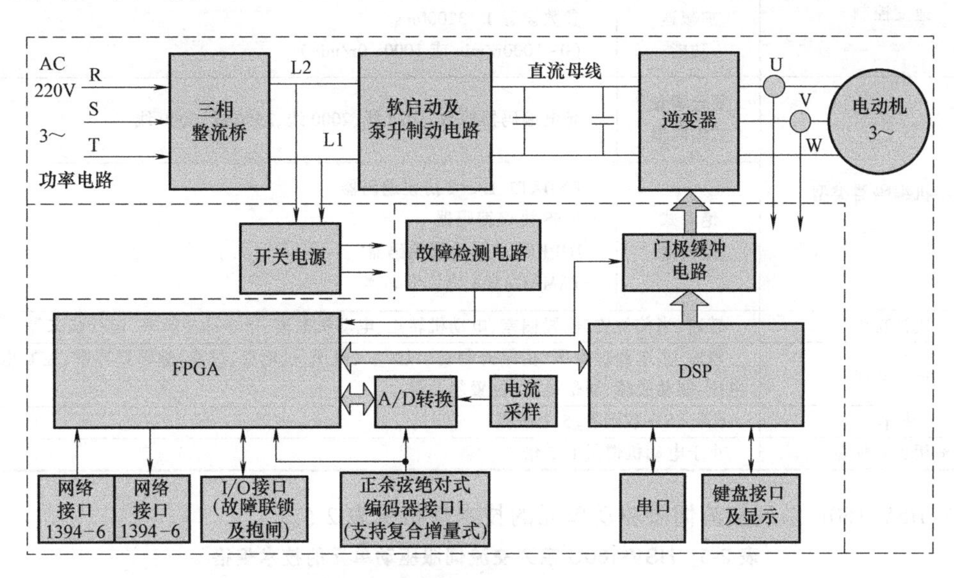

图 2-28　伺服驱动装置的硬件结构

（4）HSV-160U 系列交流伺服驱动单元的特点

1）采用统一的编码器接口，可以适配复合增量式光电编码器、全数字绝对式编码器、正余弦绝对值编码器。

2）支持 ENDAT2.1/2.2、BISS、HIPERFACE、TAMAGAWA（多摩川）等串行绝对值编码器通信传输协议。

3）支持单圈/多圈绝对位置处理。

4）通过集成不同的软件模块，可以适配伺服电动机、力矩电动机等类型的电动机。

（5）HSV-160U 系列交流伺服驱动单元的控制方式

1）位置控制方式：通过内部参数设置，即可以实现位置控制的方式。

2）速度控制方式：通过内部参数设置，即可以实现速度控制的方式。

3）JOG 控制方式：通过按键（无须外部指令）操作使驱动单元驱动电动机运动，给用户提供一种测试伺服驱动系统安装、连接是否正确的运行方式。

4）内部速度控制方式：在内部速度控制的方式下，可根据伺服驱动单元内部设定的速度运行。

（6）HSV-160U 系列交流伺服驱动单元的技术指标和技术规格

1）HSV-160U 系列交流伺服驱动单元的技术指标见表 2-4。

表 2-4　HSV-160U 系列交流伺服驱动单元的技术指标

项目		技术指标
输入电源		三相 AC 220V 电源，-15%～+10%，50/60Hz
控制方式		位置控制、速度控制、JOG 控制、内部速度控制
速度波动率		<±0.1（负载 0%～100%）；<±0.02（电源-15%～+10%）（数值对应于额定速度）
调速比		1∶10000
位置控制	输入方式	绝对位置方式（驱动单元接收系统位置指令）
	电子齿轮	$1 \leqslant \alpha/\beta \leqslant 32767$
速度控制	输入方式	速度控制方式（驱动单元接收系统速度指令）
	加减速功能	参数设置 1～32000ms （0～1000r/min 或 1000～0r/min）
电动机编码器类型	复合增量式编码器	光电编码器线数：1024 线、2000 线、2500 线、6000 线
	绝对式编码器	ENDAT2.1/2.2 协议编码器 BISS 协议编码器 HIPERFACE 协议编码器 TAMAGAWA 协议编码器
监视功能		转速、当前位置、位置偏差、电动机转矩、电动机电流、指令脉冲频率、运行状态等
保护功能		超速、主电源过电压（由泵升制动引起）、欠电压、过电流、过载、编码器异常、控制电源欠电压、制动故障、通信故障、位置超差等
操作		6 个 LED 数码管、5 个按键
适用负载惯量		小于电动机惯量的 5 倍

2）HSV-160U 系列交流伺服驱动单元的技术规格见表 2-5。

表 2-5　HSV-160U 系列交流伺服驱动单元的技术规格

驱动单元规格	连续电流/A（30min 有效值）	短时最大电流/A（1min 有效值）	最大适配电动机功率/kW
HSV-160U-010	4.8	7.2	0.75
HSV-160U-020	6.9	10.4	1.5
HSV-160U-030	9.6	14.4	2.3
HSV-160U-050	16.8	25.2	3.8
HSV-160U-075	24.8	37.3	5.5
HSV-160U-100	30.0	45.0	6.5

5. 伺服电动机

伺服电动机将伺服驱动器的输出变为机械运动，它与伺服驱动器一起构成伺服控制系统，该系统是控制器单元和工业机器人传动部件间的联系环节。伺服电动机可分为直流伺服电动机和交流伺服电动机，目前应用最多的是交流伺服电动机，对交流伺服的研究与开发是现代控制技术的关键技术之一。

伺服电动机是由伺服驱动器进行供电的，所提供的电能是一种电压、电流、频率随着指令的变化而变化的电能。其外形如图 2-29 所示。

图 2-29　伺服电动机的外形

(1) 登奇 GK 系列交流永磁同步伺服电动机　GK6 系列交流永磁同步伺服电动机与伺服驱动装置配套后构成交流伺服进给驱动系统。该电动机的防护等级为 IP64～IP67。GK6 电动机是三相交流永磁同步伺服电动机，采用高性能稀土永磁材料形成气隙磁场，由脉宽调制驱动器控制运行，具有良好的力矩性能和宽广的调速范围。电动机带有装于定子绕组内的温度传感器，具有电动机过热保护输出。GK6 系列交流永磁同步伺服电动机由定子、转子、高精度反馈元件（如光电编码器、旋转变压器等）组成。

1) GK6 系列交流永磁同步伺服电动机原理简介。三相永磁同步电动机主要由定子和转子组成，定子三相绕组经过绕制，保证每相绕组的匝数相等，在空间上电角度彼此相差 120°。当三相绕组定子上通过三相交流电时，产生一个旋转磁场，可以把这个旋转磁场看成会以速度 n 旋转的 N、S 磁极。而转子由永磁材料组成，根据电磁力定律可知，在磁场的相互作用下，转子以同样的速度 n 旋转。

转子磁路结构一般分为内置式和表面式（爪极式），表面式结构又分为表面凸出和表面插入。内置式又分为径向式、切向式以及混合式。

2) GK6 系列交流永磁同步伺服电动机的特点。

① 力矩：1.1～70N·m。

② 正弦波交流伺服电动机。

3) 额定转速：1200r/min、1500r/min、2000r/min、3000r/min。

4) 结构紧凑、功率密度高。

5) 光电编码器：2500～6000 线。

6) 绝对式编码器：ENDAT2.1/2.2 协议的编码器、HIPERFACE 协议的编码器、TAMAGAWA 协议的编码器。

7) 惯量小，响应速度快。

8) 失电制动器电源：DC 24V。

9) 超高矫顽力稀土永磁。

10) 过热保护，热敏电阻输出。

11) 抗去磁能力强。

12) 多种机座安装尺寸。

13) 全密封设计。

GK6 系列伺服电动机型号如图 2-30 所示。

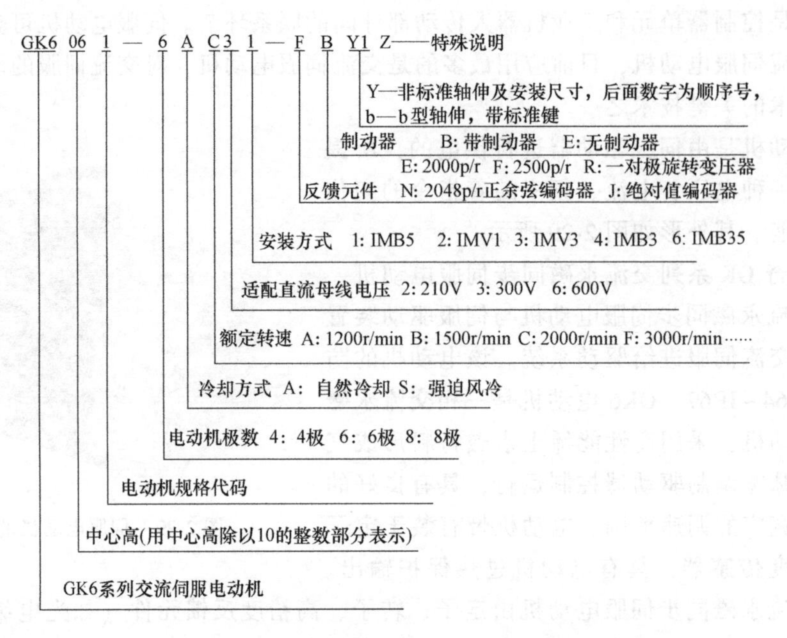

图 2-30 GK6 系列伺服电动机型号

（2）华大 LBB 系列交流永磁同步伺服电动机 华大 LBB 系列交流永磁同步伺服电动机与伺服装置配套后构成交流伺服进给驱动系统。该电动机的防护等级为 IP65，特别适用于工业场合。LBB 系列电动机是三相交流永磁同步伺服电动机，选用高工作温度、高磁能积、优质的永磁材料制作，采用优化的电磁参数设计，电动机长时间运行能保持优良的工作状态；低谐波、低磁矩，用正弦波电流驱动，低速特性好；电动机惯量适中，满足各种工业场合。LBB 系列交流永磁同步伺服电动机由定子、转子、高精度反馈元件（如光电编码器、旋转变压器等）组成。

LBB 系列交流永磁同步伺服电动机的特点如下：

1）机座（mm）：80、110、130、150。

2）额定转矩（N · m）：1.3~19.1。

3）额定转速（r/min）：1500、2000、3000。

4）最高转速（r/min）：3000、5000。

5）额定功率：0.4~5kW。

6）标准反馈元件：总线式光电编码器。

7）失电制动器：选配。

8）绝缘等级：B。

9）防护等级：密封自冷式 IP65。

10）电极对数：4。

11）安装方式：法兰盘。

12）励磁方式：永磁式。

13）环境温度：0~55℃。

14）环境湿度：小于 90%（无结露）。

15）适配驱动器工作电压：AC220V。

LBB 系列伺服电动机型号如图 2-31 所示。

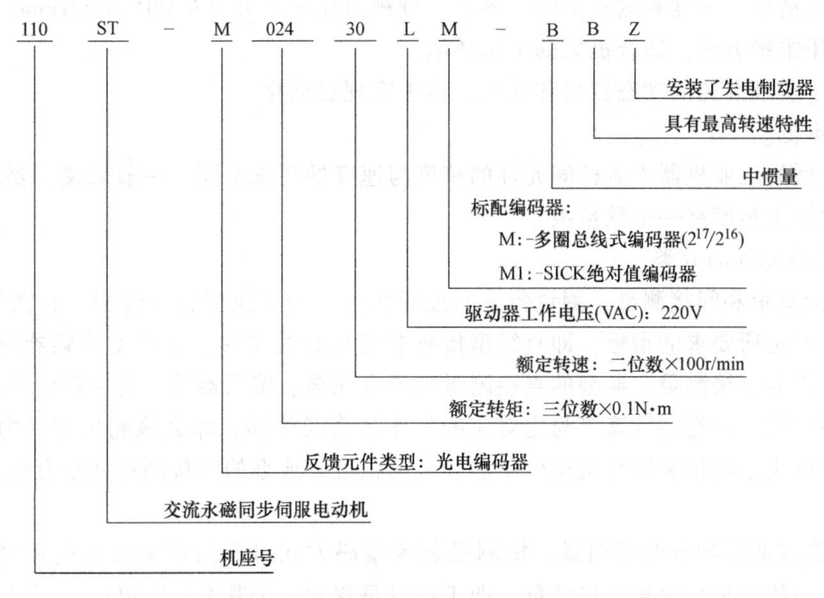

图 2-31　LBB 系列伺服电动机型号

6. 光电式脉冲编码器

闭环控制是提高机器人控制系统运动精度的重要手段，而位置检测传感器则是构成闭环控制必不可少的重要元件，位置检测传感器对控制对象的实际位置进行检测，并将位置信息传送给运动控制器，由运动控制器根据控制对象的实际值调整输出信号。

编码器在机器人控制系统中用于检测伺服电动机的转角、转速和转向信号，该信号将反馈给伺服驱动器和控制器单元，在伺服驱动器内部进行速度控制，在控制器单元内部进行转角控制。其外形如图 2-32 所示。

位置检测元件是闭环（半闭环、闭环、混合闭环）进给伺服系统中重要的组成部分，它检测伺服电动机转子的角位移和速度，将信号反馈到伺服驱动装置或 IPC 单元与预先给定的理想值相比较，得到的差值用于实现位置闭环控制和速度闭环控制。检测元件通常利用光或磁的原理完成位置或速度的检测。

图 2-32　编码器的外形

检测元件的精度一般用分辨力表示，它是检测元件所能正确检测的最小数量单位，它由检测元件本身的品质以及测量电路决定。在工业机器人位置检测接口电路中常对反馈信号进行倍频处理，以进一步提高测量精度。

位置检测元件一般也可以用于速度测量，位置检测和速度检测可以采用各自独立的检测元件，例如速度检测采用测速发电机，位置检测采用光电编码器，也可以共用一个检测元件，例如都用光电编码器。

（1）对检测元件的要求

1）寿命长，可靠性要高，抗干扰能力强。

2）满足精度、速度和测量范围的要求。分辨力通常要求为0.001~0.01mm。

3）使用维护方便，适合机床的工作环境。

4）易于实现高速的动态测量和处理，易于实现自动化。

5）成本低。

不同类型的工业机器人对检测元件的精度与速度的要求不同。一般来说，要求测量元件的分辨力比加工精度高一个数量级。

（2）检测元件的分类

1）直接测量和间接测量。测量传感器按形状可分为直线型和回转型。若测量传感器所测量的指标就是所要求的指标，即直线型传感器测量直线位移，回转型传感器测量角位移，则该测量方式为直接测量。典型的直接测量装置有光栅、编码器等。若回转传感器测量的角位移只是中间量，由它再推算出与之对应的工作台直线位移，那么该测量方式为间接测量，其测量精度取决于测量装置和机械传动链两者的精度。典型的间接测量装置有编码器、旋转变压器。

2）增量式测量和绝对式测量。按测量装置编码方式可分为增量式测量和绝对式测量。增量式测量的特点是只测量位移增量，即工作台每移动一个基本长度单位，测量装置便发出一个测量信号，此信号通常是脉冲形式。典型的增量式测量装置为光栅和增量式光电编码器。

绝对式测量的特点是被测的任一点的位置相对于一个固定的零点来说都有一个对应的测量值，常以数据形式表示。典型的绝对式测量装置为接触式编码器及绝对式光电编码器。

3）接触式测量和非接触式测量。接触式测量的测量传感器与被测对象间存在着机械联系，因此机械本身的变形、振动等因素会对测量产生一定的影响。典型的接触式测量装置有光栅、接触式编码器。

非接触式测量传感器与测量对象是分离的，不发生机械联系。典型的非接触式测量装置有双频激光干涉仪、光电式编码器。

4）数字式测量和模拟式测量。数字式测量以量化后的数字形式表示被测的量。数字式测量的特点是测量装置简单，信号抗干扰能力强，且便于显示处理。典型的数字式测量装置有光电编码器、接触式编码器、光栅等。

模拟式测量是被测的量用连续的变量表示。如用电压、相位的变化来表示。典型的模拟式测量装置有旋转变压器等。

（3）光电编码器　光电编码器利用光电原理把机械角位移变换成电脉冲信号，它是最常用的位置检测元件。光电编码器按输出信号与对应位置的关系，通常分为增量式光电编码器、绝对式光电编码器和混合式光电编码器。

图2-33所示为增量式光电编码器，由连接轴、支承轴承、光栅、光电码盘、光源、聚光镜、光栏板、光敏元件和信号处理电路组成。当光电码盘随工作轴一起转动时，光源通过聚光镜，透过光电码盘和光栏板形成忽明忽暗的光信号，光敏元件把光信号转换成电信号，然后通过信号处理电路的整形、放大、分频、计数、译码后输出或显示。为了测量转向，光栏板的两个狭缝距离应为$m \pm r/4$（r为光电码盘两个狭缝之间的距离即节距，m为任意整

数），这样两个光敏元件的输出信号（分别称为A信号和B信号）相对于脉冲周期来说相差π/2相位，将输出信号送入鉴相电路，即可判断光电码盘的旋转方向。

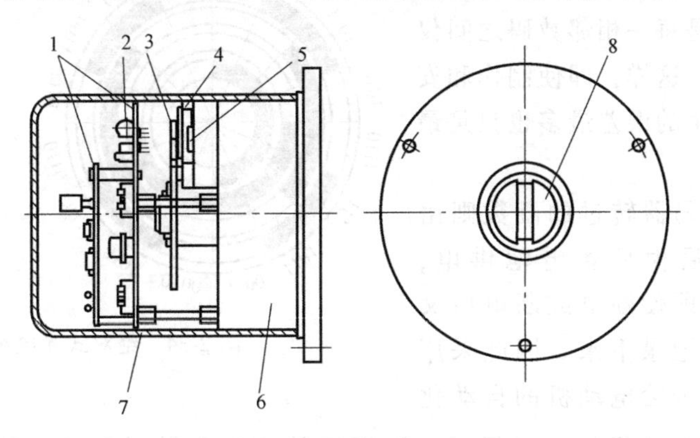

图2-33　增量式光电式编码器

1—印制电路板　2—光源　3—圆光栅　4—指示光栅　5—光电池组
6—底座　7—护罩　8—轴

由于光电编码器每转过一个分辨角就发出一个脉冲信号，因此根据脉冲数目可得出工作轴的回转角度，然后由传动比换算出直线位移距离；根据脉冲频率可得工作轴的转速；根据光栏板上两个狭缝中信号的相位先后，可判断工作轴的正、反转。

此外，在光电编码器的内圈还增加一条透光条纹，每一转产生一个零位脉冲信号。在进给电动机所用的光电编码器上，零位脉冲用于精确确定参考点。

增量式光电编码器输出信号的种类有差动输出、电平输出、集电极输出等。差动信号传输因抗干扰能力强而得到了广泛的采用。

IPC装置的接口电路通常会对接收到的增量式光电编码器差动信号作四倍频处理，从而提高检测精度，方法是从A信号和B信号的上升沿和下降沿各取一个脉冲，则每转所检测的脉冲数为原来的四倍。

进给电动机常用增量式光电编码器的分辨率有2000p/r、2024p/r、2500p/r等。目前，光电编码器每转可发出数万至数百万个方波信号，因此可满足高精度位置检测的需要。

光电编码器的安装有两种形式：一种是安装在伺服电动机的非输出轴端，称为内装式编码器，用于半闭环控制；一种是安装在传动链末端，称为外置式编码器，用于闭环控制。光电编码器安装时要保证连接部位可靠、不松动，否则会影响位置检测精度，引起进给运动不稳定，使自动化设备产生振动。

（4）绝对式光电编码器　绝对式光电编码器的光盘上有透光和不透光的编码图案，编码方式可以有二进制编码、二进制循环编码、二至十进制编码等。绝对式光电编码器通过读取编码盘上的编码图案来确定位置。

图2-34所示为绝对式光电编码器，码盘上有四圈码道。所谓码道就是码盘上的同心圆。按照二进制分布规律，把每圈码道加工成透明和不透明相间的形式。码盘的一侧安装光源，另一侧安装一排径向排列的光电管，每个光电管对准一条码道。当光源照射码盘时，如果是透明区，则光线被光电管接收，并转变成电信号，输出信号为“1”；如果是不透明区，光电管接收不到光线，输出信号为“0”。被测工作轴带动码盘旋转时，光电管输出的信息就

代表了轴的对应位置，即绝对位置。

绝对式光电编码器大多采用格雷码编盘。格雷码的特点是每一相邻数码之间仅改变一位二进制数，这样，即使制作和安装不十分准确，产生的误差最多也只是最低位的一位数。

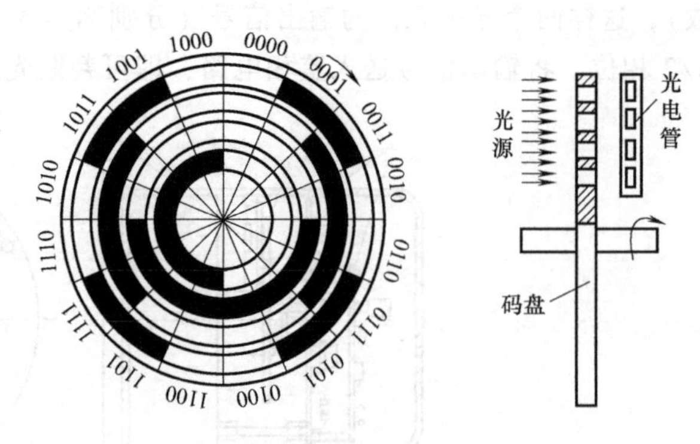

图 2-34　绝对式光电编码器

绝对式光电编码器转过的圈数则由RAM保存，断电后由后备电池供电，保证机器人的位置即使断电或断电后又移动也能够正确地记录下来。因此采用绝对式光电编码器进给电动机的自动化设备只要出厂时建立过机器人坐标系，则以后就不用再做回参考点的操作，保证机器人坐标系一直有效。绝对式光电编码器与进给驱动装置或IPC通常采用通信的方式来反馈位置信息。

编码器接线的注意事项：

1）编码器连接线线径：采用屏蔽电缆（最好选用绞合屏蔽电缆），导线截面面积 ≥0.12mm^2（AWG24-26），屏蔽层须连接接线插头的金属外壳。

2）编码器连接线线长：电缆长度尽可能短，且其屏蔽层应和编码器供电电源的GNDD信号相连（避免编码器反馈信号受到干扰）。

3）布线：远离动力线路布线，防止干扰窜入。应给相关线路中的感性元件（线圈）安装浪涌吸引元件：直流线圈反向并联续流二极管，交流线圈并联阻容吸收回路。

4）驱动单元接不同的编码器时，与之相匹配的编码器线缆是不同的，应确认无误后再进行连接，否则有烧坏编码器的危险。

第二节　工业机器人电气装配实施

培训目标

中级：

- 能够准确识读电气原理图、电气装配图、电气接线图。
- 能够根据电气装配图及工艺指导文件，准备电气装配的工装工具。
- 能够根据电气装配图及工艺指导文件，准备需要装配的电气元器件、导线及电缆线。
- 能够对机器人部件进行配线与装配。

高级：

- 能够完成典型机器人电路装配。
- 能够检验机器人应用现场的电气连接。
- 掌握工业机器人电气连接检查方法。

一、工业机器人电气装配常用工具

合格的工具是进行工业机器人电气装配的必备条件。工业机器人电气装配常用的工具主要有：

1. 电气装配常用器具

(1) 旋具类　规格齐全的一字槽和十字槽螺钉旋具各一套。旋具宜采用树脂或塑料手柄为宜。为了进行伺服驱动器的调整与装卸，还应配备无感螺钉旋具与梅花形六角旋具各一套。

(2) 电烙铁　电烙铁是最常用的焊接工具，一般应采用30W左右的尖头、带接地保护线的内热式电烙铁，最好使用恒温式电烙铁。

(3) 吸锡器　常用的是便携式手动吸锡器，也可采用电动吸锡器。

(4) 钳类工具　常用的是平头钳、尖嘴钳、斜口钳、剥线钳、压线钳、镊子。

(5) 扳手类　大小活扳手，各种尺寸的内、外六角扳手各一套等。

(6) 其他　剪刀、刷子、吹尘器、清洗盘、卷尺等。

(7) 化学用品　松香、纯酒精、清洁触头用喷剂、润滑油等。

2. 电气装配常用测量仪器、仪表

(1) 万用表　工业机器人的电气装配涉及弱电和强电，万用表不但要用于测量电压、电流、电阻值，还要用于判断二极管、晶体管、晶闸管、电容等元器件的好坏，并测量晶体管的放大倍数和电容值。

(2) 示波器　用于检测信号的动态波形，如脉冲编码器、光栅的输出波形，伺服驱动单元的各级输入、输出波形等；其次还需要用于检测开关电源、显示器的垂直、水平振荡与扫描电路的波形等。

(3) 常用的长度测量工具　长度测量工具（如千分表、百分表等）用于测量机器人移动距离、反向间隙值等。通过测量，可以大致判断机器人的定位精度、重复定位精度等。根据测量值可以调整工业机器人的参数。

二、识读工业机器人电气系统图

1. 认识电气系统图

电气系统图主要有电气原理图、电器布置安装图、电器安装接线图等。

(1) 电气原理图　电气原理图是电气系统图的一种，是用来表明设备电气的工作原理及各电器元件的作用，以及相互之间关系的一种表示方式，是根据控制线路图工作原理绘制的，具有结构简单、层次分明的特点。电气原理图一般由主电路、控制执行电路、检测与保护电路、配电电路等几大部分组成。由于电气原理图直接体现了电子电路与电气结构以及其相互间的逻辑关系，因此一般用在设计、分析电路中。分析电路时，通过识别图样上所画各种电路元件符号，以及它们之间的连接方式，就可以了解电路实际工作时的情况。运用电气原理图的方法和技巧，对于分析电气线路、排除机器人电路故障是十分有益的。

(2) 电器布置安装图　电器布置安装图主要用来表明各种电气设备在机械设备上和电气控制柜中的实际安装位置，为机械电气在控制设备的制造、安装、维护、维修提供必要的资料。

电器布置安装图的设计应遵循以下原则：

1）必须遵循相关国家标准设计和绘制电器元件布置图。

2）布置相同类型的电器元件时，应把体积较大和较重的安装在控制柜或面板的下方。

3）发热的元器件应该安装在控制柜或面板的上方或后方，但热继电器一般安装在接触器的下面，以方便与电动机和接触器连接。

4）需要经常维护、整定和检修的电器元件、操作开关、监视仪器仪表，其安装位置应高低适宜，以便工作人员操作。

5）强电、弱电应该分开走线，注意屏蔽层的连接，防止干扰的窜入。

6）电器元件的布置应考虑安装间隙，并尽可能做到整齐、美观。

（3）电器安装接线图　电器安装接线图是为了进行装置、设备或成套装置的布线提供各个安装接线图项目之间电气连接的详细信息，包括连接关系、线缆种类和敷设线路。

一般情况下，电气安装接线图和原理图需配合起来使用。

绘制电器安装接线图应遵循的主要原则如下：

1）必须遵循相关国家标准绘制电器安装接线图。

2）各电器元件的位置、文字符号必须和电气原理图中的标注一致，同一个电器元件的各部件（如同一个接触器的触头、线圈等）必须画在一起，各电器元件的位置应与实际安装位置一致。

3）不在同一安装板或电气柜上的电器元件或信号的电气连接一般应通过端子排连接，并按照电气原理图中的接线编号连接。

4）走向相同、功能相同的多根导线可用单线或线束表示。画连接线时，应标明导线的规格、型号、颜色、根数和穿线管的尺寸。

2. 电气原理图的识读方法

识读电气原理图的一般方法是先看主电路，明确主电路控制目标与控制要求，再看辅助电路，并用辅助电路的回路去研究主电路的运行状态。

主电路一般是电路中的动力设备，它将电能转变为机械运动的机械能，典型的主电路就是从电源开始到电动机结束的那一趟线路。辅助电路包括控制电路、保护电路、照明电路。通常来说，除了主电路以外的电路，都可以称为辅助电路。

（1）识读主电路的步骤

第一步：看清主电路中的用电设备。用电设备指消耗电能的用电器具或电气设备，看图首先要看清楚有几个用电器具，它们的类别、用途、接线方式及要求等。

第二步：要弄清楚用电设备的控制方法。控制电气设备的方法很多，有的直接用开关控制，有的用各种启动器控制，有的用接触器控制。

第三步：了解主电路中所用的控制电器及保护电器。前者是指除常规接触器以外的其他控制元件，如电源开关（转换开关及低压断路器）、万能转换开关。后者是指短路保护器件及过载保护器件，如低压断路器中电磁脱扣器及热过载脱扣器的规格、熔断器、热继电器及过电流继电器等元件的用途及规格。一般来说，对主电路做如上内容的分析以后，即可分析辅助电路。

第四步：看电源。要了解电源电压等级，是380V还是220V，是从母线汇流排供电还是配电屏供电，还是发电机组供电。

（2）识读辅助电路的步骤　辅助电路包含控制电路、信号电路和照明电路。

根据主电路中各电动机和执行电器的控制要求，逐一找出控制电路中的其他控制环节，将控制电路“化整为零”，按功能不同划分成若干个局部控制电路来进行分析。如果控制电路较复杂，则可先排除照明、显示等与控制关系不密切的电路，以便集中精力进行分析。

第一步：看电源。首先看清电源的种类，是交流还是直流。其次，要看清辅助电路的电源是从什么地方接来的，及其电压等级。电源一般是从主电路的两条相线上接来，其电压为380V。也有从主电路的一条相线和一条零线上接来，电压为单相220V；此外，也可以从专用隔离电源变压器接来，电压有140V、127V、36V、6.3V等。辅助电路为直流时，直流电源可从整流器、发电机组或放大器上接来，其电压一般为24V、12V、6V、4.5V、3V等。辅助电路中的一切电器元件的线圈额定电压必须与辅助电路电源电压一致。否则，电压低时电器元件不动作；电压高时，则会把电器元件线圈烧坏。

第二步：了解控制电路中所采用的各种继电器、接触器的用途，若采用了一些特殊结构的继电器，还应了解它们的动作原理。

第三步：根据辅助电路来研究主电路的动作情况。

分析了上面这些内容再结合主电路中的要求，就可以分析辅助电路的动作过程。

控制电路总是按动作顺序画在两条水平电源线或两条垂直电源线之间的。因此，也就可从左到右或从上到下来进行分析。对复杂的辅助电路，在电路中整个辅助电路构成一条大回路，在这条大回路中又分成几条独立的小回路，每条小回路控制一个用电器具或一个动作。当某条小回路形成闭合回路有电流流过时，在回路中的电器元件（接触器或继电器）则动作，把用电设备接入或切除电源。在辅助电路中一般是靠按钮或转换开关把电路接通的。对于控制电路的分析必须随时结合主电路的动作要求来进行，只有全面了解主电路对控制电路的要求以后，才能真正掌握控制电路的动作原理，不可孤立地看待各部分的动作原理，而应注意各个动作之间是否有互相制约的关系，如电动机正、反转之间应设有联锁等。

第四步：研究电器元件之间的相互关系。电路中的一切电器元件都不是孤立存在的，而是相互联系、相互制约的。这种互相控制的关系有时表现在一条回路中，有时表现在几条回路中。

第五步：研究其他电气设备和电器元件。如整流设备、照明灯等。

三、电气控制系统通电前的检查

由于技术人员在工业机器人第一次电气控制系统连接完毕后、第一次上电前，为保证人身与设备的安全，必须进行必要的安全检查工作。

（1）设备外观检查

1）打开电气控制柜，检查继电器、接触器、伺服驱动器等电器元件的安装有无松动现象，若有松动应恢复正常状态，有锁紧机构的接插件一定要锁紧。

2）检查电器元件接线有无松动与虚接。

（2）电气连接情况检查

1）电气连接情况的检查通常分为三类，即短路检查、断路检查（回路通断）和对地绝缘检查。检查的方法可用万用表一根根的检查，这样花费的时间最长，但是检查是最完整的。

2）电源极性与相序的检查。对于直流用电器件需要检查供电电源的极性是否正确，否则可能损坏设备。对于伺服驱动器需要检查动力线输入与动力线输出连接是否正确，如果把电源动力线接到伺服驱动器动力输出接口上，将严重损坏伺服驱动器。对于伺服电动机，要检查接线的相序是否正确，连接错误将导致电动机不能运行。

3）电源电压检查。电源的正常运行是设备正常工作的重要前提，因此在设备第一次通电前一定要对电源进行检测，以防止电压等级超过用电设备的耐压等级。检查的方法是先把各级低压断路器都断开，然后根据电气原理图，按照先总开关再支路开关的顺序，依次闭合开关，一边上电一边检查，检查输入电压与设计电压是否一致。主要检查变压器的输入输出电压与开关电源的输入输出电压。

4）I/O 检查。I/O 检查包括：PLC 的输入输出检查，继电器、电磁阀回路检查，传感器检测，按钮、行程开关回路检查。

5）认真检查设备的保护接地线。机电设备要有良好的地线，以保证设备、人身安全和减少电气干扰，伺服单元、伺服变压器和强电柜之间都要连接保护接地线。

单元测试题

一、单项选择题（下列每题的选项中，只有 1 个是正确的，请将其代号填在括号内）

1. 交流接触器主要由（　　）、触点系统、灭弧装置和其他辅助部件四大部分组成。

A. 电磁机构　　B. 线圈　　C. 触头　　D. 防护装置

2. 开关电源大致由（　　）、控制电路、检测电路、辅助电源四大部分组成。

A. 主电路　　B. 辅助电路　　C. 绝缘电路　　D. 整流电路

3.（　　）是工业机器人的人机交互系统。

A. 驱动器　　B. 示教器单元　　C. 输入输出装置　　D. 伺服驱动器

4. 工业机器人电气系统图主要有（　　）、电器布置安装图、电器安装接线图等。

A. 电气原理图　　B. 电气结构图　　C. 电气总装图　　D. 电气连接图

二、判断题（下列判断正确的请打“√”，错误的打“×”）

1. 低压断路器具有控制和保护功能。（　　）

2. 接触器和继电器的结构以及工作原理都完全一致。（　　）

3. I/O 单元和控制器通信的是 HIO-1061。（　　）

单元测试题答案

一、单项选择题

1. A　2. A　3. B　4. A

二、判断题

1. √　2. ×　3. √

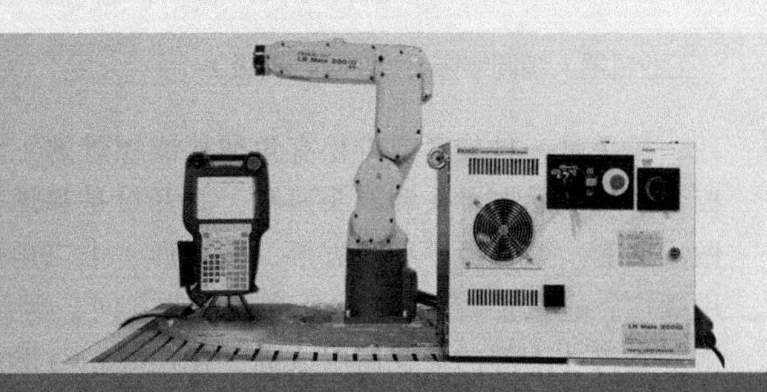

第三单元

工业机器人整机调试

第一节　工业机器人调试准备

培训目标

中级：

➔ 能够正确使用工业机器人常用调试工具。

➔ 了解工业机器人的结构与类型。

➔ 能够掌握工业机器人电控系统的安装工艺。

高级：

➔ 能够正确修改工业机器人伺服参数。

➔ 能够掌握工业机器人主要技术参数。

一、工业机器人常用调试工具的介绍

1. 钳子

钳子是电工常用的工具之一，除了常见的平口钳和尖嘴钳外，还有剥线钳和压线钳。

剥线钳为内线电工、电动机修理和仪器仪表电工常用的工具之一，专供电工剥除电线头部的表面绝缘层。剥线钳的使用方法：①根据缆线的粗细型号，选择相应的剥线刀口；②将准备好的电缆放在剥线工具的刀刃中间，选择好要剥线的长度；③握住剥线工具手柄，将电缆夹住，缓缓用力使电缆外表皮慢慢剥落；④松开工具手柄，取出电缆线，这时电缆金属整齐地露出，其余绝缘塑料完好无损。

压线钳是用来压制接头的一种工具。常见的电话线接头、网线接头以及同轴电缆接头都是用压线钳压制而成的。

2. 螺钉旋具和扳手

螺钉旋具由刀头和柄组成。刀头形状有一字形、十字形两种和其他形状，使用时，手紧握柄，用力顶住，使刀头紧压在螺钉上，以顺时针方向旋转为拧紧，逆时针方向为旋松。穿心柄式螺钉旋具，可在尾部敲击，但禁止用于有电的场合。

扳手是一种旋紧或拧松有角螺栓或螺母的工具。电工经常用到呆扳手、整体扳手和套筒扳手。呆扳手有单头和双头两种，其开口是和螺钉头、螺母尺寸相适应的，并根据标准尺寸做成一套。整体扳手有正方形、六角形、十二角形（梅花扳手），其中梅花扳手在电工中应用颇广，它只要转过30°就可改变扳动方向，因此在狭窄的地方工作较为方便。套筒扳手是由一套尺寸不等的梅花筒组成的，使用时用弓形的手柄连接转动，工作效率较高。

3. 万用表和测电笔

万用表是电力电子等部门不可缺少的测量仪表，一般以测量电压、电流和电阻为主要目的。万用表按显示方式分为指针万用表和数字万用表，是一种多功能、多量程的测量仪表。一般万用表可测量直流电流、直流电压、交流电流、交流电压、电阻和音频电平等，有的还可以测量交流电流、电容量、电感量及半导体的一些参数等。目前常用的万用表多为数字型，操作界面清晰简单。

测电笔能检查低压线路和电气设备外壳是否带电。为便于携带，测电笔通常做成笔状，前段是金属探头，内部依次装安全电阻、氖管和弹簧。弹簧与笔尾的金属体相接触。测电笔的测量电压范围为60~500V。使用时，手应与笔尾的金属体相接触，而且务必先在正常电源上验证氖管能否正常发光，以确认测电笔验电可靠。由于氖管发光微弱，在明亮的光线下测试时，应当避光检测。用测电笔测试带电物体时，如果氖管内电极一端发生辉光，则所测电为直流电；如果氖管内电极两端都发辉光，则所测电为交流电。

二、工业机器人伺服参数

1. 工业机器人伺服参数的分类

工业机器人伺服参数分为运动控制参数、扩展运动控制参数、控制参数和扩展控制参数四类，分别对应在运动参数模式、扩展运动参数模式、控制参数模式和扩展控制参数模式，可以通过驱动单元面板按键来查看、设定和调整这些参数。

2. 工业机器人伺服调试

伺服在调整参数时需要考虑的问题和条件有很多，主要包括：

1）控制系统单元的类型及相应的软件（功能）。

2）伺服电动机的类型及规格，如进给伺服电动机是αi系列还是βi系列。

3）电动机内装的脉冲编码器类型，如编码器是增量式编码器还是绝对式编码器。

4）系统是否使用了分离型位置检测装置，如是否采用独立型旋转编码器或光栅作为伺服系统的位置检测装置。

5）确定电动机-减速器的传动比。

6）运动控制中的检测单位，如0.001mm。

7）控制系统的指令单位，如0.001mm。

三、工业机器人电控系统安装工艺

1）确保传动柜中的所有设备接地良好，使用短和粗的接地线将设备连接到公共接地点或接地母排上。连接到变频器的任何控制设备（如一台PLC）都要与其共地，同样也要使用短和粗的导线接地。接地线多为搭铁连接，连接线多为黄绿相间的导线。

2）当连接器件为电柜低压单元（如继电器、接触器）时，使用熔断器加以保护。当对主电源电网的情况不了解时，建议最好加进线电抗器。

3）确保传导柜中的接触器有灭弧功能，交流接触器采用 RC 抑制器，直流接触器采用“飞轮”二极管，装入绕组中。压敏电阻抑制器也是很有效的。

4）如果设备运行在一个对噪声敏感的环境中，可以采用 EMC 滤波器减小辐射干扰。同时为达到最佳的效果，确保滤波器与安装板之间应有良好的接触。

5）信号线最好只从一侧进入电柜，信号电缆的屏蔽层双端接地。如果非必要，避免使用长电缆。控制电缆最好只用屏蔽电缆。模拟信号的传输线应使用双屏蔽的双绞线。低压数字信号线最好使用双屏蔽的双绞线，也可以使用单屏蔽的双绞线。模拟信号和数字信号的传输电缆应该分别屏蔽和走线。不要将 DC24V 和 AC110/230V 信号共用同一条电缆槽。在屏蔽电缆进入电柜的位置，其外部屏蔽部分与电柜嵌板都要接到一个大的金属台面上。

6）电动机动力电缆应独立于其他电缆走线，其最小距离为 500mm。同时应避免电动机电缆与其他电缆长距离平行走线。如果控制电缆和电源电缆交叉，应尽可能使它们按 90°交叉。同时必须用合适的夹子将电动机电缆和控制电缆的屏蔽层固定到安装板上。

7）为有效地抑制电磁波的辐射和传导，变频器的电动机电缆必须采用屏蔽电缆，屏蔽层的电导率必须至少为每相导线芯电导率的 1/10。

8）中央接地排组和 PE 导电排必须接到横梁上（金属到金属连接），它们必须在电缆压盖处正对的附近位置。中央接地排还要通过另外的电缆与保护电路（接地电极）连接。屏蔽总线用于确保各个电缆的屏蔽连接可靠，它通过一个横梁实现大面积的金属到金属连接。

9）不能将装有显示器的操作面板安装在靠近电缆和带有线圈的设备旁边，如电源电缆、接触器、继电器、螺线管阀、变压器等，因为它们可以产生很强的磁场。

10）功率部件（变压器、驱动部件、负载功率电源等）与控制部件（继电器控制部分、可编程序控制器）必须分开安装，但是并不适用于功率部件与控制部件设计为一体的产品。变频器和相关的滤波器的金属外壳，都应该用低电阻与电柜连接，以减少高频瞬间电流的冲击。理想的情况是将模块安装到一个导电良好、黑色的金属板上，并将金属板安装到一个大的金属台面上。喷过漆的电柜面板、DIN 导轨或其他只有小的支承表面的设备都不能满足这一要求。

11）设计控制柜时要注意 EMC 的区域原则，把不同的设备规划在不同的区域中。每个区域对噪声的发射和抗扰度有不同的要求。区域在空间上最好用金属壳或在柜体内用接地隔板隔离。并且考虑发热量，以及进风风扇与出风风扇的安装，一般发热量大的设备安装在靠近出风口处，进风风扇安装在下部，出风风扇安装在柜体的上部。

12）根据电柜内设备的防护等级，需要考虑电柜防尘及防潮功能，一般使用的设备主要为空调、风扇、换热器、抗冷凝加热器。同时根据柜体的大小选择不同功率的设备。关于风扇的选择，主要应考虑柜内正常的工作温度和柜外最高的环境温度，求得温差和风扇的换气速率，估算出柜内的空气容量。已知三个数据：温差、换气速率、空气容量后，求得柜内空气更换一次的时间，然后通过该温差计算实际需要的换气速率，从而选择实际需要的风扇。因为夜间温度一般会下降，故会产生冷凝水依附在柜内电路板上，所以需要选择相应的抗冷凝加热器以保持柜内温度。

四、机器人主要的技术参数

机器人主要的技术参数有以下七个。

1. 自由度

自由度是指描述物体运动所需要的独立坐标数。机器人的自由度表示机器人动作灵活的尺度，一般以轴的直线移动、摆动或旋转动作的数目来表示，手部的动作不包括在内。

机器人的自由度越多，就越能接近人手的动作机能，通用性就越好；但是自由度越多，结构越复杂，对机器人的整体要求就越高，这是机器人设计中的一个矛盾。工业机器人一般多为4~6个自由度，7个以上的自由度是冗余自由度，是用来规避障碍物的。

2. 工作空间

机器人的工作空间是指机器人手臂或手部安装点所能达到的所有空间区域，不包括手部本身所能达到的区域。机器人所具有的自由度数目及其组合不同，则其运动图形不同；而自由度的变化量（即直线运动的距离和回转角度的大小）则决定着运动图形的大小。

3. 工作速度

工作速度是指机器人在工作载荷条件下、匀速运动过程中，机械接口中心或工具中心点在单位时间内所移动的距离或转动的角度。

确定机器人手臂的最大行程后，根据循环时间安排每个动作的时间，并确定各动作同时进行或顺序进行，就可确定各动作的运动速度。分配动作时间除考虑工艺动作要求外，还要考虑惯性和行程大小、驱动和控制方式、定位和精度要求。

为了提高生产率，要求缩短整个运动循环时间。运动循环包括加速度起动、等速运行和减速制动三个过程。过大的加减速度会导致惯性力加大，影响动作的平稳和精度。为了保证定位精度，加减速过程往往占去较长时间。

4. 工作载荷

工作载荷是指机器人在规定的性能范围内，机械接口处能承受的最大负载量（包括手部），用质量、力矩、惯性矩来表示。

负载大小主要考虑机器人各运动轴上的受力和力矩，包括手部的重量、抓取工件的重量，以及由运动速度变化而产生的惯性力和惯性力矩。一般低速运行时，承载能力大，为安全考虑，规定在高速运行时能抓取的工件重量作为承载能力指标。

目前使用的工业机器人，其承载能力范围较大，最大可达9kN。

5. 控制方式

控制方式是指机器人用于控制轴的方式，是伺服还是非伺服，伺服控制方式是实现连续轨迹还是点到点的运动。

6. 驱动方式

驱动方式是指关节执行器的动力源形式。

7. 精度、重复精度和分辨力

精度：一个位置相对于其参照系的绝对度量，指机器人手部实际到达位置与所需要到达的理想位置之间的差距。

重复精度：在相同的运动位置命令下，机器人连续若干次运动轨迹之间的误差度量。如果机器人重复执行某位置给定指令，它每次走过的距离并不相同，而是在一平均值附近变化，该平均值代表精度，而变化的幅度代表重复精度。

分辨力：指机器人每个轴能够实现的最小移动距离或最小转动角度。精度和分辨力不一定相关。一台设备的运动精度是指命令设定的运动位置与该设备执行此命令后能够达到的运动位置之间的差距，分辨力则反映了实际需要的运动位置和命令所能够设定的位置之间的差距。

工业机器人的精度、重复精度和分辨力要求是根据其使用要求确定的。机器人本身所能达到的精度取决于机器人结构的刚度、运动速度控制和驱动方式、定位和缓冲等因素。由于机器人有转动关节，不同回转半径时其直线分辨力是变化的，因此造成了机器人的精度难以确定。由于精度一般难测定，通常工业机器人只给出重复精度。

第二节　工业机器人控制系统调试

培训目标

中级：

➔ 能够使用工业机器人示教器进行调试。
➔ 能够使用工业机器人基本运动指令。
➔ 能够正确对工业机器人的基本机械进行装配。
➔ 掌握工业机器人调试记录方法。

高级：

➔ 能够对工业机器人进行整机调试。
➔ 能够正确使用检测仪器仪表及工程软件。
➔ 能够检测工业机器人定位精度与重复定位精度。
➔ 能够对工业机器人调试进行记录与综合评价。

一、工业机器人示教器调试相关知识

1. 工业机器人控制系统

工业机器人控制系统主要由机器人控制器与机器人示教器以及运行在这两种设备上的软件所组成。机器人控制器一般安装于机器人电柜内部，控制机器人的伺服驱动、输入输出等主要执行设备；机器人示教器一般通过电缆连接到机器人电柜上，作为上位机通过以太网与控制器进行通信。借助示教器可以实现机器人系统的主要控制功能：手动控制机器人运动、机器人程序示教编程、机器人程序自动运行、机器人运行状态监视、机器人系统参数设置。

2. 机器人轴的调试

（1）工业机器人的校准　工业机器人正确运行的基础是精确设置关节参考点（通过设置关节参考点，可以获得关节坐标系原点），六轴工业机器人一般要设置六个关节参考点，通过关节参考点设置过程，使六个关节的实际坐标系与设计（算法）坐标系的原点重合，这样才能保证高精度的准确定位。例如，某个关节的理想转角位置是30°（相对于设计或算法建立的坐标系），但由于关节参考点设置的误差，得到的实际转角位置可能只有 29°，或者 31°，根据这个实际角度去求空间位置坐标，可能会与理想角度得到的理想位置相差好几毫米，甚至更大，机器人装配得再精确，如果关节参考点设置得不精确，机器人的精度还是不高。

关节参考点设置不准确，机器人通常可能有很高的重复定位精度，但是却没有很高的位置精度。

一般购买回来的机器人的关节参考点是设置好的，但有时机器人在运行过程中出现编码器错误，或者更换保存编码器数据的电池等，使得编码器原点数据丢失或无效，在这种情况下都需要重新进行原点坐标系设置。

（2）工业机器人的软限位　了解机器人的运动学原理，就会知道，关节机器人之所以能在空间里准确到达一个位置，依靠的是各个轴分别从零点开始旋转特定的角度，从而合成出最终的位置。注意，“零点”这个关键词，意思即为每个关节开始运动的参考点，即 0°。既然机器人可以自己计算每个轴从零点开始转了多少角度，那么自然就可以有一个新的参数：软限位（相对应于硬限位）。可以设定正方向角度 P、负方向角度 N 是轴的活动范围，这样，当机器人运动过程中一旦检测到超出这个范围，控制器就让机器人停下来，然后弹出相应错误信息提示超限位了。软限位应该小于机械限位，这样，当软限位失效后，硬限位就可以继续起作用。

在工业机器人的轴设定参数中，有一组参数，叫作软限位。运动的部件，为了防止位置超出发生碰撞，都会通过凸轮机构触发限位开关的方式而阻止过度运动，这就叫硬限位。而软限位则是这样的：每个轴都有一对参数，分别为正方向的角度数和负方向的角度数。所谓正负，是相对于机械零点的角度而言的。

3. 工业机器人运动仿真分析知识

（1）工业机器人运动路径

1）关节定位是移动机器人各关节到达指定位置的基本动作模式。独立控制各个关节同时运动到目标位置，即机器人以指定进给速度，沿着（或围绕）所有轴的方向，同时加速、减速或停止。工具的运动路径通常是非线性的，在两个指定的点之间任意运动，如图 3-1 所示，以最大进给速度的百分数作为关节定位的进给速度，其最大速度由参数设定，程序指令中只给出实际运动的倍率。

2）直线运动指令控制 TCP（工具中心点）沿直线轨迹运动到目标位置，如图 3-2 所示。其速度由程序指令直接指定，单位可为 mm/s、cm/min 或 in/min。

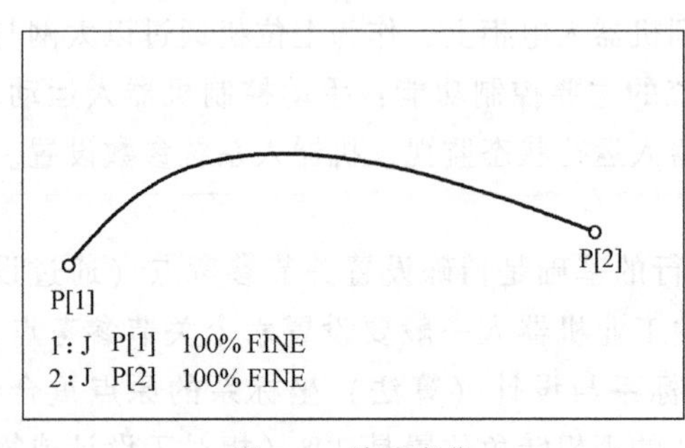

图 3-1　关节定位

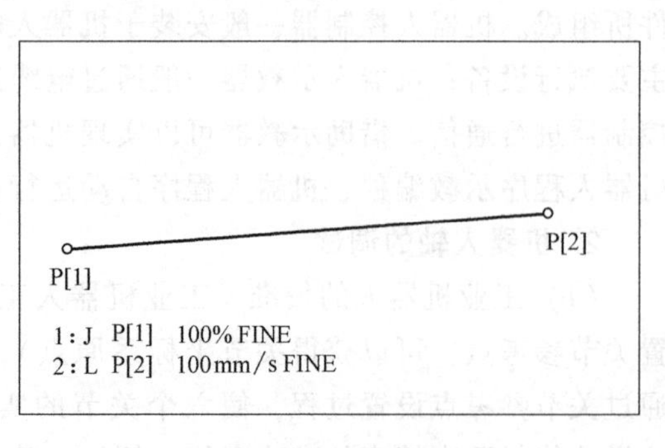

图 3-2　直线运动

3）圆弧运动指令控制 TCP（工具中心点）沿圆弧轨迹从起始点经过中间点移动到目标位置，中间点和目标点在指令中一并给出，如图 3-3 所示。其速度由程序指令直接指定，单位可为 mm/s、cm/min 或 in/min。

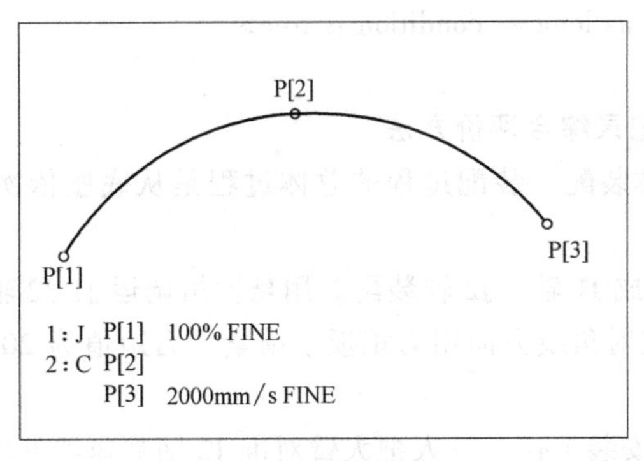

图 3-3　圆弧运动

4. 工业机器人内部指令相关知识

工业机器人除了控制运动的运动指令，还有一些控制逻辑和流程的相关指令，不同厂家的机器人内部指令有些许不同，这里以华中数控Ⅱ型机器人为例。

（1）IF…THEN…END　IF 指令组的含义是“（IF）如果……成立，则（THEN）……”。该指令用来控制程序在某条件成立的情况下，才执行相应的操作。

指令语法：

IF<condition>THEN

<first statement to execute if condition is true>

<multiple statements to execute if condition is true>

{ELSE

<first statement to execute if condition is false>

<multiple statements to execute if condition is false>}

END IF

其中“{}”括起来的部分为可选。ELSE 表示当 IF 后面跟的条件不成立时，会执行其后面的程序语句。

（2）CALL　CALL 指令的功能是调用由 SUB…END SUB 关键字定义的子程序。

指令语法：

CALL<subprogram name>

（3）GOTO…LABEL　GOTO 指令主要用来跳转程序到指定标签位置（LABLE）处。要使用 GOTO 关键字，必须先在程序中定义 LABEL 标签，且 GOTO 与 LABEL 必须同处在一个程序块中（PROGRAM…END PROGRAM，SUB…END SUB，FUNCTION…END FUNCTION，ONEVENT…END ONEVENT）。

指令语法：

GOTO <program label>

<program label>:

（4）While…End While　该指令用来循环执行包含在其结构中的指令块，直到条件不成

立后结束循环。通常用来阻塞程序，直到某条件成立后才继续执行。

指令语法：

```
While<condition>
    <code to execute as long as condition is true>
End While
```

5. 工业机器人调试记录综合评价方法

（1）完成机器人本体装配　装配过程的总体过程是从底座依次装配至末端的。具体步骤方法如下：

1）在装配桌 A 上完成 J1 轴、J2 轴装配。用悬臂吊调运 J1-J2 轴装配体至机器人的安装位置，预紧螺钉 M12，按对角线方向用力矩扳手锁紧，力矩值为 204.8N · m，完成 J1-J2 轴装配体的装配。

2）进行机器人大臂安装工作。一人把大臂对准 J2 轴减速器的轴端安装孔位，同时另一人先预紧减速器的螺钉。按对角线方向用力矩扳手锁紧，力矩值为（128.4±6.37）N · m。通过解除电源抱闸线，转动大臂，要求转动顺畅无卡滞现象，减速器声音正常，即完成机器人大臂的装配工作。

3）把 J3 轴电动机、J3 轴减速器均安装在 J3 轴电动机座上。

4）将 J3 轴减速器输出轴孔与大臂的连接法兰的轴孔对齐，拧入螺钉，预紧，按对角线方向用力矩扳手拧紧，力矩值为（37.2±1.86）N · m，完成 J3-J4 轴装配体电动机座初步的装配工作。

5）在安装好电动机转座以后，在本体上面安装 J4 轴减速器、J4 轴电动机组合。

6）在 J5 轴、J6 轴装配好后，将 J5-J6 轴装配体平放在装配桌 B 上，随后把 J4 轴减速器内套固定在 J5-J6 轴装配体上。在装配桌 B 上完成 J5-J6 轴装配体的装配任务。

7）把 J4 轴减速器外套套在 J4 轴减速器上，随后把装配好的 J5-J6 轴装配体安装在 J4 轴减速器轴孔中，预紧螺钉 M5，按对角线方向用力矩扳手拧紧，力矩值为（9.01±0.49）N · m。完成 J5-J6 轴装配体安装在整机上的工作任务。

8）将 61807 轴承压入 J4 轴减速器内套，用卡簧钳将挡圈卡入槽内。

9）连接机器人全部电源线和编码器线，进行整机试验，检查减速器是否存在异响、转动是否顺畅。若有异响或晃动过大，则立刻停止试机。

10）在跑机测试中，如果没有问题，装配好剩余所有的零件，打扫场地，完成机器人的整机装配工作。

11）减速器加油。J4 轴、J5 轴、J6 轴减速器没有拆卸，并且自带润滑脂，不需要加入润滑脂，只需要在减速器中加入足够的油脂。

① 在黄油枪中加入 Nabtesco 减速器专用润滑脂，打开 J1 轴注油口和出油口螺钉孔，在 J1 轴注油口中，注入 400mL 润滑脂后，在螺钉上缠绕合适的生料带，将其拧入螺孔。

② 清理机器人上滴落的润滑脂。

③ J2 轴减速器、J3 轴减速器同样加入润滑脂，J2 轴加入量为 400mL，J3 轴加入量为 360mL。

（2）注意事项及检测结果

1）J1 轴的安装和检测。

① 装配步骤及注意事项。J1 轴的装配见表 3-1。

表 3-1　J1 轴的装配

步骤	装配内容	配合及连接方法	装配要求
1	J1 轴减速器安装在底座上	螺钉连接	同轴度 ϕ0.01mm
2	J1 轴伺服电动机与 J1 轴减速器装配	间隙孔轴配合	同轴度 ϕ0.01mm
3	J1 轴伺服电动机安装在转座上	螺钉连接	灵活转动

② 检测。J1 轴的检测见表 3-2。

表 3-2　J1 轴的检测

步骤	装 配 内 容	检测要点	检测结果	装配体会
1	J1 轴减速器安装在底座上	同轴度		
2	J1 轴伺服电动机与 J1 轴减速器装配	同轴度		
3	J1 轴伺服电动机安装在转座上	转动情况		

2）J2 轴的安装和检测。

① 装配步骤及注意事项。J2 轴的装配见表 3-3。

表 3-3　J2 轴的装配

步骤	装 配 内 容	配合及连接方法	装配要求
1	J2 轴减速器安装在底座上	螺钉连接	同轴度 ϕ0.01mm
2	J2 轴伺服电动机与 J2 轴减速器装配	间隙孔轴配合	同轴度 ϕ0.01mm
3	J2 轴伺服电动机安装在转座上	螺钉连接	灵活转动

② 检测。J2 轴的检测见表 3-4。

表 3-4　J2 轴的检测

步骤	装 配 内 容	检测要点	检测结果	装配体会
1	J2 轴减速器安装在底座上	同轴度		
2	J2 轴伺服电动机与 J2 轴减速器装配	同轴度		
3	J2 轴伺服电动机安装在转座上	转动情况		

3）J3 轴的安装和检测。

① 装配步骤及注意事项。J3 轴的装配见表 3-5。

表 3-5　J3 轴的装配

步骤	装 配 内 容	配合及连接方法	装配要求
1	J3 轴减速器安装在底座上	螺钉连接	同轴度 ϕ0.01mm
2	J3 轴伺服电动机与 J3 轴减速器装配	间隙孔轴配合	同轴度 ϕ0.01mm
3	J3 轴伺服电动机安装在转座上	螺钉连接	灵活转动

② 检测。J3 轴的检测见表 3-6。

表 3-6　J3 轴的检测

步骤	装配内容	检测要点	检测结果	装配体会
1	J3 轴减速器安装在底座上	同轴度		
2	J3 轴伺服电动机与 J3 轴减速器装配	同轴度		
3	J3 轴伺服电动机安装在转座上	转动情况		

4）J4 轴的安装和检测。

① 装配步骤及注意事项。J4 轴的装配见表 3-7。

表 3-7　J4 轴的装配

步骤	装配内容	配合及连接方法	装配要求
1	J4 轴大带轮安装在 J4 轴减速器上	螺钉连接	连接牢固
2	J4 轴减速器连接法兰固定在转座上	螺钉连接	连接牢固
3	J4 轴电动机板（上好传动带）与电动机固定在 J3 轴转座上	螺钉连接	连接牢固

② 检测。J4 轴的检测见表 3-8。

表 3-8　J4 轴的检测

步骤	装配内容	检测要点	检测结果	装配体会
1	J4 轴大带轮安装在 J4 轴减速器上	连接是否牢固可靠		
2	连接是否牢固可靠	连接是否牢固可靠		
3	J4 轴电动机板（上好传动带）与电动机固定在 J3 轴转座上	连接是否牢固可靠		

5）J5 轴、J6 轴的安装和检测。

① 装配步骤及注意事项。J5 轴、J6 轴的装配见表 3-9。

表 3-9　J5 轴、J6 轴的装配

步骤	装配内容	配合及连接方法	注意事项
1	手腕轴承安装	过盈配合	严禁强力敲打
2	手腕与手臂连接	螺钉连接	灵活转动
3	安装传动带	带轮连接	带张力适中
4	J6 轴电动机组合安装到手腕体上	螺钉连接	灵活转动

② 检测。J5 轴、J6 轴的检测见表 3-10。

表 3-10　J5 轴、J6 轴的检测

步骤	装配内容	检测要点	检测结果	装配体会
1	手腕轴承安装	灵活转动		
2	手腕与手臂连接	灵活转动		
3	安装传动带	压力约为 100N， 压下量在 10mm 左右		
4	J6 轴电动机组合安装到手腕体上	灵活转动		

二、机器人整机调试

1. 完成本体与电气控制柜的总线连接

完成机器人本体与电气控制柜的总线连接，并对各电动机逐一进行通电测试，主要检测电气系统能否正常运行和各传动机构运行是否流畅。

2. 实现调试任务

使用示教编程，编写一段调试程序，在再现（自动）模式下运行。各品牌工业机器人调试程序略有差异，调试程序按各个品牌工业机器人自身指令为准。

调试程序编写原则：

1）尽量使用所有运动指令，确定所有运动指令正确运行。

2）编写动作要简单，便于直接观察机器人指令运行正确与否。

3）能长时间循环运行。

4）能保证在安全的情况下以最大速度运行。

3. 检测

（1）定位精度　使用绝对激光跟踪仪，检测机器人定位精度。

（2）检测重复定位精度　使用绝对激光跟踪仪，检测机器人重复定位精度，重复定位精度检测应运行调试任务 10 次以上。

（3）检测速度　根据用户说明书，检测机器人最大和最小运行速度。

（4）检测机器人长度行程　根据用户说明书，检测机器人长度行程。

单元测试题

一、单项选择题（下列每题的选项中，只有 1 个是正确的，请将其代号填在括号内）

1. 对机器人进行示教时，作为示教人员必须事先接受过专门的培训才行。与示教作业人员一起进行作业的监护人员，处在机器人可动范围外时，（　　），可进行共同作业。

A. 不需要事先接受过专门的培训

B. 必须事先接受过专门的培训

C. 没有事先接受过专门的培训也可以

2. 通常对机器人进行示教编程时，要求最初程序点与最终程序点的位置（　　），可提高工作效率。

A. 相同　　B. 不同　　C. 无所谓　　D. 分离越大越好

3. 示教编程器上安全开关握紧为 ON 状态，松开为 OFF 状态，作为进而追加的功能，当握紧力过大时，为（　　）状态。

A. 不变　　　　B. ON　　　　C. OFF

4. 手部的位姿是由（　　）构成的。

A. 位置与速度　　B. 姿态与位置　　C. 位置与运行状态　D. 姿态与速度

5. 机器人终端效应器（手）的力量来自（　　）。

A. 机器人的全部关节　　　　B. 机器人手部的关节

C. 决定机器人手部位置的各关节　　D. 决定机器人手部位姿的各个关节

二、判断题（下列判断正确的请打“√”，错误的打“×”）

1. 机械手也可称之为机器人。（　　）

2. 完成某一特定作业时具有多余自由度的机器人称为冗余自由度机器人。（　　）

3. 任何复杂的运动都可以分解为由多个平移和绕轴转动的简单运动的合成。（　　）

4. 谐波减速器的名称来源是因为刚轮齿圈上任一点的径向位移呈近似于余弦波形的变化。（　　）

5. 轨迹插补运算是伴随着轨迹控制过程一步步完成的，而不是在得到示教点之后，一次完成，再提交给再现过程的。（　　）

单元测试题答案

一、单项选择题

1. B　2. A　3. C　4. B　5. D

二、判断题

1. √　2. √　3. √　4. ×　5. √

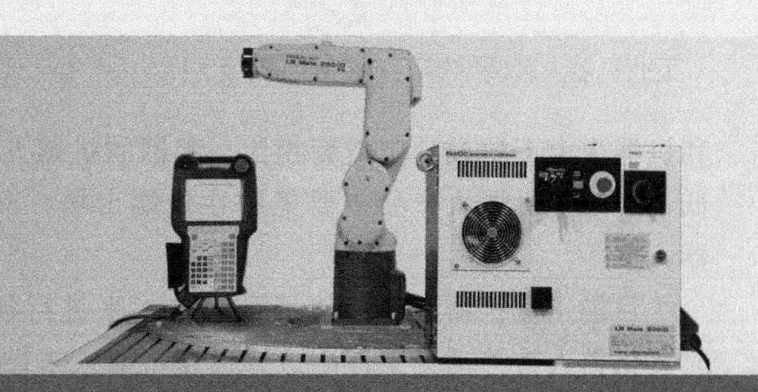

第四单元

工业机器人校准与标定

第一节 工业机器人运动学及工具坐标系

培训目标

高级：

➔ 能够熟悉工业机器人运动学模型建立的过程

➔ 能够了解工业机器人运动学模型参数。

➔ 能够了解机器人工具坐标系的建立和标定方法。

机器人在当今世界得到了广泛深入的应用，在汽车制造、电子、航天航空、医疗、外太空及深海探测等领域发挥着巨大作用。机器人能够替代人们完成各种高难度的任务和操作，无须考虑环境的舒适性，也不需要考虑生命保障或安全，因此它降低甚至完全规避了往常人们在恶劣条件下工作的风险。机器人不仅具有某些人类所不具备的能力，还比人的操作更稳定，能够长时间地保持固有的比人高得多的精确度。机器人的正常运动遵循一定程序，这些程序寄存在计算机或者机器人控制器里。针对不同的机器人作业，经过一定训练的操作工可以方便地更改和调整程序，大大缩短了加工生产的时间。

工业机器人是机器人下属的一个重要门类。作为高科技机电一体化装置，工业机器人是机械学科和微电子学科的结晶，集精密化、智能化、软件应用开发等先进制造技术于一体。通过调用不同程序或者更换固连在关节上的末端执行器，人们能够使用工业机器人完成不同的操作，如激光焊接、卫浴喷涂、物料搬运等。同时，使用工业机器人可以降低废品率和生产成本，带来明显的经济效益。而机器人工具坐标系标定影响机器人运动准确性和作业效率。

虽然国内对工业机器人的研究晚于国外，但是由于国家对工业机器人的应用和研究越发重视，目前国内研究速度加快，层面也逐步加深，并且已有一定成果。通过国家政策扶持和鼓励，我国在机器人的控制器软硬件设计制造技术、运动学和动力学设计制造技术、机器人协同技术等方面获得了不错的成就。同时，国内涌现了一批拥有自主知识产权的工业机器人设计制造厂商，他们在国内外工业机器人市场上有一定的话语权。但是，和国外的科研院校和机器人上下游设计制造商相比，我国的机器人研究水平和成果明显落后，设计和制造水平低下，工业机器人产品主要集中在低端市场，而产品的性能表现更是远低于国外同类型机器人。

目前工业机器人普遍使用示教技术来进行加工操作。当需要对一个新的工件进行加工时，机器人被移动到工件附近，使得机器人末端工具到达预设位姿。操作工将运动轨迹数据记录在示教器中并生成机器人程序，然后机器人可以调用此程序重复刚才的操作。只要机器人末端执行器能够准确重复地到达示教点，机器人就满足了加工操作的需求。工业机器人往往和其他设备相连接，对于一些复杂曲面工件，难以通过人工示教移动机器人到达预设位姿，并且也难保证结果精度，因此示教技术越发显得笨拙，耗时耗力而且成本高。与示教技术的缺点日益突显相对的是，工业机器人离线编程技越来越得到重视和应用。机器人离线编程技术在 CAD 系统规划机器人的运动轨迹和位姿，能够节约加工制造、焊接、码垛等操作的时间和成本。CAD 系统中有理想的机器人、工具和工件模型——包括准确的关节几何参数、工具坐标系和机器人关节坐标系的相对位置，但是由于实际加工环境与 CAD 系统的理想状况相差较大，运动学仿真和实际的机器人运动路径及位姿并不相同。因此，离线编程技术对机器人定位精度与模型精度都提出了较高要求。示教技术好坏与机器人重复定位精度密切相关，国内外主流机器人的重复定位精度都较高，通过示教得到的机器人运动轨迹和位姿都较为准确。但是机器人绝对定位精度通常很低，并且不同厂家和不同类型的机器人的绝对定位精度相差较大。在实际加工操作过程中，由于机器人制造商不能够提供实时准确的机器人参数，离线编程技术无法完全展现其优势。随着离线编程技术的广泛运用，对机器人进行标定是提升机器人绝对定位精度，进而改善机器人性能表现的关键所在。

通过更换安装在同一台工业机器人末端关节上的工具，操作人员可以完成不同的加工任务。例如，在同一款机器人末端安装焊枪实现焊接操作后，卸下焊枪再安装喷枪，更换控制器中的运动程序，这台机器人便可用于卫浴设备的喷涂加工。同时，离线编程的应用也要求在每次更换机器人末端工具后对机器人控制器内工具坐标系数据进行标定。

通常机器人标定技术分为三类：①机器人运动学模型标定，即标定机器人关节、连杆几何参数以及关节坐标系之间的相对位姿；②机器人动力学标定，不仅标定机器人几何特征参数，还标定机器人力学特性参数，如结构刚度等；③机器人工具坐标系和工件坐标系标定，确定工具坐标系和工件坐标系在机器人基坐标系下的准确位姿。

机器人工具坐标系标定包括工具中心点位置（Tool Center Position，TCP）标定和工具中心点姿态（Tool Center Frame，TCF）标定。在实际工厂应用中指令代码的错误或操作人员的误操作可能会造成工具碰撞，导致末端工具参数位置和姿态改变。针对上述情况，需要对机器人的末端工具坐标系进行准确标定，以保证加工运动轨迹的准确性。

本节阐述机器人运动学模型基础，以 HSR-JR608 机器人为研究对象，建立机器人各关节坐标系及其相互转换，最后介绍标定工具坐标系的方法。

一、工业机器人运动学模型

通常机器人运动学包括机器人以及末端执行器在内的几何关联，末端执行器的速度、加速度和运动轨迹。机器人的运动传递机制需要有准确的数学描述，通常使用的方法是 D-H 建模法。D-H 建模法最早由 Denavit 和 Hartenberg 提出，用于描述机器人各关节的运动传递，对于每个关节和连杆之间的空间关系都能用四个参数来描述，实现了机器人各关节坐标系在机器人基坐标系下的表达，继而获得完整的机器人运动学表达。D-H 模型以其能简单有效地描述连杆和关节运动的特点而得到了广泛应用。机器人运动学求解通常分为两块：一是机器人正向运动学，利用已知的机器人各关节转角去求解未知的末端执行器的位姿；二是机器人逆向运动学，根据末端执行器的位姿去求解各关节角度大小。两者的映射关系如图 4-1 所示。

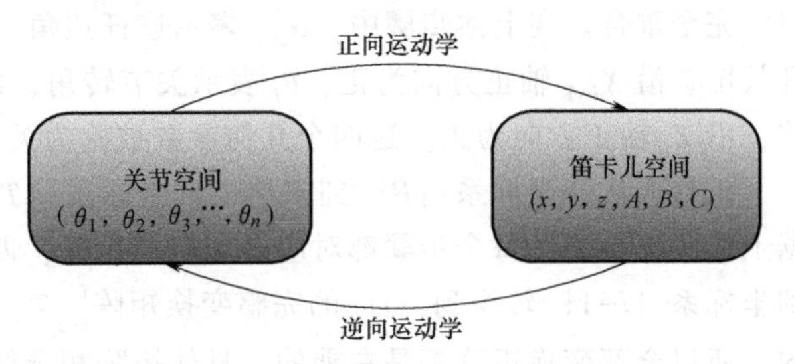

图 4-1 机器人运动学模型

其中，θ_i（$i=1$，2，…，n）是关节转角；x、y、z 是机器人末端关节在基坐标系下的位置；A、B、C 是机器人末端关节的欧拉角或者滚动角、俯仰角和偏航角。目前国内外针对机器人运动学参数标定有广泛深入的研究，这些研究成果不同程度地提高了机器人的定位精度，提升了机器人运动性能。下面将在 D-H 模型基础上对如下转动关节建立关节坐标系，确定相邻坐标系之间的变换关系。

如图 4-2 所示，D-H 模型下 6R 机器人关节坐标系建立方法如下：

第一步，以关节轴线 i 为第 i 坐标系 Z_i 轴，Z_i 轴方向沿关节轴线 i 方向。当遇到两平行关节轴线时，一般取两坐标系 Z 轴同向。

第二步，选取关节坐标系的原点，确定关节坐标系的位置。一般取两关节轴线的公垂线与两关节轴线的交点为坐标系原点。

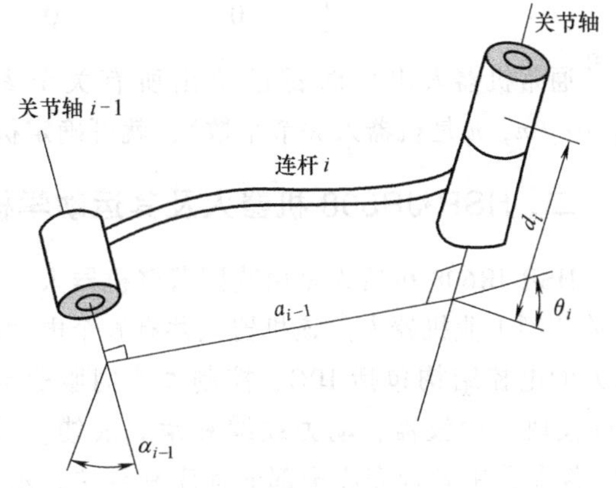

图 4-2 D-H 模型

如果遇到两平行关节轴线，此时两轴线的公垂线并不唯一，坐标系原点确定过程一般是：过 $i-1$ 坐标系的原点 O_{i-1} 作 Z_{i-1} 轴和 Z_i 轴的公垂线，取该公垂线和 Z_i 轴的交点作为第 i 坐标系的原点 O_i。如果第 i 坐标系前没有关节坐标系，如第 1 关节。此时可先把机器人基坐标系 $\{B\}$ 设置为 O_0 坐标系。然后原点选取方法同上。

第三步，取 Z_{i-1} 轴到 Z_i 轴的公垂线为坐标轴 X_{i-1}，方向为从 Z_{i-1} 轴到 Z_i 轴。如果 Z_{i-1} 轴和 Z_i 轴相交不重合，则取 X_{i-1} 轴方向为 Z_{i-1} 轴与 Z_i 轴的矢量积方向。一般情况下，所有平行的 X 轴应取方向一致。

第四步，根据已建立的 X 轴和 Z 轴，通过右手法则确立 Y 轴。至此，D-H 方法下关节坐标系建立完成。在 D-H 模型中，机器人的连杆有四个参数，即 α_{i-1}，a_{i-1}，θ_i，d_i。对于本章使用的 HSR-JR608 机器人，i 是运动学模型中的唯一变量。这四个参数唯一确定了关节 i 相对于 $i-1$ 的位置和姿态，即 D-H 模型转换矩阵。第 $i-1$ 坐标系再经过下列步骤变换成第 i 坐标系：

① 坐标系 $\{i-1\}$ 绕 X_{i-1} 轴旋转角度 α_{i-1}，使得 Z_{i-1} 轴平行 Z_i 轴。

② 沿着 X_{i-1} 轴平移距离 a_{i-1}，使得 Z_{i-1} 轴和 Z_i 轴重合。

③ 绕 Z_i 轴旋转角度 θ_i，使得 X_{i-1} 轴和 X_i 轴平行。

④ 沿 Z_i 轴平移距离 d_i，使得 X_{i-1} 轴和 X_i 轴重合，此时经过变换后，坐标系 $\{i-1\}$ 和 $\{i\}$ 完全重合。在上述步骤中，α_{i-1} 表示连杆扭角，绕 X_{i-1} 轴逆时针旋转为正；a_{i-1} 表示连杆长度，沿 X_{i-1} 轴正方向为正；θ_i 表示关节转角，绕 Z_i 轴逆时针旋转为正；d_i 表示关节偏移，沿 Z_i 轴正方向为正。这四个几何参数被称为关节参数，也称为 D-H 参数。

机器人从基坐标系 $\{B\}$ 到末端工具坐标系 $\{T\}$ 之间的所有关节坐标系变换都可以根据上述步骤得到。每个步骤都对应一个转换矩阵，四个步骤执行完后，变换矩阵顺序相乘得到坐标系 $\{i-1\}$ 转换到 $\{i\}$ 的完整变换矩阵 ${}^{i}_{i-1}\boldsymbol{T}$。因为全部转换都是在当前的坐标系产生的，所以全部变换矩阵都是右乘的。具体矩阵相乘结果如下：

$$
{}^{i}_{i-1}\boldsymbol{T} = \mathrm{Rot}(x,\alpha_{i-1}) \cdot \mathrm{Trans}(x,a_{i-1}) \cdot \mathrm{Rot}(z,\theta_i) \cdot \mathrm{Trans}(z,d_i)
$$

$$
= \begin{bmatrix} \cos\theta_i & -\sin\theta_i & 0 & a_{i-1} \\ \sin\theta_i\cos\alpha_{i-1} & \cos\theta_i & -\sin\alpha_{i-1} & -d_i\sin\alpha_{i-1} \\ \sin\theta_i\sin\alpha_{i-1} & \mathrm{cis}\theta_i\sin\alpha_{i-1} & \cos\alpha_{i-1} & d_i\cos\alpha_{i-1} \\ 0 & 0 & 0 & 1 \end{bmatrix} \tag{4-1}
$$

通常机器人出厂时都已给出所有关节参数，给定机器人各关节转角 θ_i（$i=0$，1，2，…，n，n 是机器人关节个数），就可确定机器人末端关节坐标系在基坐标系下的表达。

二、HSR-JR608 机器人及其运动学模型参数

HSR-JR608 机器人是由我国著名机器人生产商华数机器人有限公司设计制造的六轴全旋转关节型工业机器人。该机器人共有 6 个电动机可以驱动 6 个关节实现不同的运动形式。机器人的电控结构包括 IPC、控制器、伺服驱动器、I/O 模块、示教器、动力线缆和编码线缆。其中，IPC 控制器中处理完成全部的程序和算法，示教器是操作人员创建、测试、执行程序和确认机器人状态和即时参数的媒介。

从示教器界面可以读取机器人各关节度数值，以及在基坐标系下的机器人位姿信息。用户可以借以实现如下主要控制功能：手动控制机器人运动、机器人程序示教编程、机器人程序自动运行、机器人运行状态监视和机器人控制参数设置等。HSR-JR608 机器人各关节坐标系如图 4-3 所示。

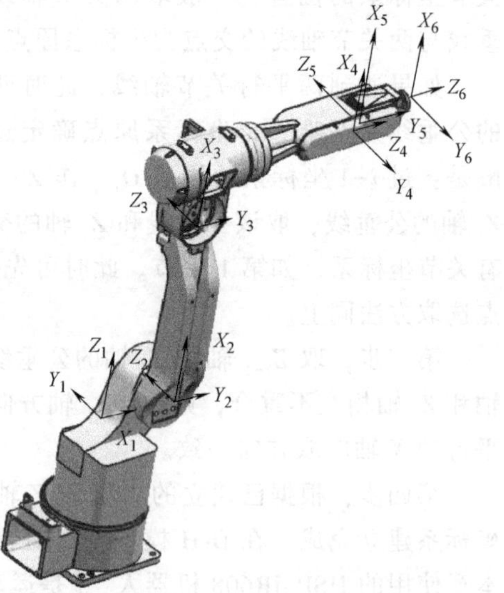

其中，为了清晰表示第四、第五关节坐标系，特意将坐标原点区分开。

图 4-3　HSR-JR608 机器人各关节坐标系

机器人 D-H 模型参数见表 4-1。

HSR-JR608 机器人的基坐标系 $\{B\}$ 与第一关节坐标系 $\{1\}$ 重合，即 ${}^{1}_{B}\boldsymbol{T}=[\boldsymbol{I}]$。其中，$[\boldsymbol{I}]$ 是单位矩阵。

结合式（4-1），可以得到相邻关节间的矩阵变换：${}^{E}_{B}\boldsymbol{T}={}^{6}_{B}\boldsymbol{T}={}^{1}_{B}\boldsymbol{T}\cdot{}^{2}_{1}\boldsymbol{T}\cdot{}^{3}_{2}\boldsymbol{T}\cdot{}^{4}_{3}\boldsymbol{T}\cdot{}^{5}_{4}\boldsymbol{T}\cdot{}^{6}_{5}\boldsymbol{T}$

表 4-1　HSR-JR608 机器人 D-H 模型参数

第 i 关节	运动学参数			
	α_{i-1}/(°)	a_{i-1}/mm	θ_i/(°)	d_i/mm
1	0	0	0	0
2	90	150	90	0
3	0	570	0	0
4	0	130	0	639.5
5	−90	0	−90	0
6	90	0	0	121.6

对于末端执行器（即工具）坐标系｛T｝，认定其姿态与第 6 关节坐标系｛6｝姿态一致，从坐标系｛6｝到｛T｝的变换仅仅是一个平移变换。因此可以得到

$$ {}_{6}^{T}\boldsymbol{T}=\begin{pmatrix}1&0&0&l_x\\0&1&0&l_y\\0&0&1&l_z\\0&0&0&1\end{pmatrix} \tag{4-2}$$

式中，l_x、l_y、l_z 表示坐标系｛6｝分别沿其 X 轴、Y 轴、Z 轴向坐标系｛T｝移动的距离。

由上文可知，D-H 建模法遵循较为严谨的规则，能够清晰唯一地描述机器人运动传递链，因此被广泛用于机器人研究和商业用途，目前几乎所有商用机器人如瑞典 ABB 机器人、德国 KUKA 机器人、华数机器人的机器人运动学模型均为 D-H 模型。但是 D-H 建模方法仍然存在以下问题：

第一，D-H 模型仅仅描述关于 X 轴和 Z 轴的运动，无法描述关于 Y 轴的运动。因此当被设计为相互平行的两个关节轴——例如 HSR-JR608 机器人中的第二和第三关节轴——存在安装误差而导致不平行而存在夹角时，会有关于 Y 轴的运动。由前文所述可知，实际应用中的工业机器人会出现这样的误差，因此 D-H 模型不能很好地反映实际机器人运动传递链。

第二，D-H 建模法对关节坐标系的矩阵变换建立了一套详细的规则，对于关节轴线平行、垂直、相交等具体情况都提出了解决方法。但是这种建模方法，需要首先知道机器人各关节轴线的相对关系，才能确定各坐标轴；并且相邻坐标轴之间的平移和旋转变换的顺序都有其确定意义，不能随意改变；确定各 D-H 模型参数时必须和坐标系变换的步骤相结合，确定 D-H 模型参数时容易混淆和出错。

因此本文还采用通用运动链建模方法来描述机器人的运动学模型。

机器人可以看成是由一系列运动副和关节组成的运动链，运动链一端是静止不动的基座，另一端是末端关节。通用运动链建模方法能够描述这条运动链上基座与第六关节之间的相对运动关系，将末端关节坐标系通过机床运动链映射到基坐标系下。

假设两坐标系｛O_i｝和｛O_j｝分别固连在相邻两个运动副上，通常两者并不重合。一般情况下，先用一个位置坐标变换 Trans（${}_i^jx, {}_i^jy, {}_i^jz$）表述坐标系｛$O_i$｝和｛$O_j$｝之间的相对位置，使这两个坐标系重合，再研究重合后的坐标系下的旋转坐标变换。

将通用建模方法应用到 HSR-JR608 机器人。图 4-4 所示为 HSR-JR608 机器人零位位姿，以机器人基坐标系 {B} 为参考坐标系，基坐标系 {B} 与第一关节坐标系 {1} 初始重合，对应于机床运动学模型下的工件坐标系。机器人各关节轴和连杆按照相邻关系顺序编号，形成开环串联结构，并且各关节轴线上均有固定连接的坐标系。

设第 i 关节坐标系的旋转角度为 θ_i。第一关节绕 Z 轴旋转，第二、第三和第五关节绕 Y 轴旋转，第四、第六关节绕 X 轴旋转，通用建模法与 D-H 建模法类似，仅需四个运动学几何参数，$\theta_i, {}_i^jx, {}_i^jy, {}_i^jz$ 就可以描述相邻关节的坐标系变换。θ_i 是关节转角，${}_i^jx, {}_i^jy, {}_i^jz$ 分别表示第 j 关节坐标系 {j} 原点在第 i 关节坐标系 {i} 下表达的对应坐标值。与 D-H 模型的不同之处在于，通用建模法所有关节坐标系的初始姿态都一致，关节旋转轴不需要与 Z 轴重合，而 D-H 建模法必须根据关节轴线和前后坐标系的公垂线确定坐标系 Z 轴和 X 轴的位置和方向；通用建模法可以非常直观地从机器人初始位姿得到各坐标系直接的位置关系，而 D-H 建模法下必须严格遵从 D-H 建模的四个步骤才能获得所有几何参数；通用建模法有三个几何参数，${}_i^jx, {}_i^jy, {}_i^jz$ 可以描述机器人在全部坐标轴方向的平移，而 D-H 建模法不能够描述机器人在 Y 轴方向的运动。

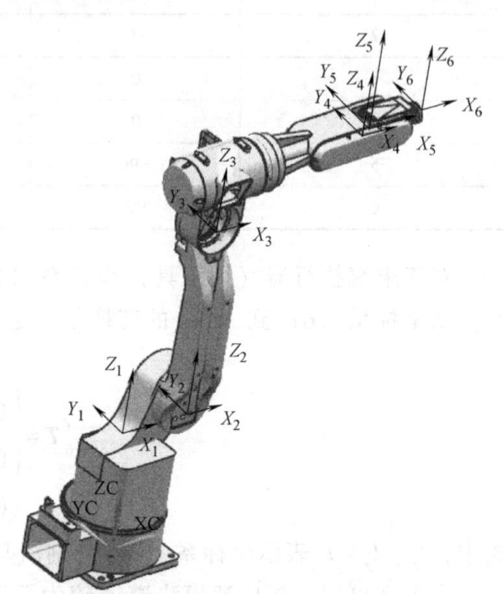

图 4-4　通用运动学模型在 HSR-JR608 机器人的应用

三、机器人工具坐标系及其标定方法

对于焊接加工，尤其是激光焊接加工，往往将工具坐标系原点设置在沿光束的离激光焦点正负距离 1~2mm 的位置。对于喷印机器人，则以喷嘴轴线与喷印盒底面交点为工具坐标系原点。一般机器人工具坐标系如图 4-5 所示。

一般情况下，机器人在组装完成后会依据各关节尺寸和关节位置唯一确定了机器人基坐标系 {B} 和其他关节坐标系的相对关系。坐标系 {B} 是预先确定且固定的。包括末端坐标系 {6} 在内的各关节坐标系均在机器人基坐标系 {B} 下进行表述，工具坐标系 {T} 则以机器人末端坐标系 {6} 为参考坐标系。通常各坐标系之间的变换关系如下：

$$ {}_B^T\boldsymbol{T} = {}_B^6\boldsymbol{T} \cdot {}_6^T\boldsymbol{T} \tag{4-3}$$

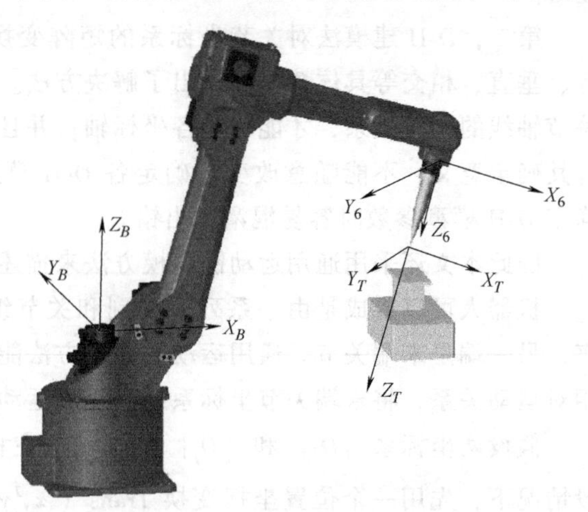

图 4-5　一般机器人工具坐标系

式（4-3）中，${}_B^T\boldsymbol{T}$ 是工具坐标系｛T｝在基坐标系｛B｝下的表达；${}_B^6\boldsymbol{T}$ 是末端坐标系｛6｝在基坐标系｛B｝下的表达；${}_6^T\boldsymbol{T}$ 是工具坐标系｛T｝在末端坐标系｛6｝下的表达。

该方法需要以一个固定点作为参考，在移动工具末端接近该固定点的过程中，通常只能依靠人眼来判断工具末端是否准确到达固定点，存在较大的随机误差。

相对于上文所述使用外部基准的方法来标定机器人工具坐标系，多点标定法仅依赖机器人各关节转换关系，多点标定法可分开标定工具坐标系位置和姿态。

如图 4-6 所示，指定机器人工作空间内一固定点，操作机器人使工具远端以不同的姿态接近固定点直至重合。通过机器人示教器的关节角度读数，计算获得在固定点处不同姿态下的从坐标系｛B｝到坐标系｛6｝的变换矩阵 ${}_B^E\boldsymbol{T}_1$，${}_B^E\boldsymbol{T}_2$，…，${}_B^E\boldsymbol{T}_n$。通常选取 3 个以上的标定姿态来接近固定点，此时方程的系数矩阵通常满足列满秩，使用最小二乘法求解可获得较好效果。应用最小二乘法来求解方程，可以较好地处理随机误差问题。末端工具以多种姿态去接近固定点，观测次数越多，观测的随机误差均值会趋于稳定，应用最小二乘法的收敛更快，求解结果准确性更好。

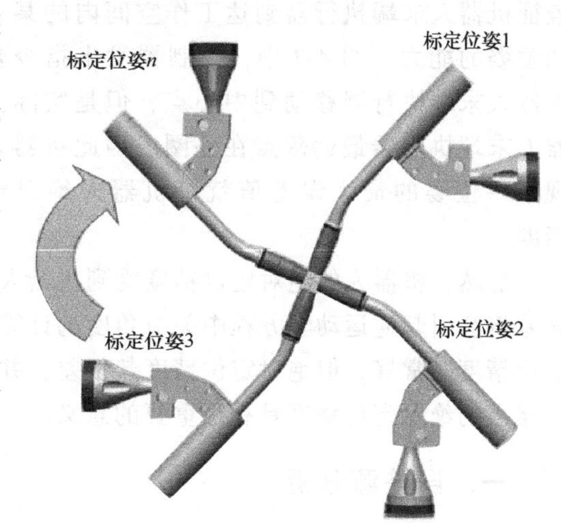

图 4-6　多点标定法

第二节　工业机器人运动学误差模型标定

培训目标

高级：

- 能够理解工业机器人的定位精度和重复定位精度。
- 能够了解工业机器人的误差源，并理解其几何误差。
- 能够掌握工业机器人运动学标定方法。
- 知道最小二乘法的误差模型辨识方法。
- 会使用 Matlab 软件进行程序标定。

能够保持比人更高的定位精度是工业机器人的优势之一。通常所说的机器人定位精度如图 4-7 所示。

重复定位精度表示机器人能够以多大的精确度实现同一位姿。通常这一位姿的数据不一定存储在笛卡儿坐标系下，而是存储在关节空间，即记录某一点处机器人的关节角度数据。图 4-7 中，控制机器人末端执行器到达中心点，但是实际上机器人末端执行器落点在图中内圈和外圈包围的空间内，而这个环的大小就表征机器人的重复定位精度。重复定位精度是机器人性能稳定性的重要参考。

绝对定位精度（有时也简称为定位精度，若下文无特殊说明，定位精度均指绝对定位精度）表征机器人末端执行器到达工作空间内的某一未知位姿的能力。图 4-7 中，控制器发出指令要求机器人末端执行器移动到中心点，但是实际上机器人末端执行器最远落点在外圈。因此机器人实现某一位姿的最大误差值就是机器人绝对定位精度。

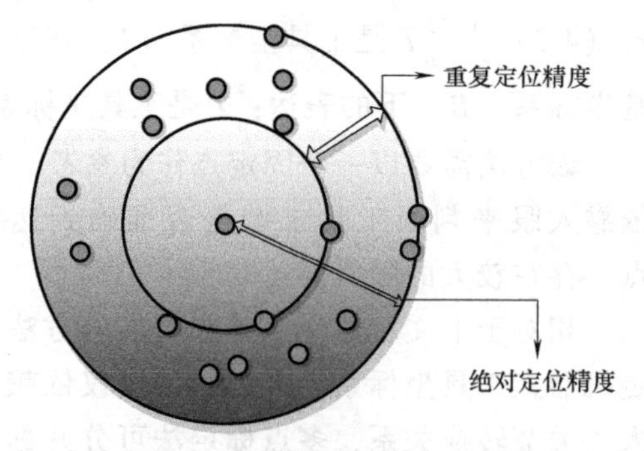

图 4-7　机器人定位精度

显然，机器人的绝对定位精度受到机器人运动学方程中参数精度的影响，D-H 参数中的误差将会引起逆运动学方程中关节角度的计算误差。因此，尽管绝大多数工业机器人的重复定位精度非常好，但绝对定位精度却很差，并且变化相当大，因此，机器人标定技术对提高机器人的绝对定位精度具有很重要的意义。

一、误差源分析

影响机器人末端执行器绝对定位精度的误差源有很多，包括外部环境引起的外部误差和内部机构参数引起的内部误差。外部误差主要包括周围环境的温度、邻近设备的振动、电网电压波动、空气湿度与污染、操作者的干预等；内部误差主要包括几何参数误差、受力变形、热变形、摩擦力、振动等。多数工业机器人主要是低速轻载作业，受力变形、热变形、摩擦、振动引起的误差也很小，其主要误差来源还是几何参数误差，该误差要占工业机器人所有误差的 80%以上。

所谓几何参数误差，即表示在运动学模型中，几何参数的名义值与真实值间的偏差，用 Δa_i，Δd_i，$\Delta\alpha_i$，$\Delta\theta_i$ 分别表示连杆长度偏差、连杆偏置、扭角偏差和关节角度偏差，其中 Δa_i 和 Δd_i 是由于加工精度及机器人装配时产生的杆件长度误差；$\Delta\alpha_i$ 是相邻轴线之间的平行度和垂直度而引起的角度误差；$\Delta\theta_i$ 是由于在机器人装配过程中，角度光学编码器的零位与名义模型中关节旋转零位不重合而产生的零位偏置误差。机器人几何参数误差示意图如图 4-8 所示。这些几何参数误差对机器人末端执行器的定位精度有很大的影响。

上述不同的误差源都导致机器人末端执行器名义位姿 $Pose_n$ 和 $Pose_r$ 实际位姿不符，如图 4-9 所示。但是在机器人运动学方程中，很少考虑这些变动量，而仅仅使用机器人设计之

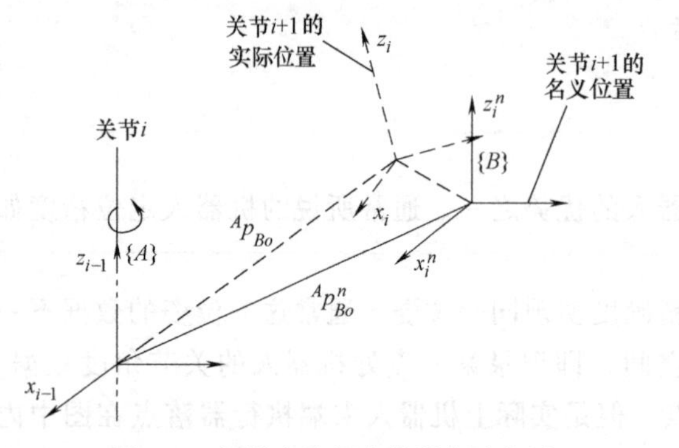

图 4-8　机器人几何参数误差示意图

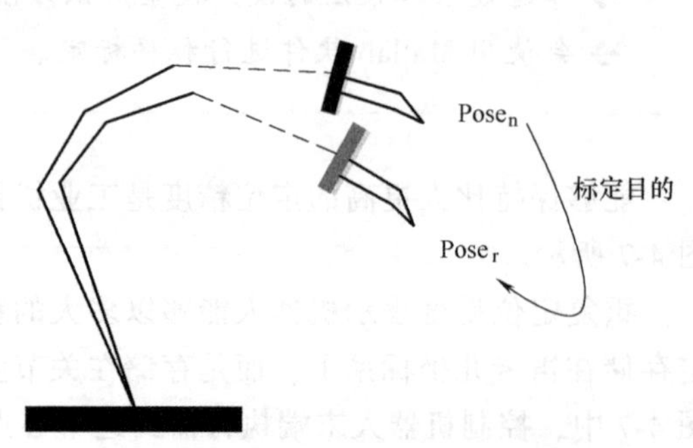

图 4-9　机器人名义位姿与实际位姿

初的运动学方程。因此对机器人进行运动学参数标定能够通过修改机器人运动学参数获得更为准确反映实际位姿的运动学方程，使得 $Pose_n$ 更加接近 $Pose_r$。

机器人运动学标定并不是将各关节的真实误差完全准确地找出，而是在机器人运动学几何参数的名义值附近找出一组能够使机器人末端执行器位姿误差最小的解。在这个过程中，全部类别的误差源对机器人末端执行器位姿的影响都将无偏差地逆向反馈到运动学几何参数误差上，单纯的运动学参数标定无法区分各类误差的补偿量比例。

二、机器人运动学标定方法

1. 标定步骤

机器人标定过程是通过修正机器人中的运动学参数来完成的，即确定从关节变量到末端执行器在工作空间内真实位置的更为精确的函数关系，并利用这种已确定的变换关系更新机器人的定位软件，而不是试图去改变机器人的结构设计或控制系统。

从误差源与机器人末端执行器误差之间的固有函数规律出发，采用精密测试仪器测得机器人的多点位置误差，应用最小二乘参数辨识方法，求解出各误差源大小，最后将这些误差补偿到机器人控制器中的名义参数中，即为传统意义上的标定技术。

标定是建模、测量、参数识别和误差补偿几个步骤的集成过程，通常意义的标定过程包括如下几个步骤：

1）建立一个适合待标定机器人结构特征的运动学模型。

2）建立误差模型，即机器人末端位姿误差与各几何参数误差之间的函数关系。

3）根据数学模型设计测量方案，编制 Matlab 求解程序进行参数识别。

4）对原有的机器人控制器中的名义运动学模型的几何参数进行修正补偿。

机器人标定过程如图 4-10 所示。

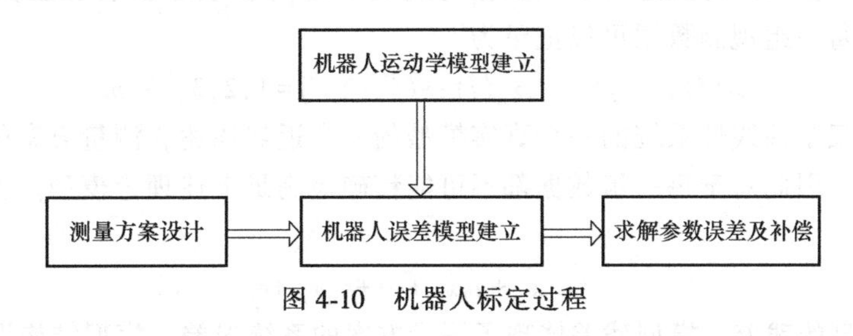

图 4-10　机器人标定过程

2. 误差模型建立

机构的雅克比矩阵能够反映机构位姿的微小变化和各部件参数的微小变化之间的关系，可以描述机器人末端执行器微分运动和各关节微分运动之间的联系。机器人末端执行器的位姿微分 D 与各关节参数的微分 $\mathrm{d}q$ 的关系为

$$D=\boldsymbol{J}(q)\mathrm{d}q \tag{4-4}$$

由上文所述，D-H 模型存在根本的缺陷，不能描述关于 Y 轴的运动。HSR-JR608 机器人的名义平行轴线之间存在微小夹角，不符合运动学模型连续性的要求，即意味着在第二、第三关节的某些位姿下的微小变化会导致末端执行器位姿的“跳变”。针对 D-H 模型的缺陷，很多人对 D-H 建模法都提出改进。Hayati 和 Mirmirani 对于名义上相互平行的相邻关节轴提出了一种新的建模方法：

$$ {}_{i-1}^{\ i}\boldsymbol{T}=\mathrm{Rot}(x,\alpha_{i-1})\mathrm{Trans}(x,a_{i-1})\mathrm{Rot}(z,\theta_i)\mathrm{Trans}(z,d_i)\mathrm{Rot}(y,\beta) \tag{4-5} $$

式中，Rot(y, β) 表示绕 Y 轴旋转角度，描述了机器人平行关节在 Y 轴上的相互运动关系，因此该模型也称为 MDH（Modified DH）模型。

HSR-JR608 机器人最大负载为 8kg，属于轻量级机器人，并且主要用于焊接领域。其末端执行器的位置精度是影响加工质量的主要因素，因此本文仅对机器人末端执行器的位置参数进行标定，且设置机器人末端执行器坐标系相对于第 6 关节坐标系 {6} 仅有平移运动：

$$ {}_{6}^{T}\boldsymbol{T}=\begin{pmatrix}1 & 0 & 0 & l_x\\ 0 & 1 & 0 & l_y\\ 0 & 0 & 1 & l_z\\ 0 & 0 & 0 & 1\end{pmatrix} \tag{4-6} $$

机器人末端关节的位置误差可表达为

$$ \Delta p_{\mathrm{DH}}=\sum_{i=0}^{5}\frac{\partial p}{\partial\alpha_i}\Delta\alpha_i+\sum_{i=0}^{5}\frac{\partial p}{\partial a_i}\Delta a_i+\sum_{i=0}^{6}\frac{\partial p}{\partial\theta_i}\Delta\theta_i+\sum_{i=0}^{6}\frac{\partial p}{\partial d_i}\Delta d_i+\frac{\partial p}{\partial l_x}\Delta l_x+\frac{\partial p}{\partial l_y}\Delta l_y+\frac{\partial p}{\partial l_z}\Delta l_z $$

三、基于最小二乘法的误差模型辨识

假设某个线性输出的稳态系统的一个理论模型形式如下：

$$ y=a_1x_1+a_2x_2+a_3x_3+\cdots+a_nx_n \tag{4-7} $$

式中，y 是输出，$x_i(i=1,2,3,\cdots,n)$ 都是可测的输入。由式（4-7）可知，y 和 x_i 之间是线性关系。对于类似这样模型的辨识问题就是通过输入、输出测量数据去估计 a_0 和 x_i 的系数 $a_i(i=1,2,3,\cdots,n)$。

在同一条件下，观测 m 组全部 $x_i(i=1,2,3,\cdots,n)$ 输入数值和对应的 m 组输出 $y_i(i=1,2,3,\cdots,n)$，并且这些观测数据与观测的时间和顺序没有相互关联，以及观测结果相互独立。每一组观测数据可以记录为

$$ \{x_1(j),x_2(j),\cdots,x_n(j);y(j)\},\quad j=1,2,3,\cdots,m \tag{4-8} $$

由于模型仅仅是该线性系统的一个真实模型的一个近似描述，测量方案的误差也会影响观测值的精确性，因此对于每一组数据都不可能精确地满足上述理论模型。实际模型结构应该是

$$ y_j=a_1x_{1j}+a_2x_{2j}+\cdots+a_nx_{nj}+e_j \tag{4-9} $$

式中，e_j 称为模型的残差，模型残差体现了测量方案的系统误差、模型结构误差和其他原因造成的偏差的总和。并且通常假定 e_j 有如下性质：零均值，期望和方差均为常数，并且满足正态分布的纯随机结果。e_j 的这些性质将决定参数估计的准确度。

最小二乘法能够应用到上述参数求解问题上。它能寻找到最佳参数值从而最小化观测值和理论计算值之差 e_j 的平方和。其中，结合观测得到的数据，误差平方和记为

$$ J(a_0,a_1,\cdots,a_n)=\sum_{j=1}^{m}e_j^{\ 2}=\min \tag{4-10} $$

满足式（4-10）的参数 $\{\hat{a}_i\}$（$i=1,2,\cdots,n$）被称为参数 $\{a_i\}$ 的最小二乘估计。

四、基于 Matlab 的标定程序

Matlab 是一款在科研和工程中常用的功能强大的数学软件，能够完成数值计算和数据可

视化等多种功能。Matlab 程序按照如下方法编写：首先需要依据前文中提供的机器人运动学模型编写相邻关节坐标系之间的变换矩阵，并依此计算机器人末端执行器的运动学方程和误差模型的方程通式。结合机器人各关节处的名义关节参数和初始关节转角，如内置机器人控制器的连杆长度、连杆扭角、关节偏移等，计算机器人末端执行器的名义位姿。通过仪器设备测量机器人末端执行器的实际位姿，将每个测点对应的名义关节角度输入运动学方程和误差模型的方程通式，从而得到实际位置误差量。计算不同运动学模型下的误差系数矩阵，通过最小二乘法求解机器人的各关节几何参数误差，比较算法的收敛速度和效果。对于三种运动学模型及其参数误差模型，将得到的几何参数误差补偿到机器人控制器中的运动学参数中，进行多次迭代，观察迭代速度的变化和是否收敛。每一次补偿后，通过实际测量机器人末端的一组新的测点的实际位置来确定标定算法和程序的有效性。

Matlab 程序的交互界面如图 4-11 所示。

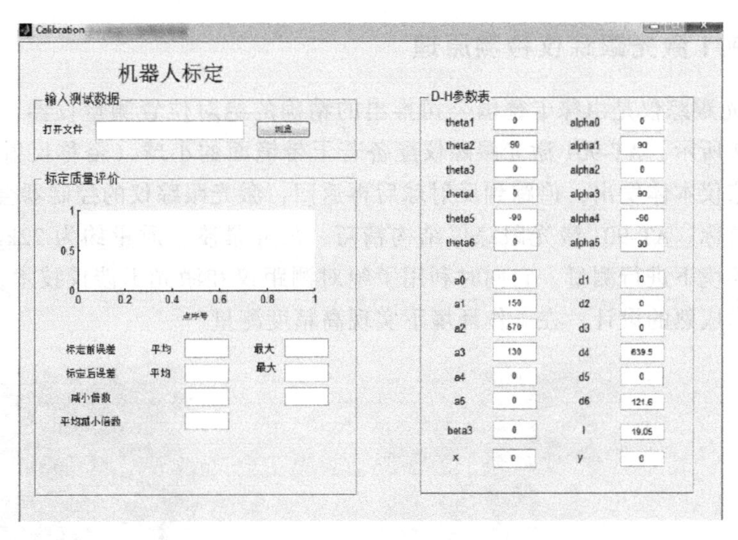

图 4-11　Matlab 程序的交互界面

整个程序界面可分为三大区域，分别为“输入测试数据”“标定质量评价”“D-H 参数表”。单击“输入测试数据”区域下的“浏览”按钮，选择满足程序要求的 Excel 文件：该文件中包含多组数据，每组数据由机器人末端执行器在某个测点的名义关节角度值和实际位置组成。单击“确定”按钮后，Matlab 程序会继续运行，读取名义关节角度以及程序界面右侧“D-H 参数表”里的机器人名义关节参数，获得机器人末端执行器的理论位置，也即名义位置。Excel 文件里实际位置值与计算得到的名义位置值之差就是机器人末端位置误差。最后的各关节几何参数的误差会直接补偿到“D-H 参数表”的编辑框里，可以直接看到补偿后的各关节参数的大小；同时会生成一份各参数误差的 TXT 文件。当参数补偿完成后，程序对每一次的标定结果做一次分析，分析结果体现在程序界面左下方的“标定质量评价”区域，其中，“减小倍数”两个编辑框分别对应标定前平均误差和标定后平均误差的比值，“平均减小倍数”指每一个测点标定前误差和标定后误差的比值的平均值。坐标图的纵坐标值表示误差大小（单位为 mm），横坐标值表示点的个数和序号。通用运动链模型的程序交互界面右侧区域是“通用模型参数表”，其他区域与图 4-11 一致。

第三节　激光跟踪仪的机器人运动学模型标定试验

培训目标

高级：

➔ 会使用激光跟踪仪对工业机器人进行标定和校准。

➔ 能够采用虚拟末端执行器的方法对末端执行器安装误差问题进行测量和分析。

本节将使用激光跟踪仪获得机器人末端执行器的实际位置，设计试验并研究试验各环节对测量数据的精度的影响，尽量避免使用有较大相关性的数据。

一、AT-901 激光跟踪仪检测原理

AT-901 激光跟踪仪是由徕卡德国公司推出的精确的绝对位置测量仪器，工作半径可达 80m。如图 4-12 所示，AT-901 激光跟踪仪配备若干带镜面的小球（俗称反射球或者靶球），激光从激光跟踪仪本体发出，追踪到反射球后再返回，激光跟踪仪的控制器会计算物体的空间位置即三维坐标。AT-901 激光跟踪仪结构精巧、尺寸紧凑，质量约为 22kg，高为 62cm，能在现场工业环境下进行测量。它同时利用了绝对测距仪和激光干涉仪技术，采用了简单、性能稳定、技术成熟的设计，在工作环境下实现高精度测量。

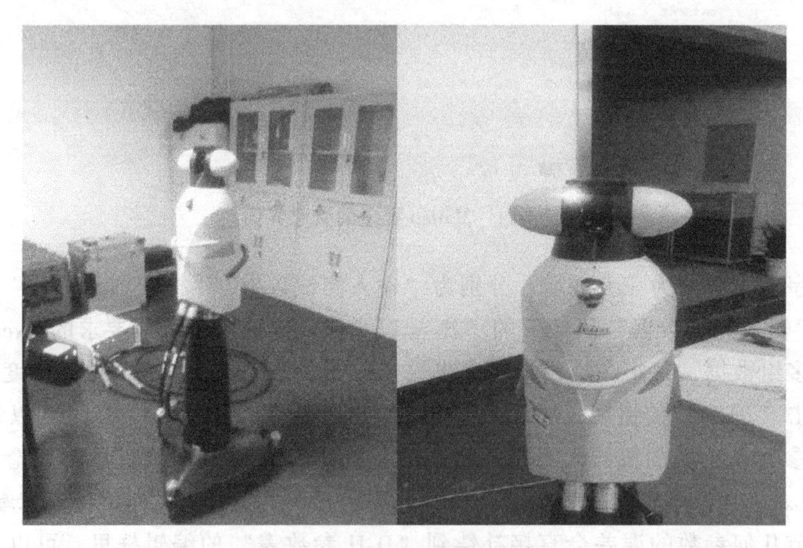

图 4-12　AT-901 激光跟踪仪

AT-901 激光跟踪仪主要包括以下部件：

1）跟踪仪本体：激光发射接受器。

2）加长套筒：支承跟踪仪本体，基座高度可以调整，并配有快速锁紧装置，保证套筒与跟踪仪本体的刚性连接。

3）底盘：支承本体和套筒。

4）跟踪仪控制器：控制激光跟踪仪的各种操作和数据处理。

5）反射球：反射球内置耦合棱镜，球体与球基座磁性连接后附着在测量对象上，接受并返回激光束。

6）电动机电缆、传感器电缆、控制器电源线和 RJ-45 网线：各部件之间电路供应和信息传递。

激光跟踪仪的测量精度与内置的绝对测距仪和激光干涉仪的精度密切相关，其中绝对测距仪在全量程 80m 半径内的测距精度不超过 10μm，激光干涉仪距离精度约为 0.5μm/m。本试验方案中，激光跟踪仪与机器人放置在同一地面上，激光跟踪仪位置距离机器人基坐标系约为 2m，此时激光跟踪仪的位置测量精度在（10+0.5×2）μm=11μm 左右，远远小于机器人末端执行器初始定位误差，因此使用该款激光跟踪仪进行标定是有意义的。标定试验所在车间环境如图 4-13 所示。

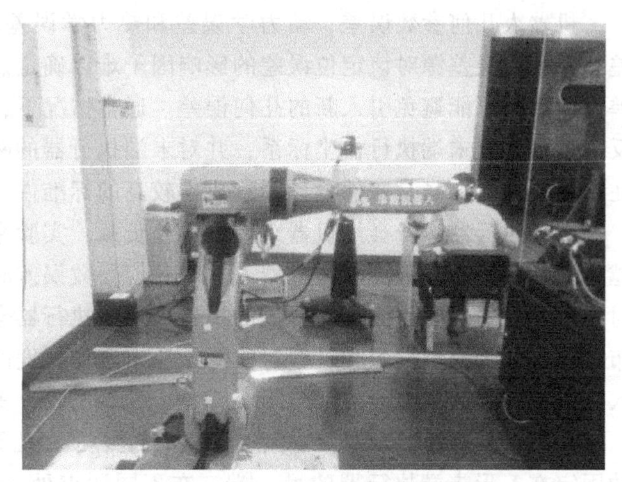
图 4-13　标定试验所在车间环境

二、机器人基坐标系

激光跟踪仪内置的初始坐标系建立在激光发射口附近，同时控制器能够将该坐标系变换至工作空间内的任意一个坐标系。将激光跟踪仪初始坐标系与机器人的基坐标系重合，通过激光跟踪仪可以直接获得机器人基坐标系下的机器人末端执行器实际位置坐标值。

第一步，控制机器人运行到零位位姿，将反射球固定在位置 1 处，如图 4-14 所示。转动机器人第一关节，使其从-150°位置低速平稳转动至 150°位置，同时锁定其他关节轴。利用激光跟踪仪动态测量模块记录反射球轨迹位置并拟合出圆心。控制机器人在基坐标系 Z 轴方向移动机器人，重复前面的操作，可以得到另一个圆心。两个圆心的连线就是基坐标系 Z_B 轴。

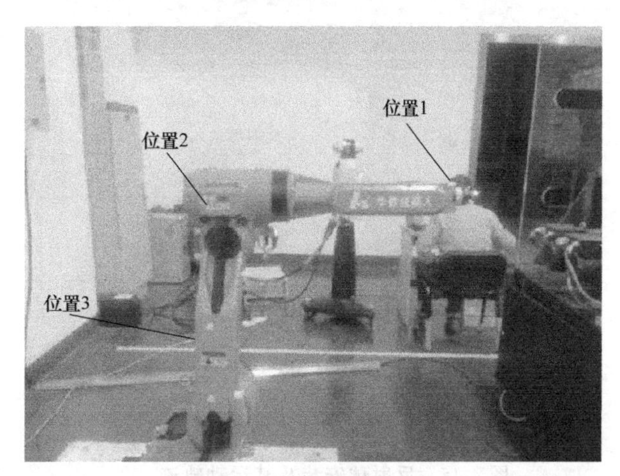

图 4-14　反射球位置

第二步，将机器人恢复到零位位姿，把反射球固定在位置 2 处。转动机器人第二关节，使其从-70°位置低速平稳转动到 140°位置，同时锁定其他关节不旋转。利用激光跟踪仪动态测量模块记录反射球轨迹位置并拟合出圆心。同理，将反射球固定到位置 3 处，重复之前的操作，可得到另一个圆心。两圆心连线就是基坐标系 X_B 轴。

第三步，获得 Z_B、X_B 轴后，根据右手定则，可确定出 Y_B 轴，从而得到机器人基坐标系在激光跟踪仪初始坐标系下的位姿。

三、虚拟末端执行器坐标系

机器人几何参数误差、动力学误差和热力学误差均可导致机器人末端执行器的定位误差，并且各误差源对该定位误差的影响因子难以确定。为了标定机器人的运动学几何参数误差，应该尽可能避免引入新的几何误差。通常情况下，基于激光跟踪仪的机器人标定方法在反射球处建立末端执行器坐标系，并对末端执行器的刚度和尺寸精度提出较高要求，因此往往末端执行器本身是一件设计制造成本较高的标准件。

末端执行器本身会给机器人带来额外负载，实验室条件下刚度和精度越高的执行器往往越重。使用最小二乘法求解机器人关节几何参数误差时，不能有效区分和抽离机器人误差源对定位精度的影响，而人为带入的机器人末端执行器会重新改变机器人各关节组件的误差分布。应该减少测量设备和过程对机器人原本定位精度的影响，因此应尽量减少末端执行器带入的误差。为此本文提出了应用“虚拟末端执行器”来标定机器人运动学模型的方法。

如图 4-15 所示，在机器人法兰盘上安装轻质的 L 形末端执行器，其尺寸 l 已知，将反射球固定在 L 形末端执行器的另一端，在不同测点处，缓慢旋转机器人第六关节，大致每旋转 20°~30°后暂停旋转，记录此时反射球的位置，试验中每个测点处通常记录有 5 个或 6 个反射球的位置。

每一个测点对应一组反射球位置，计算每一组反射球球心所在弧形轨迹的圆心。圆心理论上落在第六关节轴延长线上，作为虚拟末端执行器坐标系的原点 O_V，第六关节坐标系的 Z 轴平移至原点 O_V，作为坐标系 $\{E_V\}$ 的 Z_V 轴如图 4-16 所示。

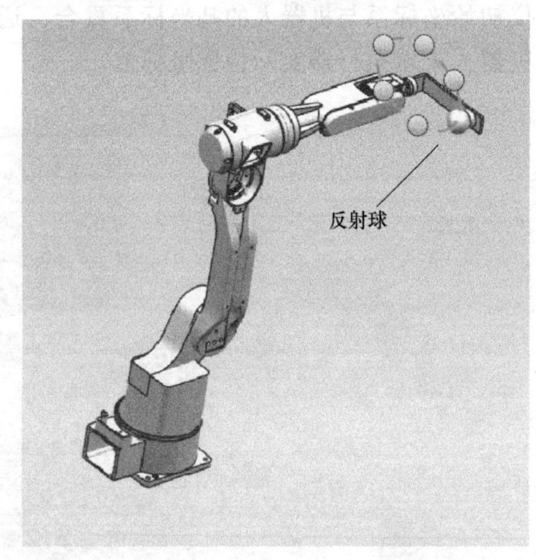

图 4-15　反射球安装及其运动轨迹

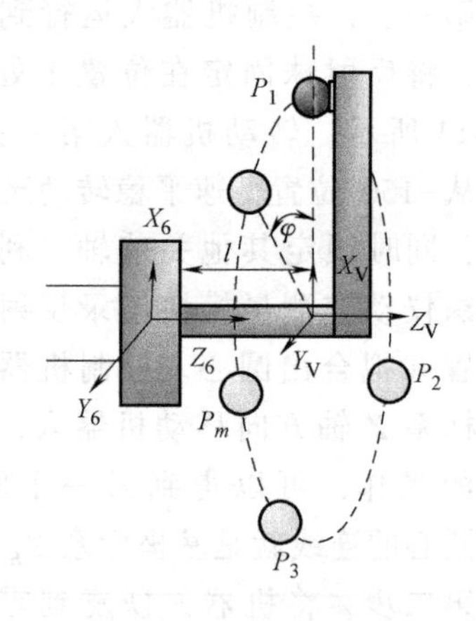

图 4-16　基本测量方法

理论上刚体上一点绕某固定轴转动的轨迹曲线是圆形，且该圆形位于垂直固定轴的平面上。但是由于前文提到的各类误差源的存在，轨迹曲线可能是偏椭圆等其他形状。假设这些误差源对于末端执行器的运动轨迹影响非常小，实际轨迹和理论轨迹之差可以当成新加入的随机误差。因此可以使用圆形曲线去拟合这些点。建立坐标系 $\{E_V\}$ 需要分两个步骤，先确定旋转平面的位置，然后在该平面上确定圆心 O_V 的位置。

将空间中一组点拟合成圆通常需要如下两步：首先找到一个拟合平面，使得一组中反射球球心到这个平面距离的平方和最小；然后在此平面上将球心位置拟合成圆，一组中反射球球心到这个圆的距离的平方和最小。

图 4-16 中，l 是 L 形末端执行器的已知参数。锁定其他轴，仅低速平稳地旋转第六关节，每旋转约 30°左右后做一次停顿，测量并记录反射球所在位置。反射球中心的轨迹曲线是弧形且所有测量位置点都在此弧形曲线上。通过使用最小二乘法，获得能够拟合这些位置点的最佳旋转平面。

在测量坐标系下（同时也是基坐标系 $\{B\}$），空间内某一旋转平面方程可表示为

$$z=Ax+By+C \tag{4-11}$$

式中，x，y，z 是旋转平面上任一点的坐标值；A，B，C 三个系数不同时为零。平面取法矢为（$-A$，$-B$，1）。

假设测量的位置点有 m 个，每个测点的坐标值为（x_i，y_i，z_i），$i=1$，2，…，m。A，B，C 三个系数需满足如下等式：

$$J(A,B,C)=\sum_{k=1}^{m}(ek)^2 \tag{4-12}$$

式（4-12）要满足 $\sum_{k=1}^{m}(ek)^2=\min$，求得系数 A，B，C 如下：

$$A=\frac{\sigma_{xx}\sigma_{yy}-\sigma_{zy}\sigma_{xy}}{\sigma_{xx}\sigma_{yy}-\sigma_{xy}^2},\quad B=\frac{\sigma_{xx}\sigma_{zy}-\sigma_{xy}\sigma_{zx}}{\sigma_{xx}\sigma_{yy}-\sigma_{xy}^2},\quad C=\bar{z}-A\bar{x}-B\bar{y}$$

式中，$\bar{x}$，$\bar{y}$，$\bar{z}$ 是 m 个测点的坐标均值，即

$$\bar{x}=\frac{1}{m}\sum_{k=1}^{m}x_k,\quad \bar{y}=\frac{1}{m}\sum_{k=1}^{m}y_k,\quad \bar{z}=\frac{1}{m}\sum_{k=1}^{m}z_k$$

协方差的表达式为

$$\sigma_{xx}=\frac{1}{m}\sum_{k=1}^{m}(x_k-\bar{x})^2,\sigma_{yy}=\frac{1}{m}\sum_{k=1}^{m}(y_k-\bar{y})^2,\sigma_{xy}=\frac{1}{m}\sum_{k=1}^{m}(x_k-\bar{x})(y_k-\bar{y})$$

$$\sigma_{zx}=\frac{1}{m}\sum_{k=1}^{m}(z_k-\bar{z})(x_k-\bar{x}),\ \sigma_{zy}=\frac{1}{m}\sum_{k=1}^{m}(z_k-\bar{z})(y_k-\bar{y})$$

四、运动学参数误差补偿及检验

1. 误差模型标定对比试验

在标定结束后，选取机器人末端执行器主要空间内一个 600mm×600mm×600mm 正方体空间，取在正方体空间内均布的 27 个点。测点分布图如图 4-17 所示。

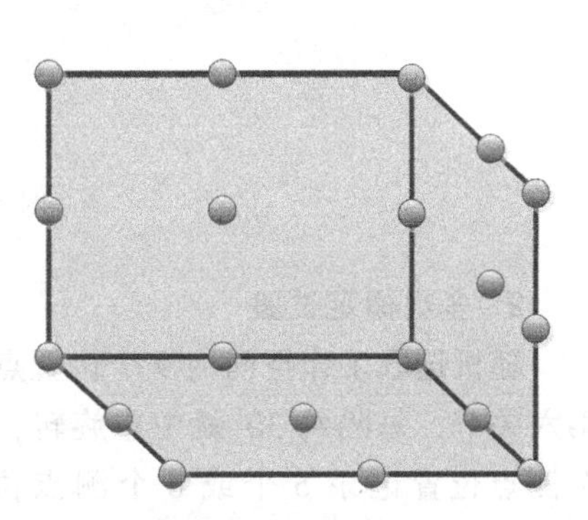

图 4-17　测点分布图

分别调用 D-H 模型下标定程序和通用模型下标定程序可得图 4-18 和图 4-19 所示结果。

从图 4-17 和图 4-18 比较可知，虽然 D-H 模型是主流使用的机器人运动学模型，而通用模型几乎没有在主

流的工业机器人上使用过，但是后者的标定效果远远好于前者。并且，试验中还发现，基于D-H模型的标定程序的执行时间明显比基于通用模型的标定程序执行时间更长。由此表明，尽管D-H模型是几乎所有串联工业机器人的内置运动学模型，但是从标定的角度而言，通用运动链模型比D-H模型能更好地实现机器人定位误差减少的目的。

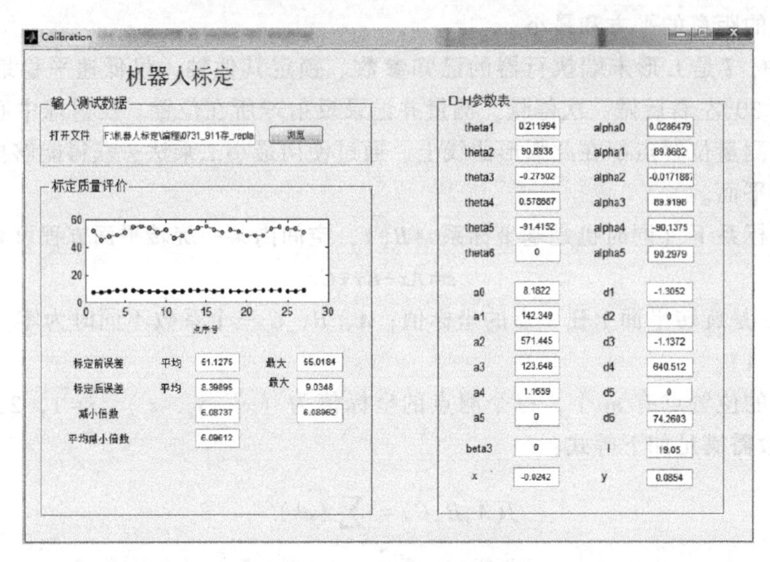

图 4-18　D-H模型下标定结果

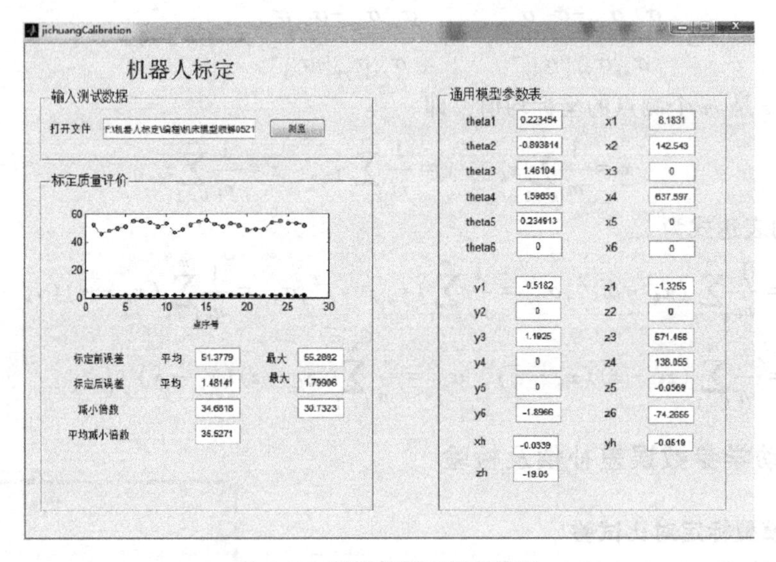

图 4-19　通用模型下标定结果

2. 多次标定试验

随机选取工作空间内9个位置点，计算出末端执行器的名义位置。固定其他轴，仅旋转第六关节，每隔约30°就中止旋转，在激光跟踪仪中读取反射球中心实际位置坐标，在每个测点位置记录5个或6个测点位置值，最终计算虚拟末端执行器的位置。测点位置见表4-2。

表 4-2　测点位置

位置	$\theta_1/(°)$	$\theta_2/(°)$	$\theta_3/(°)$	$\theta_4/(°)$	$\theta_5/(°)$	$\theta_6/(°)$	p_x/mm	p_y/mm	p_z/mm
1	10	-80	190	10	100	10	799.649524	174.052492	321.577479
2	20	-70	175.753	20	95	20	866.127253	376.937506	338.789172
3	20	-60	165	-5	77	20	1013.511605	366.552787	286.196662
4	25	-70	160	-10	77	20	930.203774	417.635036	503.129729
5	5	-70	150	9	58	40	1049.383615	120.690799	644.390573
6	5	-60	165	9	68	40	1093.765047	126.905254	287.663814
7	5	-40	160	26	68	40	1171.447324	171.946483	4.800561
8	-15	-40	180	26	98	40	956.074329	-182.038242	-123.243819
9	-15	-70	180	1	83	40	922.965229	-235.163035	276.512382
10	-15	-70	160	1	83	70	973.358458	-247.940147	499.083766
11	0	-90	180	0	90	0	791.570804	8.035756	534.03851

D-H 模型下的第一次标定结果如图 4-20 所示。

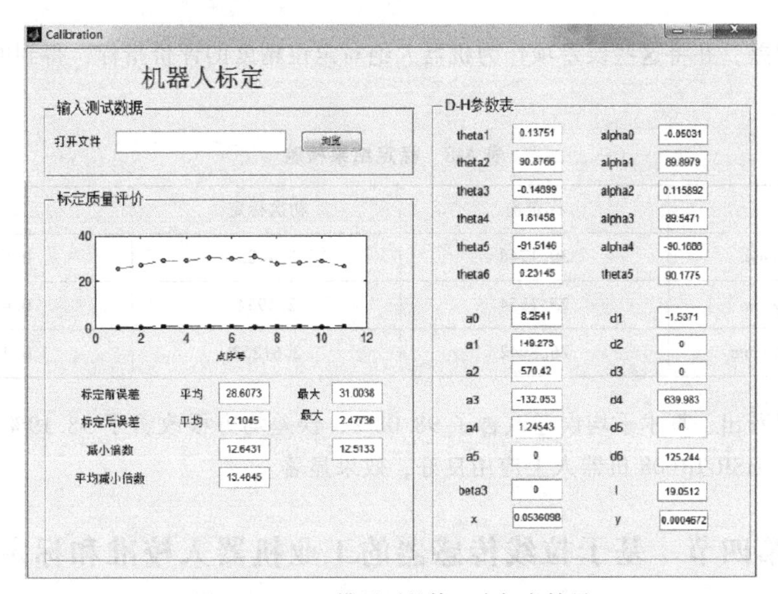

图 4-20　D-H 模型下的第一次标定结果

D-H 模型下的第二次标定结果如图 4-21 所示。

“D-H 参数表”下方区域的 l，x，y 三个参数值的变化非常小，表明虚拟坐标系的建立和使用没有给机器人定位误差带入明显的变化。最小二乘法以较快的速度收敛，第一次平均误差减少到初始误差的约 1/12，平均误差从 28.6073mm 降到 2.1045mm；在标定后的机器人上，第二次平均误差减少到第一次标定结果误差的约 1/5，平均误差从 2.1045mm 降到 0.374577mm 左右。第一次收敛速度比第二次快，说明该标定方法经一次标定就能很快在初始值附近找到满意的解；第二次标定后，平均标定误差降到 0.5mm 以下，基本满足实际加工要求。

随机选取 50 个测点作为标定方法的校验点。测量这 50 个点处机器人反射球的实际位置

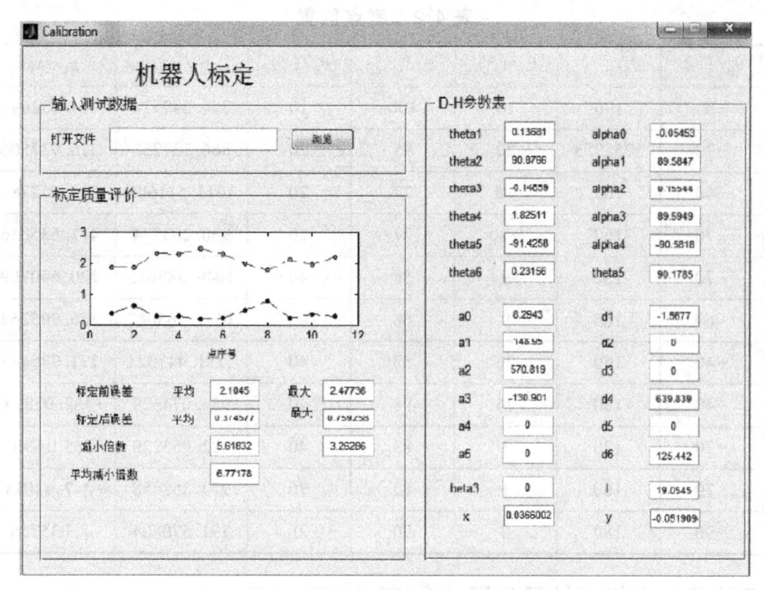

图 4-21　D-H 模型下的第二次标定结果

和名义位置误差，并将这些误差项作为机器人绝对定位精度的评价指标，得到的标定结果检验见表 4-3。

表 4-3　标定结果检验

	标定前	初次标定	二次标定
最大误差/mm	30. 1748	3. 4485	0. 625483
平均误差/mm	25. 1154	2. 5954	0. 482461
误差均方根/mm	26. 8942	2. 61252	0. 487769

由此可以看出，算术平均误差改善了 98. 08%，误差均方根改善了 98. 19%。从而证明，此标定方法在 HSR-JR608 机器人上应用良好，效果显著。

第四节　基于拉线传感器的工业机器人校准和标定

培训目标

高级：

➔ 能够了解基于拉线传感器的工业机器人校准和标定。

➔ 知道工业机器人标定系统存在的问题。

前文所述的是利用激光跟踪仪对工业机器人进行校准和标定的方法。该方法是目前许多厂家经常使用的方法之一。除了上述方法外，在此简单介绍另一种常用方法，该方法是一种基于拉线传感器的工业机器人校准和标定的方法。

一、DynaCal 机器人标定系统

拉线传感器是利用高柔韧性的复合钢丝绳将位移信号转化为编码器电信号的接触式测量传感器。如图 4-22 所示，拉线传感器由复合钢丝绳、锁扣、轮毂、弹簧和感应器组成。高韧性的复合钢丝绕在一个有螺纹的轮毂上，轮毂一侧与恒拉力弹簧连接，另一侧与一个精密旋转感应器相连。感应器实际上可以是编码器、旋转电位计等旋转位移传感器。当钢丝绳拉伸和收缩时，测量和记录输出信号就可以得出运动物体的位移。拉线传感器由于安装方便，测量距离大，抗干扰能力强，价格低廉而被广泛使用，当利用高精度编码器的时候也可以实现更高分辨力和重复性测量。

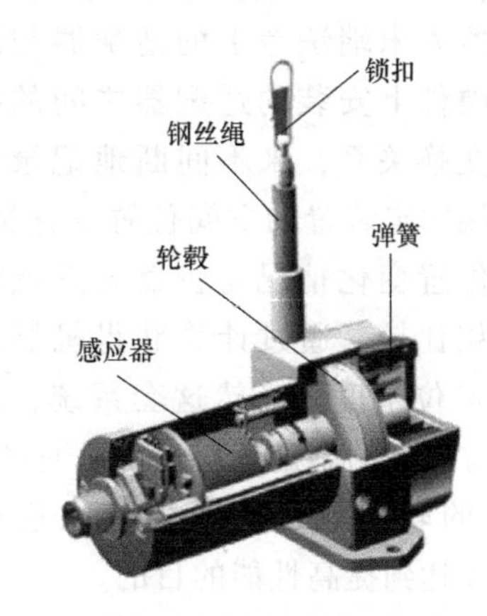

图 4-22　拉线传感器示意图

要完成工业机器人的校准和标定，实际就是要记录空间的位置变换信息与机器人本身程序设置之间的关系，从而换算得出工业机器人运动学模型标定及精度数据。其中，Dynalog 公司研发的 CompuGauge 系统（图 4-23）和 DynaCal-Lite 系统（图 4-24）是利用拉线传感器对工业机器人进行标定的典型系统，该公司目前在机器人标定测试领域享有盛名。

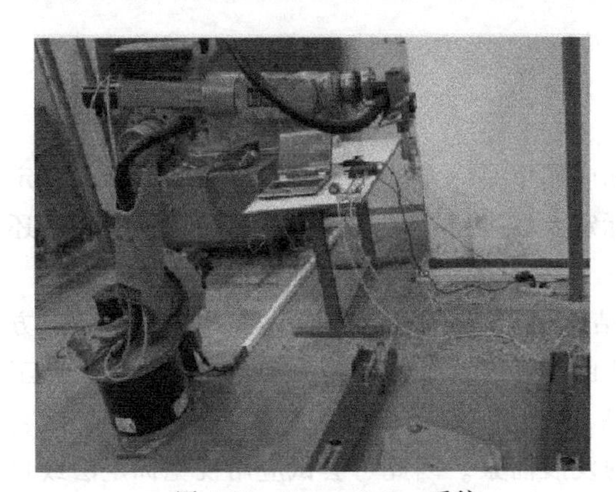

图 4-23　CompuGauge 系统

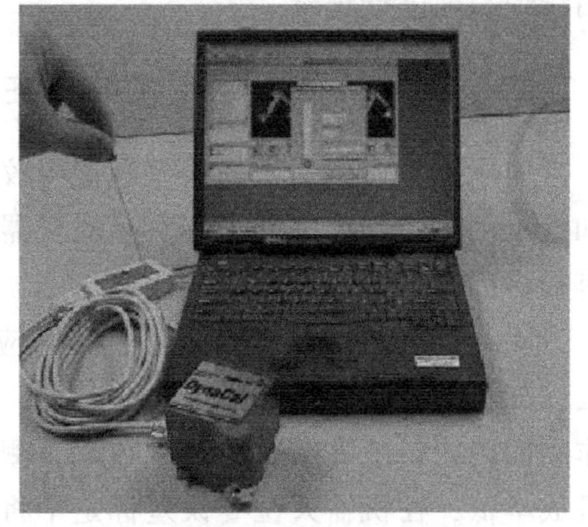

图 4-24　DynaCal-Lite 系统

CompuGauge 系统是一种三维测量、观察和分析机器人定位精度和重复定位精度的系统，同时也是一种动态观察系统。它由两个测量梁，一个特制的机器人末端连接器及 CompuGauge 软件组成。在每个测量梁上的末端都有一个拉线式光电编码器（总共有四个拉线编码器），再通过特制的连接器连到机器人末端。当机器人运动时，编码器可以测量每根线拉伸或缩短的长度，然后再由计算机程序计算出 TCP 的位置。CompuGauge 系统的重复性可以达到 0. 02mm，高于一般的机器人的重复精度。

DynaCal-Lite 系统能够提供机器人本体、加工工具（或 TCP）和固定装置的初始校准解决方案，而且 DynaCal 的软件系统和激光跟踪仪及视觉测量设备等是兼容的。

Dynalog 工程师还开发了 DynaCal 系统和 FARO 激光跟踪系统的联合测量界面，使得激光测量更加便捷。DynaCal 软件可以接收 CompuGauge 硬件或其他测量设备的数据，并用这

些数据来标定机器人。并且 DynaCal 软件和三个球状反射器联合使用可以完全校准机器人末端的位姿。

图 4-25 所示为 DynaCal 机器人标定系统结构示意图，该系统通过安装在机器人末端法兰上的适配器与地面测试硬件上安装的适配器之间的线缆长度变换关系，来不间断地记录机器人末端固定装置的空间位置变化情况，并将位置变化情况与机器人系统设计参数相比较，通过计算获得机器人系统的定位精度。当然这套系统，在获得定位精度的基础上，还可以通过 Dynalog 的软件对机器人的参数进行优化，以达到提高性能的目的。

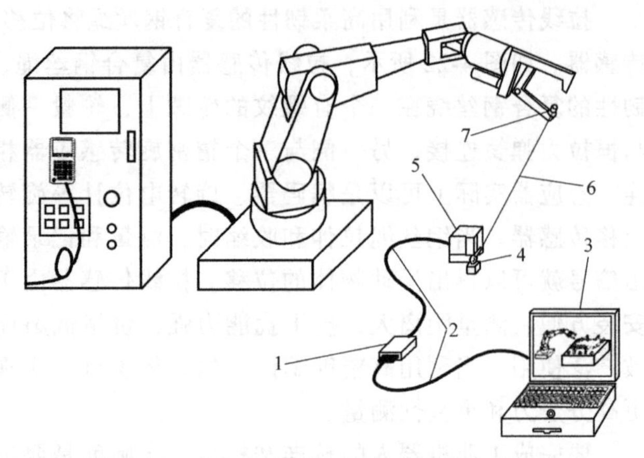

图 4-25　DynaCal 机器人标定系统结构示意图
1—数据采集箱　2—通信电缆　3—DynaCal 软件　4—基本适配器
5—DynaCal 测量装置　6—测量线缆　7—测量适配器

这种基于线缆的测试方法，能够满足高定位性能的要求，但由于安装线缆适配器，在实际应用场合往往无法满足机器人多自由度工作的要求，会产生碰撞等问题。另外，在某些复杂应用场合，机器人末端固定装置本身也是一个动态装置，此时难以利用线缆长度进行记录。

二、工业机器人标定系统存在的问题

实际上工业机器人的误差标定与校准在实际应用中是一个非常重要和复杂的问题，标定和校准的方法有很多种，本文只对机器人误差标定及校准进行了初步的探讨，实际应用中还有很多问题需要深入细致的研究。

除本文提到的标定方法外，实际应用中可结合机器人的实际结构，采用其他的标定方法，如视觉标定法或自标定法。其中，自标定法由于不需要外部测量设备，在整个机器人工作空间内能产生高精度的测量数据，测量速度高，自动，完全非侵入测量，易于在线补偿，且成本低，在机器人位姿误差标定中将有很好的发展前景。因此可尝试应用视觉标定法或自标定法对机器人进行位姿误差标定，并把标定效果与传统标定方法进行比较，从中找出特定机器人结构最合适的标定方法，或者把几种标定方法结合起来使用，发挥不同方法的优点。

另外，尽管国内外众学者提出了种类繁多的运动学模型，但总的来说针对工业机器人，各机器人厂商所用的运动学模型都是标准的 D-H 模型。该模型标定结果只是在理论上计算出了标定后的机器人误差改善程度，根本无法应用到实际的工业机器人控制系统中来观察机器人性能是否改善。当工业机器人 D-H（几何）参数标定不能满足工业机器人越来越高的精度要求，在现有的机器人控制系统中很难再集成修正的模型的情况下，如何来继续提高机器人的精度是很多学者正在考虑的问题。现有的机器人标定系统虽然能够准确地完成位姿测量的任务，但操作步骤繁琐且价格很昂贵，不易于工业生产条件下的推广使用。

我国关于机器人标定的研究也在如火如荼地展开，但是直到现在也没有人提出整套的机器人标定的解决方案，我国的机器人标定结果依赖于国外的设备及其软件产品。

受编码器的影响，拉线式位移传感器通常应用于普通精密级的测量，但其使用的方便性决定拉线传感器肯定会得到更广泛的应用，如何使拉线式位移传感器实现高精度的系统测量是一个亟须解决的问题。

因此，针对我国在机器人标定系统领域的研究现状，开展机器人标定自制设备的研究工作，实现机器人标定产品的国产化，弥补国内相关空白，对于提升我国工业机器人发展水平有着重要的意义。

单元测试题

一、单项选择题（下列每题的选项中，只有 1 个是正确的，请将其代号填在括号内）

1. 对于转动关节而言，关节变量是 D-H 参数中的（　　）。

A. 关节角　　B. 杆件长度　　C. 横距　　D. 扭转角

2. 运动学主要是研究机器人的（　　）。

A. 动力源　　B. 运动和时间的关系

C. 动力的传递与转换　　D. 运动的应用

3. 影响机器人末端执行器绝对定位精度的误差源包括外部环境引起的外部误差和内部机构参数引起的内部误差，其中以下哪个不属于内部机构参数误差。（　　）

A. 几何参数误差　B. 热变形　　C. 振动　　D. 电网电压波动

二、判断题（下列判断正确的请打“√”，错误的打“×”）

1. 机器人工具坐标系标定包括工具中心点位置（Tool Center Position，TCP）标定和工具中心点姿态（Tool Center Frame，TCF）标定。（　　）

2. 机器人正向运动学是根据末端执行器的位姿去求解各关节角度大小。（　　）

3. 绝大多数工业机器人的绝对定位精度非常好，但重复定位精度却很差。（　　）

单元测试题答案

一、单项选择题

1. A　2. B　3. D

二、判断题

1. √　2. ×　3. ×

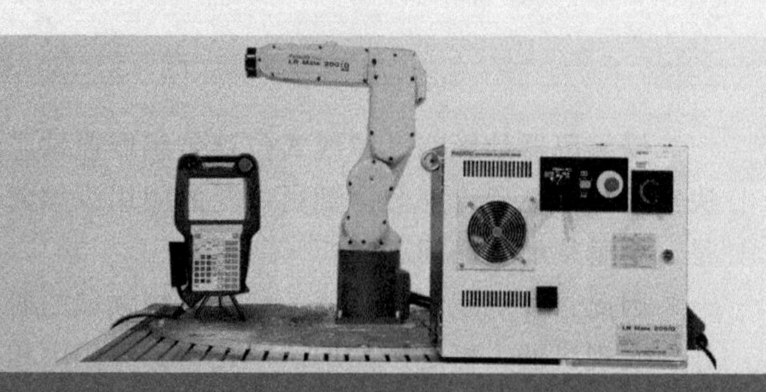

第五单元

工业机器人的维修与保养

第一节　工业机器人安全使用常识

培训目标

中级：

➔ 了解工业机器人维修时的安全注意事项和“突发情况”。

高级：

➔ 能够掌握工业机器人“突发情况”时的对策。

一、进行调整、操作、维修等作业时的安全注意事项

1）作业人员须穿戴工作服、安全帽、安全鞋等。

2）闭合电源时，请确认机器人的动作范围内没有作业人员。

3）必须切断电源后，方可进入机器人的动作范围内进行作业。

4）检修、维护保养等作业须在通电状态下进行时，应两人一组进行作业，一人保持可立即按下紧急停止按钮的姿势，另一人则在机器人的动作范围内，保持警惕并迅速完成作业。此外，应确认好撤退路径后再进行作业。

5）手腕部位及机械臂上的负荷必须控制在允许搬运重量以内。若不遵守允许搬运重量的规定，会导致异常动作发生或使机械构件提前损坏。

二、工业机器人的“突发情况”

机器人配有各种自我诊断功能及异常检测功能，即使发生异常也能安全停止，即便如此，因机器人造成的事故仍然时有发生。

“突发情况”使作业人员来不及实施“紧急停止”“逃离”等行为避开事故，极有可能导致重大事故发生。“突发情况”一般有以下几种：

1）低速动作突然变成高速动作。

2）其他作业人员执行了操作。

3）因周边设备等发生异常和程序错误，启动了不同的程序。

4）因噪声、故障、缺陷等原因导致异常动作。

5）误操作。

6）原想以低速执行动作，却执行了高速动作。

7）机器人搬运的工件掉落、散开。

8）工件处于夹持、联锁待命的停止状态下，突然失去控制。

9）相邻或背后的机器人执行了动作。

10）未确认机器人的动作范围内是否有人，就执行了自动运转。

11）自动运转状态下进入机器人的动作范围内，作业期间机器人突然起动。

三、工业机器人出现“突发情况”时的对策

1）小心，勿靠近机器人。

2）不使用机器人时，应采取“按下紧急停止按钮”和“切断电源”等措施，使机器人无法动作。

3）机器人动作期间，请配置可立即按下紧急停止按钮的监视人（第三者），监视安全状况。

4）严禁供应规格外的电力、压缩空气、焊接冷却水，会影响机器人的动作性能，引起异常动作或导致故障、损坏等危险情况发生。

5）作业人员在作业中，也应随时保持逃生意识。必须确保在紧急情况下，可以立即逃生。

6）时刻注意机器人的动作，不得背向机器人进行作业。对机器人的动作反应缓慢，也会导致事故发生。

7）发现有异常时，应立即按下紧急停止按钮。必须彻底贯彻执行此规定。

8）应根据设置场所及作业内容，编写机器人的起动方法、操作方法、发生异常时的解决方法等相关的作业规定和核对清单。并按照该作业规定进行作业。仅凭作业人员的记忆和知识进行操作，会因遗忘和错误等原因导致事故发生。

9）不需要使机器人动作和操作时，请切断电源后再执行作业。

10）示教时，应先确认程序号码或步骤号码，再进行作业。错误地编辑程序和步骤，会导致事故发生。

11）示教作业完成后，应以低速状态手动检查机器人的动作。如果立即在自动模式下以100%速度运行，会因程序错误等因素导致事故发生。

12）示教作业结束后，应进行清扫作业，并确认有无工具等物件。

第二节　工业机器人机械维修

培训目标

中级：

➔ 能对机器人的机械部件进行常规的检查与保养。

➔ 了解工业机器人的机械故障处理。

➔ 能够进行机器人的原点位姿恢复。

高级：

➔ 能够诊断机器人故障部位及故障原因。

➔ 能够更换机器人润滑油。

➔ 能够进行机器人原点位置校准。

➔ 能够掌握机器人机械零部件的维修方法。

一、工业机器人的检修及维护

为了使机器人能够长期保持较高的性能，必须进行维修检查。检修分为日常检修和定期检修，检查人员必须编制检修计划并切实进行检修。另外，必须以每工作 40000h 或每 8 年（两者中取时间先到者）为周期进行大修。检修周期是按点焊作业为基础制订的。装卸作业等使用频率较高的作业建议按照约 0.5 个周期实施检修及大修。

1. 预防性维护

按照以下方法执行定期维护步骤，能够保持机器人的最佳性能。

1）日常检查，见表 5-1。

表 5-1　日常检查

序号	检查项目	检查点
1	异响检查	检查各传动机构是否有异常噪声
2	干涉检查	检查各传动机构是否运转平稳，有无异常抖动
3	风冷检查	检查控制柜后风扇是否通风顺畅
4	管线附件检查	是否完整齐全，是否磨损，有无锈蚀
5	外围电气附件检查	检查机器人外部线路、按钮是否正常
6	泄漏检查	检查润滑油供排油口处有无泄漏润滑油

2）季度检查，见表 5-2。

表 5-2　季度检查

序号	检查项目	检查点
1	控制单元电缆	检查示教器电缆是否存在不恰当扭曲
2	控制单元的通风单元	如果通风单元脏了，切断电源，清理通风单元
3	机械单元中的电缆	检查机械单元插座是否损坏，弯曲是否异常，检查电动机连接器和航插是否连接可靠
4	各部件的清洁和检修	检查部件是否存在问题，并处理
5	外部主要螺钉的紧固	上紧末端执行器螺钉、外部主要螺钉

3）年度检查，见表 5-3。

表 5-3　年度检查

序号	检查项目	检查点
1	各部件的清洁和检修	检查部件是否存在问题，并处理
2	外部主要螺钉的紧固	上紧末端执行器螺钉、外部主要螺钉

4）每三年检查，见表5-4。

表5-4　每三年检查表

检查项目	检查点
减速器润滑油	按照润滑要求进行更换

注意：

1）关于清洁部位，主要是机械手腕处，清洁切屑和飞溅物。

2）关于紧固部位，应紧固末端执行器安装螺钉、机器人设置螺钉、因检修等而拆卸的螺钉。应紧固露出于机器人外部的所有螺钉，并涂相应的紧固胶或者密封胶。

2. 主要螺钉的检修

主要螺钉检查部位见表5-5。

表5-5　主要螺钉检查部位

序号	检查部位	序号	检查部位
1	机器人安装用	5	J4 轴电动机安装用
2	J1 轴电动机安装用	6	J5 轴电动机安装用
3	J2 轴电动机安装用	7	手腕部件安装用
4	J3 轴电动机安装用	8	末端负载安装用

注意：螺钉的拧紧和更换，必须用扭力扳手以正确扭矩紧固后，再涂漆固定；此外，应注意未松动的螺栓不得以所需的扭矩进行紧固。

3. 润滑油的检查

每运转5000h或每隔1年（装卸用途时则为每运转2500h或每隔半年），请测量减速器的润滑油铁粉浓度。超出标准值时，必须更换润滑油或减速器。检查润滑油铁粉浓度必需的工具包括润滑油铁粉浓度计和润滑油枪（带供油量确认计数功能）。

注意：

1）检修时，如果必要数量以上的润滑油流出了机体外时，请使用润滑油枪对流出部分进行补充。此时，所使用的润滑油枪的喷嘴直径应为ϕ17mm以下。补充的润滑油量比流出量更多时，可能会导致润滑油渗漏或机器人动作时的轨迹不良等，应加以注意。

2）检修或加油完成后，为了防止漏油，在润滑油管接头及带孔插塞处务必缠上密封胶带再进行安装。有必要使用能明确加油量的润滑油枪。无法准备到能明确加油量的油枪时，通过测量加油前后润滑油重量的变化，对润滑油的加油量进行确认。

3）机器人刚刚停止的短时间内等情况下，内部压力上升时，在拆下检修口螺塞的一瞬间，润滑油可能会喷出。

4. 更换润滑油

在对机器人进行保养时，需按照以下规定定期对机器人进行润滑和检修以保证效率。

（1）润滑油供油量　J1/J2/J3轴减速器润滑油，必须按照如下步骤每运转20000h或每隔4年（用于装卸时则为每运转10000h或每隔2年）应更换润滑油。更换润滑油油量见表5-6。

表 5-6　更换润滑油油量

<table>
<tr><th>提供位置</th><th>HSR-JR620</th><th>润滑油名称</th><th>备注</th></tr>
<tr><td>J1 轴减速器</td><td>700mL</td><td rowspan="5">MolyWhite RE No. 00</td><td rowspan="5">急速上油会引起油仓内的压力上升，使密封圈开裂，而导致润滑油渗漏，供油速度应控制在 4mL/s 以下</td></tr>
<tr><td>J2 轴减速器</td><td>800mL</td></tr>
<tr><td>J3 轴减速器</td><td>330mL</td></tr>
<tr><td>J4 轴减速器</td><td>500mL</td></tr>
<tr><td>手腕体部分</td><td>60mL</td></tr>
</table>

（2）润滑的空间方位　对于润滑油更换或补充操作，建议使用表 5-7 给出的方位。

表 5-7　润滑方位

<table>
<tr><th rowspan="2">供给位置</th><th colspan="6">方位</th></tr>
<tr><th>J1</th><th>J2</th><th>J3</th><th>J4</th><th>J5</th><th>J6</th></tr>
<tr><td>J1 轴减速器</td><td rowspan="7">任意</td><td>任意</td><td rowspan="2">任意</td><td rowspan="5">任意</td><td rowspan="5">任意</td><td rowspan="5">任意</td></tr>
<tr><td>J2 轴减速器</td><td>0°</td></tr>
<tr><td>J3 轴减速器</td><td>0°</td><td>0°</td></tr>
<tr><td>电动机座齿轮箱</td><td rowspan="4">任意</td><td>0°</td></tr>
<tr><td>J4 轴减速器</td><td rowspan="3">任意</td></tr>
<tr><td>手腕体</td><td rowspan="2">0°</td><td rowspan="2">0°</td><td rowspan="2">0°</td></tr>
<tr><td>手腕连接体</td></tr>
</table>

（3）J1/J2/J3 轴减速器润滑油更换步骤

1）将机器人移动到表 5-7 所介绍的润滑位置。

2）切断电源。

3）移去润滑油供排口的内六角螺塞，如图 5-1～图 5-3 所示。

4）提供新的润滑油，缓慢注油，供油速度应控制在 4mL/s 以下，不要过于用力，必须使用可明确加油量的润滑油枪，没有能明确加油量的油枪时，应通过测量加油前后的润滑油重量的变化，对润滑油的加油量进行确认。

5）如果供油没有达到要求的量，可用供气用精密调节器挤出腔中气体再进行供油，气压应使用调节器控制在最大 0.025MPa 以下。

6）请使用指定类型的润滑油。如果使用了指定类型之外的其他润滑油，可能会损坏减速器或导致其他问题。

7）将内六角螺塞装到润滑油供排口上，注意密封胶带，以免又在进出油口处漏油。

8）为了避免因滑倒导致的意外，应将地面和机器人上的多余润滑油彻底清除。

9）供油后，按照步骤释放润滑油槽内残压后安装内六角螺塞，注意缠绕密封胶带，以免油脂从排油口处泄漏。

如果未能正确执行润滑操作，润滑腔体的内部压力可能会突然增加，有可能损坏密封部分，从而导致润滑油泄漏和操作异常。

（4）手腕部件的润滑油更换步骤

1）将机器人移动到表 5-7 所介绍的润滑位置。

2）切断电源。

3）移去手腕连接体（J6 轴）润滑油供排口的内六角螺塞，如图 5-3 所示。

4）通过手腕连接体（J6 轴）润滑油供排口提供新的润滑油，直至新的润滑油从排油口流出。

5）将内六角螺塞装到手腕体（J5 轴）润滑油排油口上。

6）移去手腕体（J5 轴）润滑油供油口的内六角螺塞。

7）通过手腕体（J5 轴）润滑油供油口提供新的润滑油脂，直至润滑油不能打入。

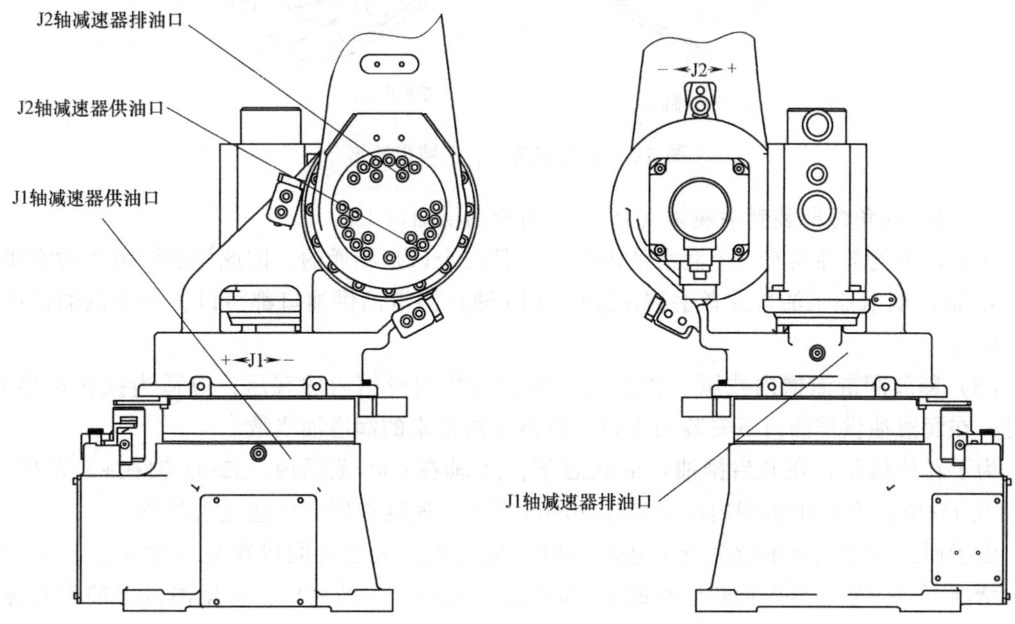

图 5-1　更换润滑油，J1/J2 轴减速器

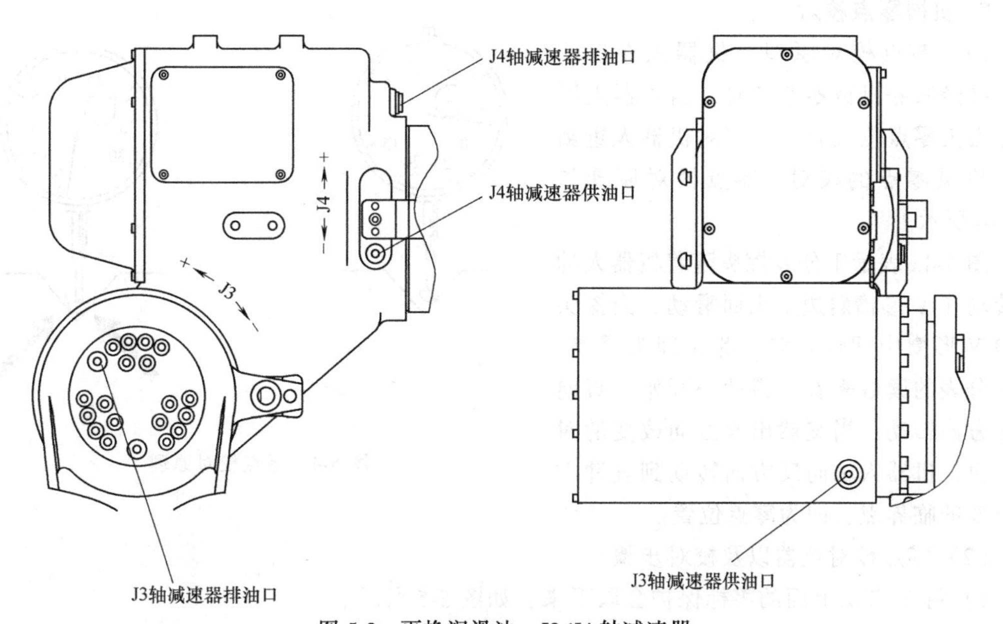

图 5-2　更换润滑油，J3/J4 轴减速器

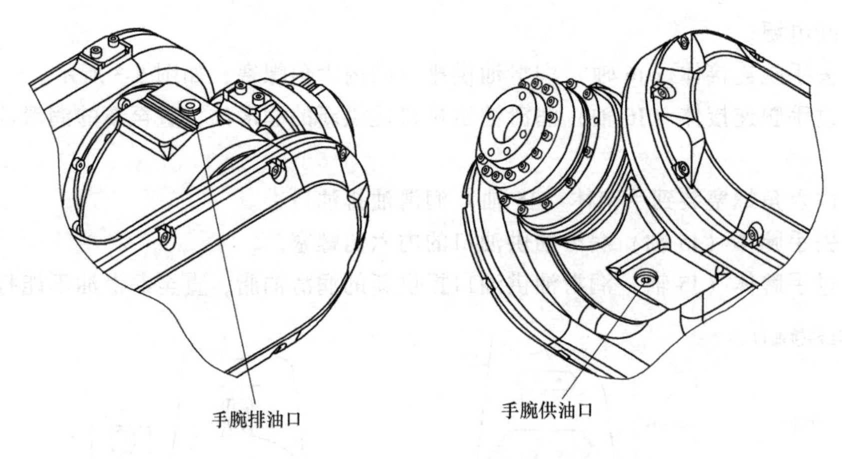

图 5-3　更换润滑油，手腕齿轮箱

8）将内六角螺塞装到手腕体（J5 轴）润滑油供油口上。

注意：手腕部件共有三个润滑油供排口，且三个口是相通的，因此施加润滑油时在手腕体（J5 轴）润滑油供油口或者手腕连接体（J6 轴）润滑油供油口都可以，一个供油口进油也可以。

（5）释放润滑油槽内残压　供油后，为了释放润滑槽内的残压，应适当操作机器人。此时，在润滑油供排油口下安装回收袋，以避免流出来的润滑油飞散。

为了释放残压，在开启排油口的状态下，J1 轴在±30°范围内，J2/J3 轴在±5°范围内，J4 轴及 J5/J6 轴在±30°范围内反复动作 20min 以上，速度控制在低速运动状态。

由于周围的情况而不能执行上述动作时，应使机器人运转同等次数（轴角度只能取一半的情况下，应使机器人运转原来的 2 倍时间）。上述动作结束后，将排油口上的密封螺塞安装好（用组合垫或者缠绕密封胶带）。

5. 机械零点校对

（1）零点校对原理　机器人在出厂前，已经做好机械零点校对，当机器人因故障丢失零点位置后，需要对机器人重新进行机械零点的校对。零点校对原理如图 5-4 所示。

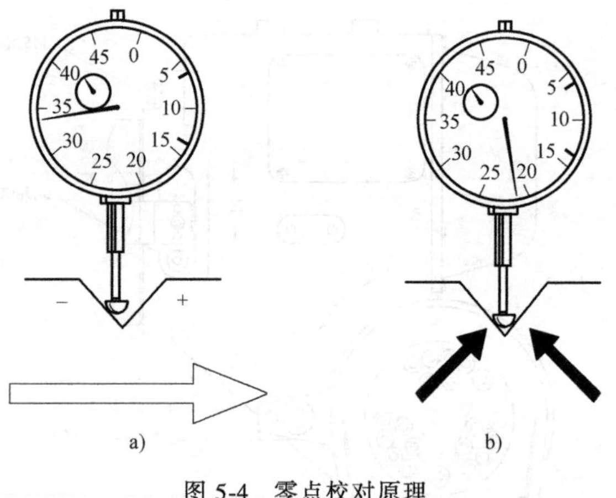

图 5-4　零点校对原理

图 5-4a 表示千分表探头随着机器人的轴转动在 V 形槽斜边上来回滑动，当探头滑向 V 形槽中间位置时，此时即为零点，从千分表的读数来看，指针一开始一直向一个方向转动，当突然出现方向改变的时候，再让机器人轴向反方向转动到表针方向改变的临界点，即为零点位置。

（2）零点校对仪器以及校对步骤

1）将 V 形块上面的零标保护套取下来，如图 5-5 所示。

2）将表座拧入零标块的螺纹孔内，如图 5-6 所示。

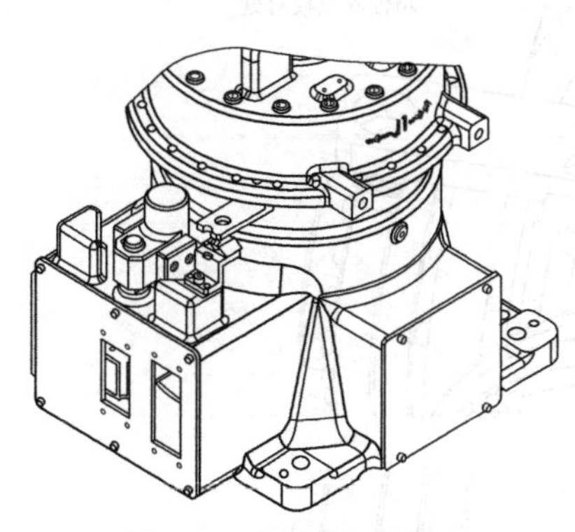

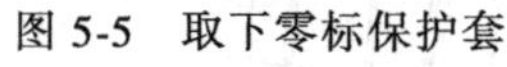

图 5-5 取下零标保护套

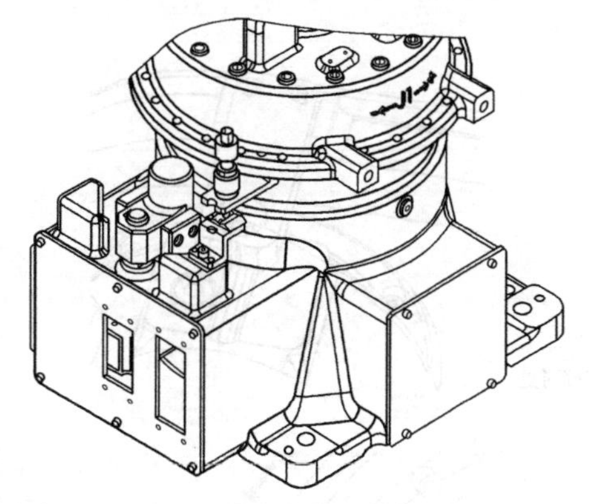

图 5-6 将表座拧入零标块的螺纹孔内

3）将千分表插入表座，注意首先要将两个半圆槽对准，然后将千分表插入表座，如图 5-7 所示。

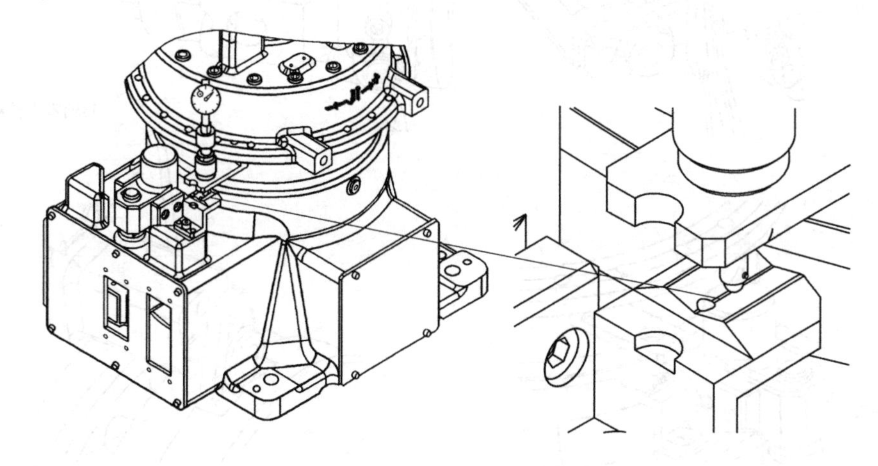

图 5-7 将表座拧入零标块的螺纹孔内

4）按照零点校对原理进行零点校对。

注意：一定要等两个半圆孔对准之后再插入千分表，否则机器人运动会损坏探头。

（3）机器人各轴零标校对位置　机器人各轴零标校对位置如图 5-8 所示。

二、工业机器人机械故障处理

1. 调查故障原因的方法

机器人设计上必须达到即使发生异常情况，也可以立即检测出异常，并立即停止运行。即便如此，由于仍然处于危险状态下，绝对禁止继续运行。

机器人的故障有如下各种情况：

1）一旦发生故障，直到修理完毕不能运行的故障。

2）发生故障后，放置一段时间后，又可以恢复运行的故障。

3）即使发生故障，只要使电源关闭，则又可以运行的故障。

4）即使发生故障，立即就可以再次运行的故障。

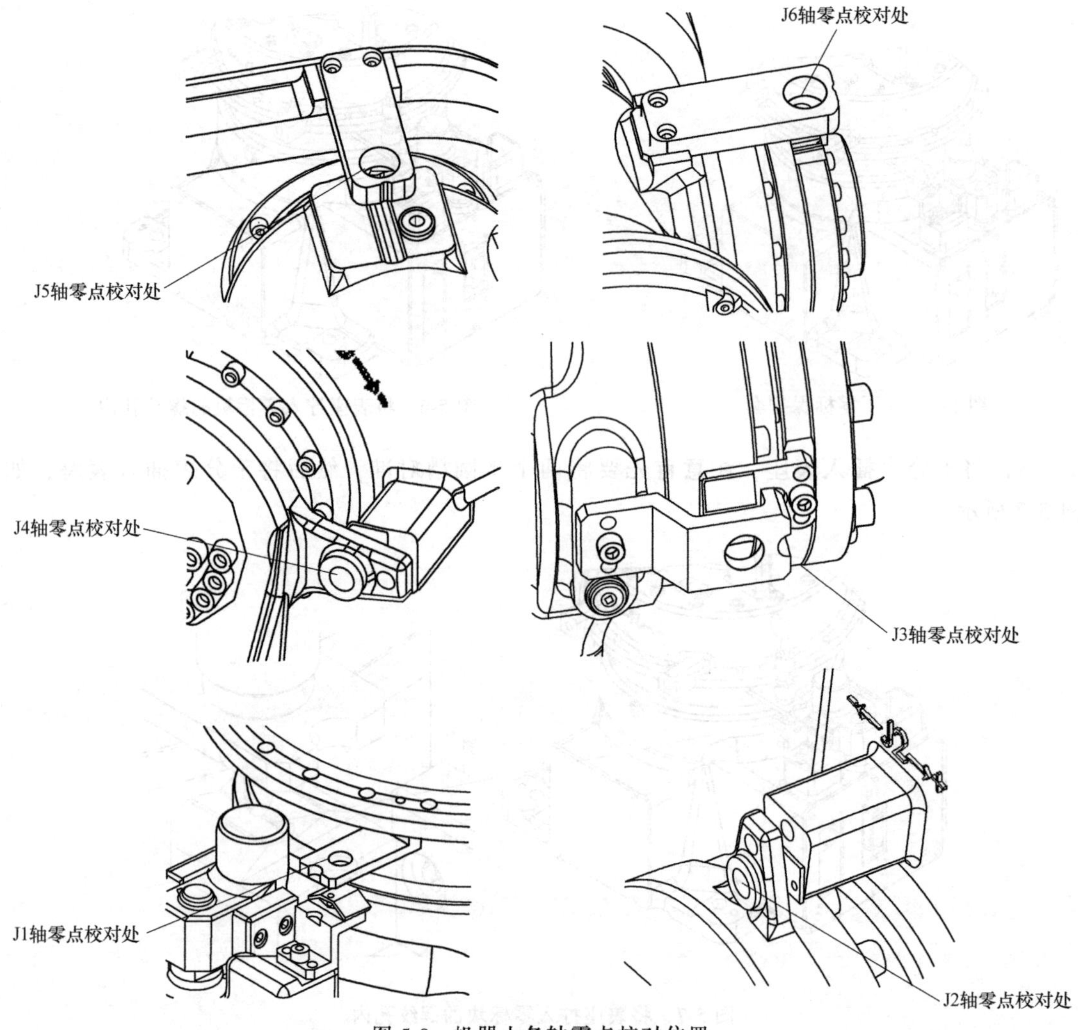

图 5-8　机器人各轴零点校对位置

5）非机器人本身，而是系统侧的故障导致机器人异常动作的故障。

6）因机器人侧的故障，导致系统侧异常动作的故障。

尤其是 2）、3）、4）的情况，肯定会再次发生故障。而且，在复杂的系统中，即使熟练的工程师也经常不能轻易找到故障原因。因此，在出现故障时，请勿继续运转，应立即联系接受过规定培训的保全作业人员，由其实施故障原因的查明和修理。此外，应将这些内容放入作业规定中，并建立可以切实执行的完整体系。否则，会导致事故发生。

机器人动作、运转发生某种异常时，如果不是控制装置出现异常，就应考虑是因机械部件损坏所导致的异常。为了迅速排除故障，首先需要明确掌握现象，并判断是由于什么部件出现问题而导致的异常。

第 1 步，确定哪一个轴出现了异常。首先要了解是哪一个轴出现异常现象。如果没有明显异常动作而难以判断时，应对有无发出异常声音的部位、有无异常发热的部位、有无出现间隙的部位等情况进行调查。

第 2 步，确定哪一个部件有损坏情况。判明发生异常的轴后，应调查哪一个部件是导致异常发生的原因。一种现象可能是由多个部件导致的。故障现象和原因见表 5-8。

第 3 步，问题部件的处理。判明出现问题的部件后，按规定方法进行处理。有些问题用户可以自行处理，但对于难以处理的问题，请联系专业人员进行处理。

2. 故障现象和原因

一种故障现象可能是因多个不同部件导致的。因此，为了判明是哪一个部件损坏，请参考表 5-8 中的内容。

表 5-8　故障现象和原因

原因部件	故障说明	
	减速器	电动机
过载[①]	○	○
位置偏差	○	○
发生异响	○	○
运动时振动[②]	○	○
停止时晃动[③]		○
轴自然掉落	○	○
异常发热	○	○
误动作、失控		○

① 负载超出电动机额定规格范围时出现的现象。
② 动作时的振动现象。
③ 停机时在停机位置周围反复晃动数次的现象。

3. 各个零部件的检查方法及处理方法

（1）减速器　减速器损坏时会产生振动、异常声音。此时，会妨碍正常运转，导致过载、偏差异常，出现异常发热现象。此外，还会出现完全无法动作及位置偏差。

1）检查方法。检查润滑脂中铁粉量：润滑脂中的铁粉含量在 0.1%以上时则有内部破损的可能性。每运转 5000h 或每隔 1 年（装卸用途时则为每运转 2500h 或每隔半年），请测量减速器的润滑脂铁粉浓度。超出标准值时，有必要更换润滑脂或减速器。

检查减速器温度：温度较通常运转上升 10℃时基本可判断减速器已损坏。

2）处理方法。请更换减速器。J5/J6 轴减速器故障请更换手腕部件整体。

（2）电动机　电动机异常时，停机时会出现晃动、运转时振动等动作异常现象。此外，还会出现异常发热和异常声音等情况。由于出现的现象与减速器损坏时的现象相同，很难判定原因出在哪里，因此，应同时进行减速器和平衡缸部件的检查。

1）检查方法。检查有无异常声音和异常发热现象。

2）处理方法。更换电动机。

4. 更换零部件

搬运和组装更换零部件时，注意各零部件重量。

（1）更换第二臂部件　如图 5-9 所示。

1）拆卸。

① 从机械手腕上移除机械手和工件等的负载。

② 拆下第二臂部件螺钉（注意此过程要用起重机或其他起吊装置吊起手腕部件）。

③ 将第二臂部件平移离开机器人机械本体。

④ 拆下密封圈。

2）装配。

① 除去安装法兰面杂质，清洗干净。

② 将密封圈装入配合法兰面处，并在安装法兰面上涂平面密封胶。

③ 吊起第二臂部件，使第二臂部件保持水平，慢慢移动靠近连接部分，通过两个导向杆使孔位对准，再缓慢推入大臂配合处。

④ 安装第二臂部件。

⑤ 施加润滑脂。

⑥ 执行校对操作。

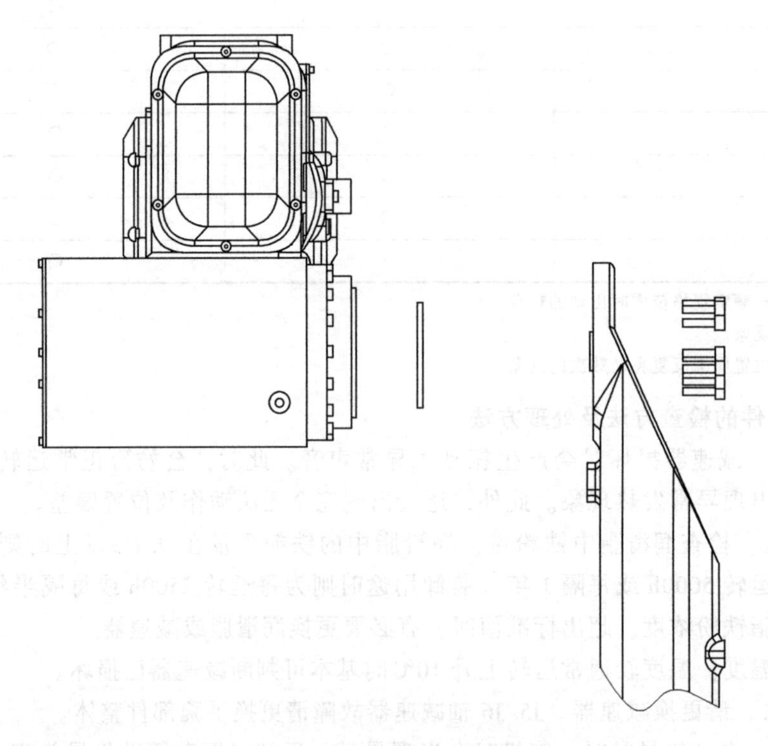

图 5-9　更换第二臂部件

（2）更换电动机

1）更换电动机注意事项：

① 没有固定机械臂便拆除电动机，机械臂有可能会掉落，或前后移动。请先固定机械臂，然后再拆卸电动机。

② 插入零点栓后，用木块或起重机固定机械臂以防掉落，然后再拆除电动机（零点栓和挡块用于对准原位置，不可以用来固定机械臂）。

③ 请勿在人手支撑机械臂的状态下拆除电动机。

④ 禁止对电动机的编码器连接器施力。施加较大压力会损坏连接器。若需触摸刚刚停止后的电动机，应确认电动机为非高温状态，小心操作。

2）更换 J1 轴电动机，如图 5-10 所示。

① 拆卸。

a. 切断电源。

b. 拆掉 J1 轴电动机上的连接线缆。

c. 拆卸 J1 轴电动机上的安装螺钉。

d. 将电动机从底座中垂直拉出，同时小心不要挂伤齿轮表面。

e. 从 J1 轴电动机的轴上拆卸螺钉。

f. 从 J1 轴电动机的轴上拉出齿轮。

g. 拆除电动机法兰端面密封圈。

② 装配。

a. 除去电动机法兰面杂质，确保干净。

b. 将 O 形圈放入电动机法兰配合面上的槽内。

c. 将齿轮安装到 J1 轴电动机上。

d. 用螺钉将一轴齿轮固定在电动机上。

e. 在电动机安装面上涂平面密封胶，将 J1 轴电动机垂直安装到底座上，同时小心不要挂伤齿轮表面。

f. 安装电动机固定螺钉（螺纹处涂螺纹密封胶）。

g. 安装 J1 轴电动机脉冲编码器连接线。

h. 进行校对操作。

3）更换 J2 轴电动机，如图 5-11 所示。

① 拆卸。

a. 将机器人置于图 5-11 所示位置，用钢丝绳悬起机器人同时将自制直径为 15mm 的插销插入大臂与 J2 轴基座孔处。

b. 切断电源，拆卸电动机的连接线缆。

c. 拆除电动机法兰盘上的安装螺钉。

d. 水平拉出电动机，同时小心不要损坏齿轮的表面。

e. 拆除螺钉，然后拆除输入齿轮。

f. 拆除电动机法兰端面密封圈。

② 装配。

a. 除去电动机法兰面杂质，确保干净。

b. 将密封圈安装到 J2 轴基座上。

c. 用螺钉将输入齿轮安装紧固到电动机输入轴上。

d. 在电动机法兰面上涂上平面密封胶。

e. 水平安装电动机，同时应小心不要损坏齿轮表面。

f. 使用螺钉（螺纹处涂螺纹密封胶）将电动机安装紧固到 J2 轴转座上。

g. 将连接线缆安装到电动机上。

h. 施加润滑油。

i. 执行校对操作。

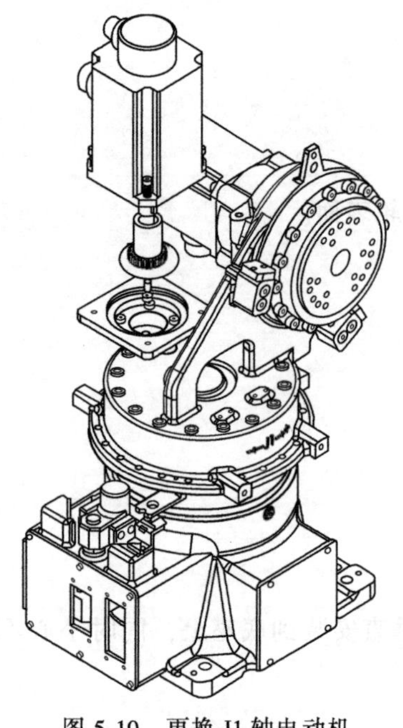

图 5-10　更换 J1 轴电动机

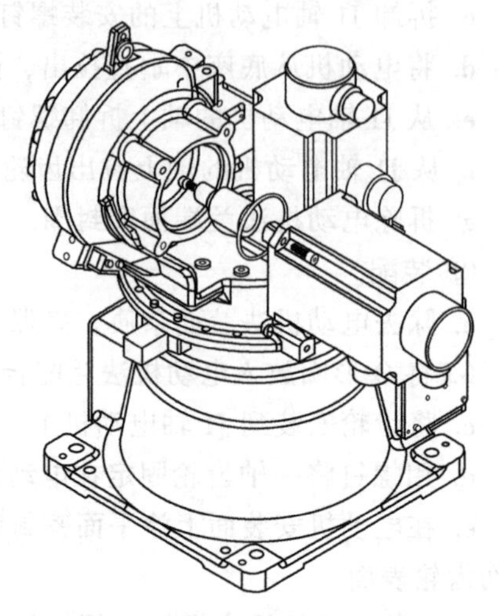

图 5-11　更换 J2 轴电动机

（3）密封胶的应用

1）对要密封的表面进行清洗和干燥。

① 用气体吹要密封的表面，除去灰尘。

② 为要密封的安装表面脱脂，可使用蘸有清洗剂的布或直接喷清洗剂。

③ 用气体吹干。

2）施加密封胶。

① 确保安装表面是干燥的（无残留的清洗剂）。如果有，将其擦干或吹干。

② 在表面上施加密封胶，等待密封胶软化（约 10min）。使用抹刀，除去软化的密封胶。

3）装配。

① 为了防止灰尘落在施加密封胶的部分，在密封胶应用后，应尽快安装零部件。注意，不要接触施加的密封胶。如果擦掉了密封胶，应重新上。

② 安装完零部件后，用螺钉和垫圈快速固定它，使匹配表面更靠近。

③ 施加密封胶之前，不要上润滑油，这是因为润滑油可能会泄漏。应在安装了减速器后等待至少 1h 后进行润滑。

常用密封胶型号见表 5-9。

表 5-9　常用密封胶型号

名称	规格型号	名称	规格型号
螺纹密封胶	LOCTITE577	平面密封胶	THREEBOND1110F
螺纹紧固胶	THREEBOND1374	清洗剂	THREEBOND6602T

5. 本体管线包的维护

对于底座到电动机座这一部分，管线包运动幅度比较小，主要是大臂和电动机座连接处，这一部分随着机器人的运动，会和本体有相对运动，如果管线包和本体周期性的接触摩擦，可添加防撞球或者在摩擦部分包裹防摩擦布来保证管线包不在短时间内磨破或者是开裂，添加防撞球位置由现场应用人员根据具体工位来安装。

管线包经过长时间与机械本体摩擦，势必会导致波纹管出现破裂的情况或者是即将破损的情况，在机器人的工作中，这种情况是不允许的。如果出现上述的情况，最好提前更换波纹管（可在不生产时更换），更换步骤如下：

1）确定所用更换的管线包里的所有线缆，松开这些线缆的接头或者是连接处。

2）松开所用管夹，取下波纹管（这时要注意对管夹固定的波纹管处要做好标记），将线缆从管线包中抽出。

3）截取相同长度的同样规格的管线，同样在相同的位置做好标记，目的是为了安装方便。

4）将所有线缆穿入新替换的管线中。

5）将穿入线缆的管线包安装到机械本体上（注意做标记的位置）。

6）做好各种线缆接头并连接固定。

第三节 工业机器人电气维修

培训目标

中级：

➔ 能够掌握工业机器人电气故障诊断检测方法。

➔ 能够对机器人电气部件进行常规的检查和保养。

高级：

➔ 能够排除机器人电气线路故障。

➔ 能够对机器人电气部件进行故障诊断与排除。

➔ 能够掌握机器人电气部件的维修方法。

一、工业机器人电气故障检测方法

1. 工业机器人常见故障分类

工业机器人是一种技术复杂的典型机电一体化设备，其故障发生的原因一般都比较复杂，这给故障诊断和排除带来不少困难。为了便于故障分析和处理，本节按故障发生的部位、故障性质及故障原因等对常见故障做如下分类。

（1）按工业机器人发生故障的部件分类

1）主机故障。工业机器人的主机部分，主要包括机器人本体、润滑、液压、气动与防护等装置。常见的主机故障为因机械安装、调试及操作使用不当等原因引起的机械传动故障与轴承运动摩擦过大故障。故障表现为传动噪声大，运行阻力大。例如，轴向传动链的挠性联轴器松动，机器人减速器缺润滑油以及系统参数设置不当等原因均可造成以上故障。尤其应引起重视的是，工业机器人各关节标明的注油点（注油孔）须定时、定量加注润滑油(剂)，这是机器人各关节正常运行的保证。

2）电气故障。电气故障分弱电故障与强电故障。弱电部分主要指示教器、控制器以及伺服单元、输入/输出装置等电子电路，这部分又有硬件故障与软件故障之分。硬件故障主要是指上述各装置的印制电路板上的集成电路芯片、分立元件、接插件以及外部连接组件等发生的故障。常见的软件故障有系统程序和参数的改变或丢失、计算机的运算出错等。强电部分是指继电器、接触器、开关、熔断器、电源变压器、电动机等电气元器件及其所组成的电路。这部分的故障十分常见，必须引起足够的重视。

（2）按工业机器人发生的故障性质分类

1）系统性故障。系统性故障通常是指只要满足一定的条件或超过某一设定的限度，工作中的工业机器人必然会发生的故障。这一类故障现象极为常见。例如，气压系统的压力值随着气压回路过滤器的阻塞而降到某一设定参数时，必然会发生气压系统故障。因此，正确的使用与精心维护是杜绝或避免这类系统性故障发生的切实保障。

2）随机性故障。随机性故障通常是指工业机器人在同样的条件下工作时只偶然发生一次或两次的故障。有的文献上称此为“软故障”。由于此类故障在各种条件相同的状态下只偶然发生一两次，因此，随机性故障的原因分析与故障诊断较其他故障困难得多。一般而言，这类故障的发生往往与安装质量、组件排列、参数设定、元器件品质、操作失误与维护不当，以及工作环境影响等诸因素有关。例如，接插件与连接组件因疏忽未加锁定，印制电路板上的元器件松动变形或焊点虚脱，继电器触头、各类开关触头因污染锈蚀以及直流电动机电刷不良等所造成的接触不可靠等。另外，工作环境温度过高或过低、湿度过大、电源波动与机械振动、有害粉尘与气体污染等原因均可引发此类偶然性故障。因此，加强工业机器人的维护检查，确保电气箱门的密封，严防工业粉尘及有害气体的侵袭等，均可避免此类故障的发生。

（3）按工业机器人故障发生时有无报警显示分类

1）有报警显示的故障。这类故障又可分为硬件报警显示与软件报警显示两种。

① 硬件报警显示的故障。硬件报警显示通常是指各单元装置上的警示灯（一般由 LED 发光管或小型指示灯组成）的指示。在工业机器人中有许多用以指示故障部位的警示灯，如示教器、伺服控制单元、电源单元等部位以及其他外设装置上常设有这类警示灯。一旦工业机器人的这些警示灯指示故障状态后，借助相应部位上的警示灯均可大致分析判断出故障发生的部位与性质，这无疑给故障分析诊断带来极大方便。因此，维修人员日常维护和排除故障时应认真检查这些警示灯的状态是否正常。

② 软件报警显示的故障。软件报警显示通常是指示教器显示出来的报警号和报警信息。由于工业机器人具有自诊断功能，一旦检测到故障，即按故障的级别进行处理，同时在示教器上以报警号形式显示该故障信息。这类报警显示常见的有伺服系统警示、轴超程警示、程序出错警示、过载警示以及断线警示等，通常，少则几十种，多则上千种，这无疑为故障判断和排除提供极大的帮助。

2）无报警显示的故障。这类故障发生时无任何硬件或软件的报警显示，因此分析诊断难度较大。例如，工业机器人通电后，在手动方式或自动方式运行 J1 轴时出现抖动现象，无任何报警显示。又如工业机器人在自动方式运行时突然停止，而示教器上无任何报警显示。还有在运行机器人某轴时发生异常声响，一般也无故障报警显示等。

（4）按工业机器人故障发生的原因分类

1）工业机器人自身故障。这类故障的发生是由于工业机器人自身的原因引起的，与外部使用环境条件无关。工业机器人所发生的绝大多数故障均属此类故障，但应区别有些故障并非机器人本身而是外部原因所造成的。

2）工业机器人外部故障。这类故障是由于外部原因造成的。例如，工业机器人的供电电压过低，波动过大，相序不对或三相电压不平衡；周围的环境温度过高，有害气体、潮气、粉尘侵入；外来振动和干扰，如电焊机所产生的电火花干扰等均有可能使工业机器人发生故障。还有人为因素所造成的故障，如操作不当，手动运行过快造成超程报警。又如操作人员不按时按量给工业机器人减速器加注润滑油，易造成传动噪声或摩擦系数过大。据有关资料统计，首次使用工业机器人或由不熟练工人来操作，在使用第一年内，由于操作不当所造成的外部故障要占 1/3 以上。

除上述常见故障分类外，还可按故障发生时有无破坏性来分，可分为破坏性故障和非破坏性故障；按故障发生的部位分，可分为示教器故障、伺服系统故障、机器人本体故障等。

2. 工业机器人故障排除思路

工业机器人种类较多，所产生的故障原因往往比较复杂，这里介绍故障处理的一种思路，程序大致如下：

（1）确认故障现象，调查故障现场，充分掌握故障信息　工业机器人出现故障后，不要急于动手盲目处理，首先要查看故障记录，向操作人员询问故障出现的全过程。在确认通电对机器人无危险的情况下，再通电亲自观察，特别要注意确定以下主要故障信息：

1）故障发生时报警号和报警提示是什么？哪些指示灯和发光管指示了什么报警？

2）若无报警，系统处于何种工作状态？

3）故障发生在哪个程序段？执行何种指令？故障发生前进行了何种操作？

4）故障发生时各关节轴处于什么位置？

5）以前是否发生过类似故障？现场有无异常现象？故障是否重复发生？

（2）根据所掌握的故障信息，明确故障的复杂程度并列出故障部位的全部疑点　在充分调查现场、掌握第一手材料的基础上，把故障原因正确地列出来。俗话说，能够把问题说清楚，就已经解决了问题的一半。

（3）分析故障原因，制订排除故障的方案　分析故障时，维修人员不应局限于示教器部分，而是要对机器人强电、机械、气动等方面都做详细的检查，并进行综合判断，制订出故障排除的方案，达到快速确诊和高效率排除故障的目的。

分析故障原因时应注意：思路一定要开阔，无论是示教器、强电部分，还是机、液、气等，只要将有可能引起故障的原因以及每一种可能解决的方法全部列出来，进行综合、判断和筛选；在对故障进行深入分析的基础上，预测故障原因并拟定检查的内容、步骤和方法，制订故障排除方案。

（4）检测故障，逐级定位故障部位　根据预测的故障原因和预先确定的排除方案，用试验的方法验证，逐级定位故障部位，最终找出故障的真正发生源。

(5) 故障的排除　根据故障部位及准确的原因，采用合理的故障排除方法，高效高质量地恢复故障现场，尽快让工业机器人运行。

(6) 解决故障后的资料的整理　故障排除后，应迅速恢复机器人现场，并做好相关资料的整理，以便提高自己的业务水平和工业机器人的后续维护和维修。

3. 工业机器人故障的排除应遵循的原则

在检测故障过程中，应充分利用工业机器人的自诊断功能，如系统的开机诊断、运行诊断、PLC的监控功能。根据需要随时检测有关部分的工作状态和接口信息。同时还应灵活应用工业机器人故障检查的一些行之有效的方法，如交换法、隔离法等。

另外，从监测排除故障中还应掌握以下若干原则：

(1) 先方案后操作（或先静后动）　维护维修人员碰到机器人故障后，先静下心来，考虑出分析方案再动手。维修人员本身要做到先静后动，不可盲目动手，应先询问机器人操作人员故障发生的过程及状态，阅读机器人说明书、图样资料后，方可动手查找和处理故障。如果上来就碰这敲那、连此断彼，徒劳的结果也许尚可容忍，但造成现场破坏导致误判或者引入新的故障导致更大的后果则后患无穷。

(2) 先安检后通电　确定方案后，对有故障的机器人仍要秉着先静后动的原则，先在机器人断电的静止状态，通过观察测试、分析，确认为非恶性循环性故障或非破坏性故障后，方可给机器人通电，在运行工况下，进行动态的观察、检验和测试，查找故障。然而对恶性的破坏性故障，必须先排除危险后，方可通电，在运行工况下进行动态诊断。

(3) 先软件后硬件　当发生故障的机器人通电后，应先检查软件的工作是否仍正常。有些可能是软件的参数丢失或者是操作人员使用方式、操作方法不对而造成的报警或故障。切忌一上来就大拆大卸，以致造成更大的后果。

(4) 先外部后内部　工业机器人是机械、电气、气压一体化的机器，故其故障必然要从机械、气压、电气这三者综合反映出来。工业机器人的检修要求维修人员掌握先外部后内部的原则。即当机器人发生故障后，维修人员应先采用望、闻、听、问等方法，由外向内逐一进行检查。比如，在工业机器人中，外部的按钮开关、气动元件以及印制电路板插头座、边缘接插件与外部或相互之间的连接部位、电控柜插座或端子排这些机电设备之间的连接部位，因其接触不良造成信号传递失灵，是产生工业机器人故障的重要因素。此外，由于工业环境中，温度、湿度变化较大，油污或粉尘对元件及线路板的污染，机械的振动等，对于信号传送通道的接插件都将产生严重影响。在检修中重视这些因素，首先检查这些部位就可以迅速排除较多的故障。另外，尽量避免随意地启封、拆卸不适当的大拆大卸往往会扩大故障，使机器人大伤元气，丧失精度，降低性能。

(5) 先机械后电气　由于工业机器人是一种自动化程度高、技术较复杂的先进设备。一般来讲，机械故障较易察觉，而机器人系统故障的诊断则难度要大些。先机械后电气就是在工业机器人的检修中，首先检查机械部分是否正常，再检查电气部分、气动部分是否正常等。

(6) 先公用后专用　公用性的问题往往影响全局，而专用性的问题只影响局部。如机器人的几个轴都不能运动，这时应先检查和排除各轴公用的电源、液压等公用部分的故障，然后再设法排除某轴的局部问题。又如电网或主电源故障是全局性的，因此一般应首先检查电源部分，看看熔体是否正常，直流电压输出是否正常。总之，只有先解决影响一大片的主要矛盾，局部的、次要的矛盾才有可能迎刃而解。

（7）先简单后复杂　当出现多种故障相互交织掩盖、一时无从下手时，应先解决容易的问题，后解决难度较大的问题。常常在解决简单故障的过程中，难度大的问题也可能变得容易，或者在排除简易故障时受到启发，对复杂故障的认识更为清晰，从而也有了解决办法。

（8）先一般后特殊　在排除某一故障时，要先考虑最常见的可能原因，然后分析很少发生的特殊原因。

总之，在工业机器人出现故障后，视故障的难易程度，以及故障是否属于常见性故障，合理地采用不同的分析问题和解决问题的方法。

4. 工业机器人故障分析排除的基本方法

对于工业机器人发生的大多数故障，总体上说可采用下述几种方法来进行故障诊断。

（1）直观法　这是一种最基本、最简单的方法。维修人员通过对故障发生时产生的各种光、声、味等异常现象的观察、检查，可将故障缩小到某个模块，甚至一块印制电路板。但是，它要求维修人员具有丰富的实践经验以及综合判断能力。

（2）系统自诊断法　充分利用工业机器人的自诊断功能，根据示教器上显示的报警信息及各模块上的发光二极管等器件的指示，可判断出故障的大致起因。进一步利用机器人的自诊断功能，还能显示机器人与各部分之间的接口信号状态，找出故障的大致部位，它是故障诊断过程中最常用、有效的方法之一。

（3）功能测试法　所谓功能测试法是通过功能测试程序，检查机器人的实际动作，判别故障的一种功能测试可以将系统的功能，用示教编程方法，编制一个功能测试程序，并通过运行测试程序，来检查机器人执行这些功能的准确性和可靠性，进而判断出故障发生的原因。对于长期不用的工业机器人或是机器人第一次开机不论动作是否正常，都应使用本方法进行一次检查以判断机器人关节的工作状况。

（4）部件交换法　所谓部件交换法，就是在故障范围大致确认，并在确认外部条件完全正确的情况下，利用同样的印制电路板、模块、集成电路芯片或元器件替换有疑点的部分的方法。部件交换法是一种简单、易行、可靠的方法，也是维修过程中最常用的故障判别方法之一。交换的部件可以是机器人的备件，也可以用机器人上现有的同类型部件替换通过部件交换就可以逐一排除故障可能的原因把故障范围缩小到相应的部件上。必须注意的是：在备件交换之前应仔细检查、确认部件的外部工作，在线路中存在短路、过电压等情况时，切不可以轻易更换备件。此外，备件（或交换板）应完好，且与原板的各种设定状态一致。在交换机器人的存储器板或 CPU 板时，通常还要对机器人进行某些特定的操作，如存储器的初始化操作等并重新设定各种参数，否则机器人不能正常工作。这些操作步骤应严格按照相应的操作说明书、维修说明书进行。

（5）测量比较法　工业机器人的印制电路板制造时，为了调整维修的便利通常都设置有检测用的测量端子。维修人员利用这些检测端子，可以测量、比较正常的印制电路板和有故障的印制电路板之间的电压或波形的差异，进而分析、判断故障原因及故障所在位置。通过测量比较法，有时还可以纠正他人在印制电路板上的调整、设定不当而造成的“故障”。测量比较法使用的前提是：维修人员应了解或实际测量正确的印制电路板关键部位、易出故障部位的正常电压值，正确的波形，才能进行比较分析，而且这些数据应随时做好记录并作为资料积累。

(6) 原理分析法　这是根据工业机器人的组成及工作原理，从原理上分析各点的电平和参数，并利用万用表、示波器或逻辑分析仪等仪器对其进行测量、分析和比较，进而对故障进行系统检查的一种方法。运用这种方法要求维修人员有较高的水平，对整个系统或各部分电路有清楚、深入的了解才能进行。

除了以上介绍的故障检测方法外，还有插拔法、电压拉偏法、敲击法、局部升温法等，这些检查方法各有特点，维修人员可以根据不同的故障现象加以灵活应用，以便对故障进行综合分析，逐步缩小故障范围。

二、工业机器人电气部件维修

1. 工业机器人常见低压元器件常见故障及处理

(1) 低压断路器

1) 低压断路器的检测内容。

① 运行中的低压断路器应无明显响声。

② 运行中的低压断路器应无明显的发热现象。

③ 运行中的低压断路器的指示应与实际情况相符。

④ 非运行中的低压断路器，用手缓慢分合闸，主触点各极动作一致，辅助触点动作正常，指示正确。

⑤ 低压断路器各触点压力正常，脱扣器的衔铁和拉簧正常，动作无卡滞，磁铁工作面应清洁平滑，无锈蚀、毛刺和污垢，热敏元件无损坏，间隙正常。

2) 低压断路器的常见故障与处理方法见表 5-10。

表 5-10　低压断路器的常见故障与处理方法

故障现象	故障原因	处理方法
手动操作断路器不能闭合	1. 电源电压太低 2. 热脱扣的双金属片尚未冷却复原 3. 欠电压脱扣器无电压或线圈损坏 4. 储能弹簧变形，导致闭合力减小 5. 反作用弹簧力过大	1. 检查线路并调高电源电压 2. 待双金属片冷却后再合闸 3. 检查线路，施加电压或调换线圈 4. 调换储能弹簧 5. 重新调整弹簧反力
电动操作断路器不能闭合	1. 电源电压不符 2. 电源容量不够 3. 电磁铁拉杆行程不够 4. 电动机操作定位开关变位	1. 调换电源 2. 增大操作电源容量 3. 调整或调换拉杆 4. 调整定位开关
电动机起动时断路器立即分断	1. 过电流脱扣器瞬时整定值太小 2. 脱扣器某些零件损坏 3. 脱扣器反力弹簧断裂或落下	1. 调整瞬间整定值 2. 调换脱扣器或损坏的零部件 3. 调换弹簧或重新装好弹簧
分励脱扣器不能使断路器分断	1. 线圈短路 2. 电源电压太低	1. 调换线圈 2. 检修线路调整电源电压
欠电压脱扣器噪声大	1. 反作用弹簧力太大 2. 铁心工作面有油污 3. 短路环断裂	1. 调整反作用弹簧 2. 清除铁心油污 3. 调换铁心

（续）

故障现象	故障原因	处理方法
欠电压脱扣器不能使断路器分断	1. 反力弹簧弹力变小 2. 储能弹簧断裂或弹簧力变小 3. 机构生锈卡死	1. 调整弹簧 2. 调换或调整储能弹簧 3. 清除锈污
低压断路器发热严重	1. 触点脏污 2. 触点压力不足 3. 负载过电流	1. 清洗或修整触点 2. 调整触点弹簧压力，注意三相触点的对称性 3. 排除过电流现象或更换断路器
响声较大	1. 失电压脱扣器铁心面脏污 2. 失电压脱扣器弹簧反力过大或短路环脱落 3. 负载过电流	1. 清洗脱扣器铁心面 2. 调整脱扣器弹簧反力或更换短路环 3. 排除过电流现象或更换断路器
手动合分闸失灵	1. 触点熔焊 2. 合分闸线圈故障 3. 机械故障 4. 失压、热脱扣器等动作 5. 三相主触点不同步	1. 清洗和修整触点，必要时更换触点 2. 检查修理合闸和分闸电磁机构，必要时更换 3. 排除机械故障 4. 检查误动作的脱扣器，排除误动作现象 5. 调整触点使其同步

（2）接触器和电磁式继电器

1）接触器和电磁式继电器的检测内容。检查接触器和电磁式继电器，主要按以下步骤：

① 线圈加上额定电压时，应能可靠吸合；撤去外加电压后，应能可靠释放。

② 吸合时，无较大的噪声，噪声较大时应加以处理。

③ 吸合时，接触器无较高的温升，正常时为温热。

④ 吸合时，接触器无放电声音。

⑤ 吸合时，接触器内无异常火花。

⑥ 不带电时，推动接触器衔铁连杆，应无卡滞现象；衔铁松开时，动合触点不导通，动断触点可靠导通；按下衔铁时导通情况相反。

⑦ 不带电时，检查灭弧罩，应无松动与裂损现象。

⑧ 必要时，测量接触器线圈电阻，一般应为数十欧或数百欧，有的小型继电器约为数千欧。

2）接触器和电磁式继电器的常见故障及处理方法见表 5-11。

表 5-11　接触器和电磁式继电器的常见故障及处理方法

故障现象	故障原因	处理方法
触点过热或接触不良	1. 触点压力不足	1. 调整触点压力
	2. 触点脏污	2. 清洗触点
	3. 负载短路	3. 排除负载短路现象
	4. 触点超行程过小	4. 调整触点的超行程

（续）

故障现象	故障原因	处理方法
触点熔焊	负载短路或触点跳跃	修整触点，排除短路故障
衔铁噪声大	1. 衔铁端面有污物	1. 清除衔铁端面污物
	2. 铁心位置倾斜	2. 重新装配铁心
	3. 短路环脱落	3. 重新安装或更换短路环
	4. 电源电压过低	4. 检查线圈电压，是否误将380V线圈用于220V场合或电源电压过低
	5. 弹簧反作用力过大	5. 调整或更换弹簧
线圈断电衔铁不能释放	1. 触点弹簧反作用力过小	1. 更换或调整弹簧
	2. 机械卡滞	2. 消除卡滞故障
	3. 触点熔焊	3. 修整触点
	4. 剩磁过大	4. 更换铁心
线圈过热或烧损	1. 电源压力不符	1. 检查电源电压，并检查是否误将220V线圈用于380V场合
	2. 衔铁卡滞	2. 排除衔铁卡滞现象
	3. 动作频率过高	3. 降低线圈动作频率
	4. 线圈受潮	4. 烘干线圈或更换线圈

（3）熔断器

1）熔断器的检测内容。

① 运行中的熔断器应无破损、变形和闪络现象。

② 运行中的熔断器应无过热现象，其熔断指示应为正常。

③ 运行中的熔断器应无放电响声，两端电压始终为0V。

④ 非运行中的熔断器两端电阻为0Ω。

2）熔断器的常见故障与处理方法见表5-12。

表5-12 熔断器的常见故障及处理方法

故障现象	故障原因	处理方法
熔断器过热	负载电流过大	检查电源电压及负载，使电流恢复至正常值
	熔断器接触不良	排除熔断器松动、生锈、脏污等接触不良现象
熔断器冒火	熔断器接触不良	排除熔断器松动、生锈等接触不良现象
熔断器不通	熔断器动作	检查动作指示，必要时测量熔芯两端电阻
	熔断器接触不良	排除熔断器松动、生锈等接触不良现象

（4）热继电器

1）热继电器的检测内容。

① 热继电器及连接导线应无破损、烧糊、变形和脏污现象。

② 运行中的热继电器应无过热或响声，动作按钮应未弹出。

③ 热继电器的整定值应与负荷电流相当；外接主触点引线的截面面积符合要求，

见表 5-13。

④ 热继电器工作环境温度应在−30~40℃之间，过高或过低都会使动作值不准；

⑤ 非运行中的热继电器主触点两端、动断辅助触点（一般接入电路）两端电阻约为 0，触点之间的电阻为∞ 。

表 5-13　热继电器连接导线的截面面积

热元件额定电流/A	<11	≥11~22	≥22~33	≥33~45
主回路铜导线截面面积/mm^2	1.5 或 2.5	4	6	10
热元件额定电流/A	45~63	63~100	100~160	
主回路铜导线截面面积/mm^2	16	25	35 或 50	

2）热继电器的常见故障与处理方法见表 5-14。

表 5-14　热继电器的常见故障

故障现象	故障原因	处理方法
热元件烧断	负载回路中有短路现象	检查负载回路，排除短路故障
	主触点接触不良	重新连接主触点，可涂抹导电复合脂，保证触点接触可靠
热继电器误动作	整定值偏小	重新调整整定值
	电动机起动时间过长	检查控制电路，排除电动机起动时间过长的故障
	设备操作频率过高	降低设备的操作频率
	使用场合有较大的振动或冲击	排除振动与冲击的概率，必要时可采用防振垫、防振弹簧等措施
	环境温度过高或过低	改变工作位置、加强通风措施等，保持正常的工作温度；必要时可调换大一号或小一号热元件
热继电器不动作	整定值过大	重新调整动作整定值
	机械卡滞	排除机械卡滞故障
	推杆脱出	重新装配热继电器
热继电器触点接触不良	内部脏污	用无水酒精清洗热继电器内部部件
	触点氧化	用无水酒精清洗或用整形锉整修触点

（5）变压器

1）检查变压器是否存在故障，主要按以下步骤：

① 工作时，变压器应无明显的损伤、变形和脏污，如果有应及时处理。

② 工作时，变压器应无较高的温升和较大的噪声，无放电声音和异常火花；变压器正常时应为温热。

③ 不带电时，用绝缘电阻表测量变压器各绕组之间、绕组和铁心之间的绝缘电阻，正常值为∞ 。

④ 三相变压器各绕组的电阻相等，误差在 5%以内。

2）变压器的常见故障及处理方法见表 5-15。

表 5-15　变压器的常见故障及处理方法

故障现象	故障原因	处理方法
变压器二次侧无输出电压	电源故障,未加到变压器	测量变压器一次侧电压,如果没有电压说明电源回路存在故障。重点检查电源电压、熔断器和连接导线
	一次绕组断线	小型变压器一次绕组断线的故障较为常见,多为绕组与引线连接处。焊接完毕后应处理好绝缘;通过测量一、二次电阻确定是否断线。高压侧电阻一般较大,低压侧电阻一般较小
	二次绕组断线	
变压器温度过高或冒烟	电源电压过高	排除电源故障
	负载短路	排除负载短路故障
	绕组内部短路或一次、二次绕组短路	重绕绕组
	新修变压器硅钢片绝缘不良或线圈每伏匝数过少	将硅钢片重新浸漆烘干,装配,铁心截面面积要合乎要求,或提高绕组每伏匝数
空载电流过大	一次绕组匝数不足	重新绕制绕组,提高每伏匝数。铁心截面面积越大,每伏匝数越小,小型变压器约为 10 匝/V
	铁心截面面积不够、材料较差或层间绝缘不良	将硅钢片重新浸漆烘干,装配,铁心截面面积要合乎要求,或更换硅钢片
	绕组局部短路	重新绕制绕组
变压器响声过大	电源电压过高	调整电源电压
	负载过重或短路	排除负载过重现象或短路故障
	变压器铁心固定不牢固	用夹紧装置将铁心固定牢固,或将整个变压器浸漆烘干
变压器漏电或打火	绕组绝缘不良	重新绕制绕组或更换绕组
	引线绝缘不良或有污物	更换引线,清理污物

2. 工业机器人核心电气零部件维修

（1）控制器的故障维修　控制器是工业机器人的核心部件，下面以华数机器人为例，介绍控制器的常见报警代码故障及解决措施，见表 5-16。

表 5-16　华数机器人控制器常见报警代码故障及解决措施

故障代码	故障说明	现象或原因	对策
3115	急停	示教器“急停按钮”或电柜“急停按钮”按下	松开急停按钮,清除报警
	示教器网络状态显示“■”	1. 示教器与 HPC 通信水晶头接触不良或未插牢固 2. IP 地址未设置正确 3. 控制器 HPC 初始化失败	1. 机器人通信配置: IP 地址:10.20.4.100 2. 以太网配置: IP 地址:10.20.4.123 子网掩码:255.255.255.0 3. 重启系统

（续）

故障代码	故障说明	现象或原因	对策
	示教器网络状态显示“ ”	1. 示教器与 HPC 通信失败 2. 示教器硬件故障	1. 机器人通信配置： IP 地址：10. 20. 4. 100 2. 以太网配置： IP 地址：10. 20. 4. 123 子网掩码：255. 255. 255. 0 3. 更换示教器
3121	机器人在硬限位附近无法上使能，例如：“PUMA at axis A2: the target point is not reachable”	1. 机器人 A2 轴超软限位 2. 机器人误报点不可达	登录用户组“super”关闭软限位，重启系统，手动远离 A2 轴硬限位，再次登录用户组“super”开启软限位，重启系统
3082	反馈速度超限：“Feedback velocity is out of limit”	机器人实际速度超过了系统设定速度，机器人停止	1. 系统故障 2. 反馈技术人员
6029	空文件：“Zero file size detected”	不能加载空文件：“Cannot load an empty file”	示教器界面“清理系统”
8062	文件名太长：“The file name is too long. A file name should contain no more than 8 characters”	文件名超过了 8 个字符：“A file name should contain no more than 8 characters”	减小文件名长度
19012	不能上驱动使能：“Cannot enable axis/group”	丢失驱动使能信号或者驱动连接错误	检测驱动 EtherCAT 连接是否错误
19013	不能清除驱动错误：“Cannot clear fault on drive”	驱动错误持续存在：Fault on drive persists”	查找驱动故障原因，首先解决驱动故障

（2）伺服驱动器的故障排除　控制器是工业机器人的核心部件，下面以华数机器人为例，介绍伺服驱动器的常见报警代码故障及其解决办法。

1）保护诊断功能。电源模块和驱动模块均提供有保护功能和故障诊断。对于电源模块主要从模块面板上的报警指示灯来监控直流母线的状态。驱动模块可以通过数码管的报警显示菜单 dP→Err 来查看具体的报警号。

2）电源模块报警。电源模块报警及处理方法见表 5-17。

表 5-17　电源模块报警及处理方法

报警指示	报警名称	运行状态	原因	处理方法
黄灯闪烁	电源模块输出欠电压	接通电源时	1. 电路板故障 2. 软启动电路故障 3. 整流桥损坏 4. 主电源电压低	检查输入电压和电源模块额定功率，若不行，则更换电源模块
		运行过程中	1. 主电源电压低 2. 电源功率不够 3. 瞬时掉电 4. 电路板故障	
		断开电路时	电源模块断电后电压变低，属于正常情况	

（续）

报警指示	报警名称	运行状态	原因	处理方法
黄灯亮	电源模块输出过电压	运行过程中	如果外接有合适的制动电阻，则表示电源模块此时正在进行输出电压泄放；如果没有外接合适的制动电阻，请务必外接合适的制动电阻	
绿灯不亮	电源模块故障	上电运行时	1. 主电源电压过低 2. 电路板故障	检查输入电压，若不行，则更换电源模块
		运行过程中	MOS 管损坏	更换电源模块

3）驱动模块报警。

菜单 dP→Err 显示的是数值最大的报警号。

菜单 dP→Er1 可以查看具体的 1~16 号报警号。

菜单 dP→Er2 可以查看具体的 17~25 号报警号。

例如，dP→Er1 显示 16384，将其转换为二进制表示为 0b0100 0000 0000 0000，然后从右往左数，则可以确定为 15 号报警。此时，dP→Err 显示为 Err-15。

又如，dP→Er2 显示 68，将其转换为二进制表示为 0b0000 0000 0100 0100，然后从右往左数，则可以确定为 23 号报警。此时，dP→Err 显示为 Err-23。

驱动报警号，并没有关于网络方面的报警。网络方面的报警，则由绿色和红色的网络指示灯给出。

驱动模块具体的报警号对应的报警信息见表 5-18。

表 5-18　驱动模块具体的报警号对应的报警信息

报警代码	报警名称	运行状态	原因	处理方法
1.6 位数码管全灭 2. 显示为乱码 3.6 位数码管显示相同字符		开机之后	系统受到干扰，进入待机状态	断电重启，若不能正常启动，立即断电，咨询厂商
……X （X 表示数字）				
网络通信绿灯一直闪烁不长亮		开机之后	未连接上网络	检查网络连接
网络通信红灯闪烁		开机之后	网络故障	检查网线连接
1	电动机超速	开机时出现	控制电路板故障	换驱动模块
			编码器故障	换伺服电动机
		电动机运行过程中出现	内部速度模式时： 1. 速度给定阶跃太大，使速度超调量过大 2. 超过了系统设定的最大速度限制 3. 编码器反馈有误 4. 参数设置不合适	1. 减小速度的给定阶跃 2. 检查 PA-17 是否小于给定速度 3. 调节控制参数 4. 检查编码器反馈

（续）

报警代码	报警名称	运行状态	原因	处理方法
1	电动机超速	电动机运行过程中出现	总线位置同步模式： 1. 加/减速时间太小，使速度超调量过大 2. 超过了系统设定的最大速度限制 3. 编码器反馈有误 4. 参数设置不合适	1. 增大控制器的加/减速时间 2. 检查 PA-17 是否小于给定速度 3. 调节控制参数 4. 检查编码器反馈
		电动机刚起动时出现	电动机动力线相序错误	确认动力线的相序
2	母线过电压	开机时	驱动电路损坏	更换驱动模块
		运行过程中	1. 制动电路容量不够 2. 未接合适的制动电阻	增大外接制动电阻的功率
3	母线过电流	开机时	驱动电路损坏	更换驱动模块
		运行过程中	1. 负载过大 2. 驱动模块功率过小 3. 电动机或机械卡顿 4. 编码器反馈有误 5. 加减速时间过小 6. 速度超调量过大 7. 参数设置不合适	1. 检查负载是否过大 2. 更换驱动模块 3. 检查电动机是否正常转动 4. 检查编码器反馈 5. 增加加减速时间 6. 减小速度超调量 7. 调节控制参数
4	跟踪误差过大	开机时出现	电路板故障	换驱动模块
		电动机运行过程中出现	1. 电动机或机械卡顿 2. 负载过大 3. 编码器反馈有误 4. 加减速时间过小 5. 参数设置不合适	1. 检查电动机是否正常转动 2. 减小负载 3. 检查编码器反馈 4. 增加加减速时间 5. 调节参数
5	ADC1 开机故障	开机时出现	电路板故障	换驱动模块
6	ADC2 开机故障	开机时出现	电路板故障	换驱动模块
7	EEPROM 参数读错误	开机时出现	电路板故障	换驱动模块
8	电动机编码器通信故障 注：此报警只有在适配 Endat 协议编码器或多摩川绝对编码器才有可能报警	开机过程中出现	1. 绝对式编码器通信故障 2. 编码器线缆是否正常连接	1. 检查编码器线 2. PA-52 电动机类型设置正确
			编码器坏	更换电动机
		运行过程中出现	编码器连接不正常	检查编码器线
			编码器坏	更换电动机

（续）

报警代码	报警名称	运行状态	原因	处理方法
9	空			
10	多摩川编码器电池默认	开机之后	多摩川编码器没外接电池	外接电池
11	多摩川编码器电池电压过低	开机之后	多摩川编码器电池电压低	更换电池
12	电动机过电流	开机时出现	电动机编码器反馈错误	1. 检查电动机编码器线缆 2. 更换电动机
		电动机运行过程中出现	驱动器 U、V、W 之间短路	1. 检查连线 2. 更换电动机
			电动机过载	1. 减小负载 2. 降低启停频率 3. 减小转矩限制值 4. 减小有关增益 5. 更换大功率的驱动模块和电动机
			接地不良	正确接地
			电动机绝缘损坏	更换电动机
			驱动器损坏	更换伺服驱动模块
13	电动机过载	开机过程中出现	电路板故障	更换伺服驱动模块
		开机，通过总线输入位置脉冲指令，电动机不动	1. 电动机动力线相序接错 2. 编码器线缆接错	正确接线
			电动机抱闸没有打开	检查电动机抱闸
		电动机运行过程中出现	转矩不足	1. 减小负载容量 2. 更换大功率的驱动器和电动机
			电动机不稳定振荡	1. 调整增益 2. 增加加/减速时间 3. 减小负载惯量
			电动机抱闸没有打开	检查电动机抱闸
			电动机动力线相序是否接错	检查电动机动力线
14	IPM 温度报警	开机时	电路板故障	换驱动模块
		运行中	驱动模块内部温度过高	查看驱动单元的散热情况，检查驱动模块的风扇是否有风
15	IPM 报警	开机时	电路板故障	换驱动模块
		运行中	1. 电动机相序接错 2. 电流过大	空载运行，若继续报警，则更换驱动模块

（续）

报警代码	报警名称	运行状态	原因	处理方法
16	空			
17	参数超出限幅范围	控制程序更新之后	PA参数超过限制	1. 通过"dP—rn"查看是哪一个PA参数超过了限制，然后修改 2. 参数恢复默认
18	动态内存分配出错	开机时	电路板故障	换驱动模块
19	flash读错误	开机时	电路板故障	换驱动模块
20	适配电动机类型	开机时	"PA-53"参数错误	正确设置"PA-53"
21	绝对式编码器位置丢失	开机时	没有接收到来自编码器的信号	1. 接上编码器 2. 检查编码器连线
22	空			
23	空			
24	编码器多圈值超范围	开机之后	电动机转的圈数太多，超过了能够识别的圈数	1. 系统断电，编码器电池取下后，重新接上 2. 手动转动电动机，减少电动机转动的圈数
25	急停	开机之后	1. 急停按钮没接 2. 急停按钮作用了	检查驱动单元的急停设置

单元测试题

一、单项选择题（下列每题的选项中，只有1个是正确的，请将其代号填在括号内）

1. 按工业机器人发生的故障性质分类分为（　　）和随机性故障。

A. 系统性故障　　B. 主机故障　　C. 电气故障　　D. 伺服故障

2. 机器人在出厂前，已经做好（　　），当机器人因故障丢失零点位置，需要对机器人重新进行（　　）。

A. 装配　　B. 机械零点校对　　C. 电气校准　　D. 检验

3. 示教器网络状态显示"　"（黄色）表示的是（　　）或者示教器硬件故障。

A. 正常　　B. 急停

C. 示教器与HPC通信失败　　D. 超限位

二、判断题（下列判断正确的请打"√"，错误的打"×"）

1. 为了使机器人能够长期保持较高的性能，必须进行维修检查。（　　）

2. 示教作业完成后，应以低速状态手动检查机器人的动作。如果立即在自动模式下，以100%的速度运行，会因程序错误等因素导致事故发生。（　　）

3. 当机器人出现故障时，可以不进行检查直接再次上电。（　　）

单元测试题答案

一、单项选择题

1. A 2. B 3. C

二、判断题

1. √ 2. √ 3. ×